茶园帝国

帝国

茶的印度史

罗龙新 著

华中科技大学出版社
http://www.hustp.com
中国·武汉

序

    《帝国茶园：茶的印度史》论述的是一个从 18 世纪末由英国主导的茶叶产业和商业在印度次大陆兴起和繁荣的故事，在这个娓娓道来的故事背后却是一部资本主义全球化的血腥历史。

    中国是世界上最早发现、栽培、利用茶叶的国家，将茶叶发展成了世界重要的经济作物和饮品。长期以来，中国的茶叶产业处于自给自足的小农经济阶段。然而，当欧洲殖民者伴随着大航海的历史进程先后来到中国之后，情况就发生了巨大的变化。中国的茶叶、丝绸、瓷器等产品令欧洲人无比痴迷，欧洲人将茶叶从产品变为商品，从区域商品变为全球商品。从此，茶叶进入了欧洲资本主义全球化狂飙突进的轨道。

    17 世纪初，荷兰商人最早从中国澳门将茶叶引进荷兰，并随之传播至英国和欧洲大陆。经过将近两个世纪的发展，至 18 世纪末期，茶叶已经从英国皇室、贵族饮用的奢侈品转变成举国上下普通大众必不可少的日常饮品。18 世纪 60 年代，英国兴起了第一次工业革命，最早从纺织业开始，后来向其他领域逐渐扩散，其标志就是以机器代替手工劳动。机械化、标准化的生产创造出巨大的生产力，实现了惊人的物质成就的全面增长，英国市场对茶叶的需求也快速增长，茶叶成为当时英国东印度公司看中的最重要的商品之一。东印度公司不仅试图垄断全球的茶叶贸易，而且企图介入到茶叶生产中，印度殖民地成为其实现商业野心的最佳试验地。英国资本主义时代的工业化和标准化生产，无论在规模、效率还是效益上，都显著优于中国封建时代以手工作坊为主的茶叶生产模式，英国人将资金、土地、厂房、人力、设备等投入到茶叶生产中，创造了 19 世纪帝国茶园"带血的"商业辉煌。英国在印度次大陆，以至后来在肯尼亚等东非国家，建立起来的工业化、标准化的茶叶种植、加工、包装、拍卖、品质、分销等全球化商品运作制度和体系，对茶叶种植、加工和销售产生了深刻的影响。

罗龙新研究员曾经在中国农业科学院茶叶研究所工作将近 20 年，是一位科研成果丰硕的茶叶加工专家。论述英国和印度茶叶历史的不乏其人，出版著作亦不鲜见。而作者罗龙新能独辟蹊径，从欧洲资本主义诞生和扩张的国际视野出发，以英国东印度公司扩张进入印度次大陆为起点，以英国武力征服印度次大陆为背景，跟踪研究了东印度公司在印度种植茶叶的起源，以及所涉及的英国殖民贸易政策、战争征服、鸦片战争、茶叶股份公司等宏大的历史图景，从历史学的角度，论述了从 18 世纪末至 20 世纪 40 年代印度茶产业兴起的曲折历程和当时印度的社会风貌。全书时间跨度前后 200 多年，空间覆盖了英国、中国和印度次大陆的广大地区。

《帝国茶园》一书史料充足翔实，其内容包括：帝国茶园的起源、阿萨姆野生茶树的发现、茶叶种植的传播和发展、茶叶金融和贸易、茶叶科学技术研究、茶叶开拓者，以及帝国茶园的崛起。作者把一个个历史人物，组接为一个个情节跌宕起伏、场面波澜壮阔、人物具体生动的历史故事，读来令人兴趣盎然。作者运用他擅长的科研方法，收集了上百篇翔实的文献资料，考证、梳理了帝国茶园的发展进程，并提出了许多新的观点和重要结论，澄清了当前媒体和作品中误传的诸多历史问题，如"谁是第一个从中国盗取茶种的英国人？""英国人最早盗取的是哪一类茶的加工技术？""第一批到达阿萨姆的中国茶工来自哪个地区？"等，揭开了诸多历史事件的真相。作者还用细腻生动的笔触描述了帝国茶园创立的决策者、开拓者的形象，从东印度公司总督、资本家、金融家、冒险家、官兵、茶叶种植者到苦力、当地土著人等。特别是研究论述了被迫参与帝国茶园开拓的中国茶工群体的悲惨命运，中国茶工用智慧和技术给英国人带来了"芳香的饮料"，但却给自己带来了屈辱和死难，这是著作中非常重要和有价值的组成部分。

书写这样的一本历史书，作者需要花费大量的时间和精力收集、梳理、分析、归纳100多年以来相关的英文原始资料。纵观全书，作者以时间和空间为脉络框架，巧妙地将学术研究和文学叙事相结合，文笔流畅生动，将茶叶历史的研究推到了一个新的高度。我对作者的学术研究功底、语言组织能力以及茶叶专业水平表示由衷的赞叹。

《帝国茶园》一书既是一部茶叶商业化和印度茶产业的发展史，也是一本茶叶从中国到欧洲再到印度的世界茶业发展史。我衷心祝贺这部著作即将付梓，谨就这篇序言为之推介。

中国工程院　院士
中国农业科学院茶叶研究所研究员、博士生导师、前所长

陈宗懋

前言

2010年5月，正是印度洋西南季风来临之前的炎热季节，我访问和考察了印度阿萨姆、西里古里、杜阿尔斯、大吉岭和南印度半岛的尼尔吉里茶区及阿奈默莱茶区，参观了10多家茶叶种植园、茶叶加工厂和附近的茶园工人村庄。从印度东北部到西南部，一路颠簸在崎岖泥泞的茶园山路，漫山遍野的山地茶园或一望无际的平原茶园、一台台茶渍斑斑的英国制造茶叶机械、一幢幢散布在山谷中由英国茶叶种植者遗留下来的豪华庄园、一排排低矮简陋的茶园工人房子，如同一幅幅黑白照片，给我留下了深刻的印象。在加尔各答，我访问了印度茶叶协会、加尔各答茶叶拍卖行、印度茶叶贸易协会，还有塔塔茶叶集团等一些茶叶公司。在办公室墙上悬挂的一幅幅英国殖民地时代的老照片、审评台前一排排茶渍斑斑的茶杯茶碗、品茶师嘴里发出响亮的啾啾声和茶叶拍卖行大厅闹哄哄的呼喊声，闪现出一幅幅具有浓厚英国殖民色彩和历史感的油画，这些画面背后的故事引起了我极大的兴趣，并在考察过程中与日俱增。我的脑海中不断涌现了一系列的问题：180 多年前英国东印度公司为什么决定在印度次大陆种植茶叶？英国人是如何在印度次大陆开发茶产业的？这段现已湮灭无闻的历史在中文资料中难以找到完整系统的答案，因此促使我深入追溯和研究 19 世纪英国人曾经在其殖民地印度创立的茶产业历史。

1834 年 1 月，英属印度总督威廉·班提克爵士决定成立英国东印度公司"茶叶委员会"，在印度种植和制作商业化茶叶。正如 19 世纪初法国经济学家让·巴蒂斯特·萨伊在其 1803 年出版的《政治经济学概论》中所指出的：劳动、资本、土地是一切社会生产所不可缺少的三个要素。当时，英国东印度公司占领下的印度已经具备了建立"帝国茶园"的条件，英国东印度公司和英国商业资产阶级、新兴工业资产阶级利用英国资本、殖民地土地和廉价劳力等生产要素，盗取了中国茶树品种并诱骗了中国技术工人，采用了"种植园经济"和"管理代理公司"模式以发展帝国茶产业，试图打破中国茶叶供应垄断。从 19 世纪 60 年代末开始，印度殖民地茶叶种植园数量呈井喷式增长，至 1889 年，出口英国的印度茶叶数量已经超过中国，印度成为国际上第二大茶叶生产国。

今天的印度次大陆，从喜马拉雅山脉东南部的大吉岭及东北部广袤的布拉马普特拉河两岸的阿萨姆平原至巴拉克山谷（Barak Valley），从印度西北部北纬 32°13' 喜马偕尔邦的冈格拉山谷到南印度半岛德干高地北纬 8°12' 的泰米尔纳德邦，从海拔 45 米的阿萨姆平原至海拔 90—1750 米的西孟加拉邦杜阿尔斯平原和特莱丘陵，从海拔 900—1400 米的冈格拉山谷至海拔 2000 多米的大吉岭，再到海拔 300—2414 米的尼尔吉里，分布着超过 58 万公顷茶园。

广袤的印度茶区，一株株高大浓密的遮阴树下精心种植着古老的中国茶树品种、土生的阿萨姆茶树品种、现代的中国茶树和阿萨姆杂交品种及无性系茶树品种，共同生长在喜马拉雅山脉下半湿润的亚热带气候、阿萨姆的热带雨林季风气候或南印度热带季风气候中。独特的季风带来丰沛雨水的滋润，各异的地区气候催生风味独特的区域红茶，滋味浓烈醇厚的阿萨姆红茶、麝香香气独特幽雅的大吉岭红茶、香气鲜爽甘甜清新的尼尔吉里红茶。今天，印度是世界上第二大茶叶生产国，也是世界上最大的红茶生产国，年总产量达到 120 多万吨。

一百多年来，由英国人开创和建立的帝国茶产业，将芳香的印度茶源源不断地供应给欧洲、北美乃至世界各地的饮茶爱好者，上至皇室贵族、下至普通百姓。不仅如此，在阿萨姆发现的阿萨姆茶树品种由于其高产和滋味浓烈的特性，也从阿萨姆传播至印度其他地区，又随着英国殖民地的扩张，扩散至斯里兰卡、印度尼西亚、越南和马来西亚等亚洲各地和肯尼亚、马拉维、坦桑尼亚等非洲大陆，甚至中国也曾引进阿萨姆茶树品种。英国的饮茶方式也传播至大英帝国的各个殖民地。茶叶已经成为印度最普及的饮品，茶叶年消费量 95 万多吨，印度成为仅次于中国的第二大茶叶消费大国。

人类几千年文明史，始终伴随着血雨腥风的战争、破坏、占领、奴役和掠夺。18 世纪英国殖民地的商业和产业发展也不例外，通过战争、侵略、扩张和疯狂掠夺实现。究其原因，不仅仅是坚船利炮和强大军事实力，也是因为不受约束的经济实力、科技和人才。1837年6月，维多利亚公主继承英国王位后，英国进入了"这是一个最好的时代，这是一个最坏的时代"。这是英国科学技术飞速发展的时代，工业和贸易经济繁荣的时代，同时也是一个丑恶、肮脏和空前悲惨的时代。英国东印度公司选择的茶园开发区域主要分布在喜马拉雅山脉山麓东南部、布拉马普特拉河两岸及恒河北部地区，这片土地上孕育了语言、文化、宗教及生活习俗迥异的几十个古老部落和民族。这些与尼泊尔、不丹、锡金（现为印度的一个邦）、缅甸和中国的云南、西藏接壤的地区，曾经是英国东印度公司企图打开中国西南地区的大门和进入中国内地的贸易通道。英国东印度公司通过武力、阴谋、威胁、收买等手段，野蛮地占领了这片古老的边缘地带。而当年英国东印度公司的植物学家和地质学家根据对中国茶区的经纬度、土壤、光照、气候等条件的研究，也恰恰认定了这片地区最适合茶树种植。为此，英国东印度公司野蛮地采取单一的"种植园经济"模式，并大量引进"契约劳工"来发展帝国茶园，使得这些地区传统的政治、社会、经济、宗教、人口结构被破坏和瓦解。英国对殖民地长期的残酷剥削和压榨，不仅使得当地人民生活在极度贫困之中，也导致民族众多、文化各异的这条长长的边缘地带不可避免地出现了政治、文化、宗教、领土等方面的严重的冲突，以及后殖民时代严重的社会问题。茶叶作为英国人重要的贸易商品和嗜好的饮料，在19世纪就这样突然间与这片土地的政治、贸易、产业、民族及地缘纠葛在一起。

追溯印度茶叶的发展轨迹，实际上是追踪大英帝国茶叶的发展历史，帝国茶园的发展史既是一部波澜壮阔、情节曲折、鲜血淋漓的关于占领、拓垦、剥削和抗争的历史，也是一部英国殖民地近代产业和企业冒险的历史，一部英国茶叶种植园主和茶叶商业家在英国殖民地创业的历史，一部关于中国和印度茶园工人悲惨遭遇的历史。我们从中可以看到百年茶叶商业在印度发展的跌宕起伏的过程和社会风貌的巨大改变，以及其中形形色色人物的喜怒悲欢的故事，从另一个侧面也反映了中国近代茶产业的屈辱和衰落的历史。

本书以18世纪末英国东印度公司占领印度次大陆为背景和起点，追溯至1947年印度独立前后，讲述了帝国茶园的起源、发展和兴起的历程。本书试图将英国种植茶叶的起源和历史事件按照时间的进程和空间的拓展加以叙述和诠释，力求为读者提供准确和通俗易懂的大英帝国茶园发展历史。作者查阅和研究了180多年以来关于英国东印度公司、英国殖民政府官员、英国茶叶种植者等亲身经历者的早期英文文献、报刊杂志等历史资料，考证了1800多个地理、地名、人物、机构、专门术语，记述了540多位有名有姓的人物及其在不同时期所扮演的角色。作为一本纪实性的历史参考书，书中也引用了英文文献中诸多枯燥无味的面积、产量、人口、价格、货币等数字，这也是反映帝国茶园曲折发展进程中不可缺少的重要组成部分。希望能透过作者的文字叙述，为读者展开一幅100多年前大英帝国统治下印度大陆殖民地的真实风云图景。阅读本书，不仅可以了解英国、印度茶产业的历史，更重要的是，如何审视大英帝国在中国的邻国创立帝国茶园的兴衰故事，这对我们这样一个拥有千年茶叶历史，经历过坎坷沧桑的伟大民族来说，意义尤为深远。满载东方茶叶的大英帝国快剪帆船和蒸汽轮船曾经繁忙地航行在浩瀚的大海，向世界传播古老的中国茶叶饮料，虽然如今大英帝国已经悄然退隐在夕阳的残影里，在一曲无可奈何花落去的挽歌声中，芳香的茶叶依然在世界各地散发出迷人的香味，慰藉着人们的心灵。

让我们回到了18—20世纪的印度次大陆。

2018年9月20日

目录

第一章　帝国茶园的起源

一、英国东印度公司统治印度

　　16 世纪上中叶，海上强国葡萄牙控制了海上东方航线，垄断了欧洲与亚洲（印度尼西亚、印度）之间的香料、棉花、靛蓝等商品贸易。荷兰、法国和英国眼馋葡萄牙从与亚洲的贸易中获得的巨大利益，想方设法地渗透进入印度大陆，纷纷加强了海上力量建设，伺机夺取东方航线的控制权和贸易垄断权。1602 年，荷兰成立了荷兰东印度公司，由国家授权荷兰东印度公司垄断东方贸易，并拥有军事占领的特权。新兴的海上强国荷兰乘葡萄牙势力衰弱之机，将商业势力伸入印度尼西亚和印度。1605 年，荷兰东印度公司在马苏利帕塔姆建立贸易站，打破了葡萄牙对香料贸易的控制。为了从利润丰厚的香料贸易中分得一杯羹，英国也蠢蠢欲动，积极谋求向印度的贸易扩张。1600 年 12 月 31 日，一群英国商人在伦敦成立英国东印度公司，英格兰女王伊丽莎白一世授予皇家特许状，给予英国东印度公司在印度开展贸易活动的特权。1612 年，英国东印度公司的两艘船打败葡萄牙人后在印度西部海岸苏拉特登陆，次年便在苏拉特设立了贸易站。1614 年，英国东印度公司的船队支持莫卧儿皇帝打败了葡萄牙的船队，获得了莫卧儿皇帝的信任，与莫卧儿帝国建立了贸易关系。1615 年，英国托马斯·罗爵士率领船队代表英女王和英国东印度公司从英国出发前往印度，企图与莫卧儿皇帝签订商业和贸易的垄断合同，但遭莫卧儿皇帝的谢绝。尽管英国东印度公司没有完全达到目的，却获得了在印度进行贸易和设立贸易点的允许，从而开启了英国东印度公司进军印度次大陆的大门。1639 年和 1668 年，英国东印度公司在印度东南部马德拉斯（今金奈市）和孟买分别建立了贸易站，1690 年又在加尔各答建立了印度东部贸易站，这几个贸易站成为英国东印度公司在印度的贸易据点，同时开始了对各自邻近地区的扩张和蚕食鲸吞。1664 年，法国也成立东印度公司，总部设立在南印度的本地治里。1669 年，法国东印度公司在马苏利帕塔姆建立贸易站，开始在印度发展商业贸易。从而形成了荷兰、英国和法国之间及三国与莫卧儿帝国、王公国之间贸易竞争、领土争夺和军事厮杀的错综复杂的局面。

1757 年 6 月 23 日爆发的孟加拉普拉西战役是英国东印度公司与由法国支持的孟加拉王公之间的战争，这场战争最终以英国东印度公司的胜利而结束。当时的孟加拉地区（包括比哈尔、奥里萨）是印度次大陆最富庶的地区之一，普拉西战役的胜利使得英国东印度公司实际上控制了整个孟加拉地区，也标示着英国东印度公司武力占领印度的开始，为最后征服整个印度次大陆铺平了道路。英国东印度公司征服孟加拉后，即建立殖民地政权。设立在伦敦的东印度公司董事会成为英国在印度实行殖民统治的最高权力机构，其主要职能是制定殖民方针、政策以及发布政府文职官员的任命，在印度的殖民政府是它的执行机构。

1765 年，英国东印度公司利用与莫卧儿皇帝签订的协议，接管孟加拉的财政管理权。1772 年，英国东印度公司接管了孟加拉的全部统治权，并把首府从穆希达巴德迁至加尔各答，加尔各答成为英国东印度公司的总部。孟加拉地区被征服是印度次大陆沦陷命运的开始。征服孟加拉后，英国东印度公司肆意掠夺、残酷剥削，官员收受贿赂、敲诈勒索、大发横财，既损害了英国政府的形象，也严重损害了英国政府的利益。为此，英国政府开始介入印度，并限制英国东印度公司的事务。

1773 年，英国议会通过《东印度公司法案》，奠定了英国统治印度的体制基础。法案规定，公司董事会有关对印度征服、统治的民政或军事函件要向英国内阁备案。它标志着英国政府首次将英国东印度公司置于议会控制之下，将印度殖民地事务由公司行为变成政府行为。该法案规定，原先英国东印度公司在印度孟买、马德拉斯和孟加拉管区中，把孟加拉管辖区总督的权限升格为管理整个印度次大陆地区，除管理孟加拉管区的事务外，还拥有对孟买管区、马德拉斯管区的管理权。首任总督为沃伦·黑斯廷斯，由一个参事会辅佐。总督和参事会接受公司董事会指令，但由英国国王任命。至此，孟加拉总督和参事会成为英属印度的中央政府。该法案还规定在加尔各答建立最高法院，由国王任命的一名首席法官和三名法官组成。因此，英国东印度公司实际上既是贸易公司又是印度殖民地的中央政府，沃伦·黑斯廷斯总督把东印度公司的职员分为行政职员和商业职员，行政职员为殖民地政府官员，负责税收、司法和行政事务，商业职员依然继续从事贸易。

英国东印度公司不满足已经取得的战果，其贪婪的扩张野心促使其继续发动侵略印度次大陆的战争。征服孟加拉后，它转而开始征服南印度地区。经过 1767—1799 年四次旷日持久的迈索尔战争，英国东印度公司打败了印度南部最强大的迈索尔王国，实现了对印度中部和德干地区以南的征服。1780—1818 年，英国东印度公司又发动了三次英国—马拉塔联盟战争，战争以英国东印度公司的胜利而告终。各个王公领地的相当一部分领土被英国东印度公司占领，并入英属孟买管区，但各王公的国家残骸被保留下来，成为了藩属英国东印度公司的土邦国。马拉塔联盟的瓦解，意味着印度南部和西部地区被英国东印度公司完全征服，英国征服印度次大陆已经取得决定性胜利。

实际上，当时的印度次大陆不是一个真正意义上的国家。18世纪时期，莫卧儿帝国日益衰弱，印度次大陆处于四分五裂的状态，大大小小的王公国、部落王国多达几百个，各占一方，彼此征战不休。英国东印度公司常常利用王公国、部落王国之间的内部矛盾，采取挑拨离间、分化瓦解、各个击破的策略，同时使用武力征服和订约建立藩属土邦国的手段进行占领。这样，印度次大陆在英国东印度公司统治下的体制被分成两部分：一部分是由公司军事占领后直接统治，称为"英属印度"；另外一部分是与英国东印度公司签约的众多土邦国，称为"印度土邦"，也称为"土著王公领地"。后一种方式是采取了征服而不兼并的政策，英国东印度公司并不急于把其领地并入公司的地盘，而是通过谈判与附属国签订各种不平等的条约，土邦国由王公或王侯统治，土邦领主们必须接受条约中规定的在政治、军事、外交、王位继承等方面的条款，并接受英王的共主地位和承认英王为领地的最高统治者，这种模式被称为"附属联盟"。由于这种模式并非是由赤裸裸的武力侵略建立起来的关系，使得众多土邦国对英国人的统治不怀敌意。英国东印度公司通过任命地方长官间接统治土邦国，公司地方长官就是"太上皇"，作为统治者，他可以飞扬跋扈、颐指气使地管理着土邦国。东印度公司对土邦国不仅在政治上控制，还从经济上进行掠夺，而且把大量军费转嫁给各土邦国，为公司节省了大笔开支。

英国东印度公司军队在印度次大陆一路开疆掠土、攻城略地，几乎所向披靡。一旦占领，就在经济上进行残酷无情的横征暴敛、搜刮掠夺，攫取了巨额的财富。至 19 世纪 50 年代，英国东印度公司占领下的印度次大陆，北部靠近阿富汗、克什米尔和西藏高原，东部毗邻孟加拉湾和泰国，南部延伸至印度洋，西部连接阿拉伯海和波斯地区，统治着上亿人口。在英国国内，暴富的英国东印度公司商人们利用金钱拉帮结派、贿买议会席位，极大地影响了国内政治。对英国东印度公司在印度次大陆的暴政和腐败，英国国内的政治家进行了猛烈抨击，迫使英国政府和议会调整殖民地政策，强化殖民地的管理。1784 年，英国议会进一步通过新的《东印度公司法》，又称《皮特印度法案》，法案规定，由国王任命的"管理委员会"（Board of Control），也称"印度委员会"（India Board），监督英国东印度公司的事务，规定公司董事会下达的一切指示、命令都必须事先报告，不取得同意不能下达。英属印度总督、省督及各级参事会由议会任命，文武官员仍由公司任命。这意味着英国东印度公司的最高决策权已转到英国议会手中，公司董事会仅负责任命官员和日常管理。然而，英国东印度公司依然我行我素，独断专行。直到1857年发生大规模的印度大起义后，英国政府对东印度公司的贪婪、腐败和管理不善感到极度不满和愤怒。为了巩固英国对印度的统治，英国议会于1858年8月2日通过了《印度政府组织法》，将印度次大陆并入大英帝国直辖殖民地，正式结束了专横跋扈的英国东印度公司对印度次大陆的统治，曾经不可一世的英国东印度公司轰然倒塌。印度最高统治者的头衔由东印度公司的总督（Governor-General）变更为代表英国女王行使权力的总督（Viceroy）。印度成为"王室殖民地"，统一被称为"英属印度"（British India 或者 British Raj），这标志着英国政府直接统治印度的开始。

二、打破中国茶叶供应垄断

18世纪英国工业革命到来，英国迫切需要更多的棉花、羊毛、燃料等工业原料贸易，以及开拓海外贸易市场以消化本国生产的工业产品。英国一直奉行"重商主义"的经济政策，实行对外贸易垄断，通过高关税率及其他贸易限制来保护国内市场，并利用对外侵略扩张，建立殖民地为英国的制造业提供原料。当时英国与印度次大陆和远东的贸易完全处于英国东印度公司的垄断下，凭借英国东印度公司强大的经济实力和政治势力打击对手，获取巨额的垄断利润。随着第一次工业革命的顺利推进，在英国产生了新兴工业资产阶级，并逐渐在英国的政治和经济中占据一定的主导地位。1776年3月，亚当·斯密的《国富论》一书出版，他严厉地抨击了重商主义，坚决反对政府对商业和自由市场的干涉，积极提倡"自由贸易"。他所倡导的自由贸易思想在英国本土和欧洲大陆获得了极大的反响。自由贸易理论的流行，获得了新兴工业资产阶级、商业资产阶级及其在英国议会中代表的强烈响应。同时，随着英国东印度公司征服的领土的扩大和攫取的利益的增加，英国各阶层为了自身的利益，强烈要求打破东印度公司对印度贸易的特权和市场垄断，要求开放印度市场，而不是让英国少数公司或商人独享其利。在此背景下，19世纪初，英国开始逐步废弃以重商主义为基础的经济政策。1813年，英国议会通过了新的《东印度公司法案》，首先取消了英国东印度公司在印度的贸易垄断权，使印度市场对所有英国商人开放，公司只保留茶叶贸易垄断权以及与中国的贸易权。英国在印度次大陆的殖民政策也发生了较大的变化，从原始积累阶段进入到自由资本主义殖民阶段。

1832年，英国议会改革，原来控制议会的金融贵族与土地贵族的联盟逐渐衰落，工业资产阶级首次进入议会，他们再次强烈呼吁政府积极推行自由贸易和市场经济政策。1833年，英国议会再次通过了《印度政府法案》，取消了英国东印度公司的茶叶贸易垄断权，并取消了英国东印度公司在印度的贸易特权，撤销其在印度的贸易机构，开放印度贸易市场，规定所有英国人可以在印度自由定居，从事贸易和其他各种职业。当然，为了保证英国东印度公司的利益，法案也规定，公司停止贸易活动后，公司股东可以收到10.5％的固定股息，由英属印度政府从殖民地税收中支付，东印度公司的债务也由英属印度政府偿还。法案还规定，孟加拉管区总督升任印度总督，其参事会改称"印度总督参事会"，英国东印度公司成为名副其实的英属印度中央政权。此后，英国东印度公司在印度只作为政权机构存在。至此，英国工业资本和商业资本开始进入印度，凭借其科技和工业化大规模生产的优势，进一步把印度变成英国的原料产地和商品倾销市场。

18世纪中叶以来，随着英国茶叶消费的流行，英国国内市场对茶叶的需求量快速增长。由于英国东印度公司垄断了与中国的茶叶贸易，一直安享着垄断茶叶贸易带来的巨大利益，英国政府也从茶叶的贸易中攫取了巨额的财政收入。到18世纪末，英国东印度公司茶叶贸易额超过贸易总额的60%。从1711至1810年，英国国内茶叶消费量从182.2万磅增加至20434.5万磅，增长约111倍，英国政府从茶叶贸易中征收的税款达到7700万英镑。1840年，英国国内茶叶消费量达到34441.8万磅。英国喝茶时尚引领着整个欧洲大陆，也影响了其他殖民地和美洲大陆。茶叶成了最紧俏的商品，但是英国只能从世界唯一的产茶国——中国进口茶叶，中国垄断了全球的茶叶供应。英国政府和英国东印度公司在与中国清政府和中国茶叶商人打交道的过程中，已经渐渐地形成了一种强烈的共识，即"与其现在容忍中国政府的供应，不如采取一些能更好保证茶叶可持续供应的措施"。英国人认为：在世界上，中国人不应该独占这种具有巨大利益的茶叶生产资源，必须想方设法打破中国茶叶生产的垄断。尽管如此，由于英国国内茶叶需求旺盛，为了眼下的巨大利益，英国东印度公司只能继续从中国进口茶叶，眼睁睁地看着白花花的银子流向中国，却无可奈何。

为了扭转贸易逆差，英国东印度公司想尽了一切办法，终于发现鸦片在中国具有巨大的市场潜力，英国东印度公司可以通过在印度大力推广鸦片的种植和加工，然后出口鸦片到中国，从而获取巨额的利润。1758年，英国议会授予东印度公司在印度生产制造鸦片的垄断权。1773年，英国人从葡萄牙人手中将鸦片的非法贸易抢了过来。1776年，英国东印度公司出口60吨鸦片到中国。至1830年，英国东印度公司向中国出口了近1500吨鸦片。英国东印度公司用印度生产的鸦片出口至中国，获取的利润已足够支付购买茶叶的费用。鸦片战争爆发前的1833年，中国进口的鸦片总值已经达到1500万两，而出口茶叶的总值才900多万两。但英国东印度公司并不满足，英国人担心中国清政府颁布实施的禁烟令。同时，两国之间的政治和贸易关系上云谲波诡的紧张状态，也使得东印度公司预测到非法的鸦片贸易不会长久。而长期以来，中国清政府对英国人的忽视和偏见，清朝官员的贪得无厌和腐败，中国茶叶商人自大傲慢的态度，以及中国茶叶质次价高和掺假等行为惹怒了英国人，他们认为中国的行径严重伤害了大英帝国拥有的文明优越感。"对于东印度公司而言，长期以来，任何国家，更何况是'落后的东方诸国'中的一员，胆敢如此明目张胆地无视一个拥有震慑全世界的强大海军的国家所发出的贸易倡议，是完全不可接受的。"英国植物学家纳桑尼尔·瓦里奇博士在递交给英国东印度公司的报告中也明确认为，"当务之急是，文明生活的舒适和享受不能依赖于这个专横国家反复无常且任性的供应。"由此，英国东印度公司从心底里希望尽早摆脱中国茶叶供应的垄断状况。

1833年，英国议会取消了英国东印度公司的茶叶贸易垄断权后，英国商人纷纷到广州设立商行，在自由贸易原则下从中国争购茶叶进入英国市场。19世纪30年代，茶叶贸易每年给英国东印度公司带来400万英镑的收入，为当时英国东印度公司最有价值和利润最丰厚的商品，茶叶贸易的垄断权的取消极大地影响东印度公司的利润。此时，英国东印度公司开始认真考虑是否可以在已占领和驯服的印度大陆种植茶叶，培育一个对抗中国茶叶的竞争对手。这成为当时摆在英国东印度公司董事会面前的急需做出决策的重大问题。

实际上，在18世纪下半叶，英国和英国东印度公司的许多官员和植物学家就一直偷偷摸摸地收集中国茶叶的相关信息和标本，当然一开始是仅仅以"植物研究"的名义。至18世纪70年代，英国一些官员和植物学家就已经提出是否可以在印度种植茶树。1780年，英国东印度公司的船队曾从中国广州窃取少量中国茶籽携带到加尔各答，这些珍贵的茶籽被呈送给了当时英国东印度公司总督沃伦·黑斯廷斯伯爵，总督将部分茶籽送给了英国东印度公司驻不丹国的外交特使乔治·柏格种植："给他一些熙春茶种子，引进我们世界的奢侈品和美德进入不丹，支持他的仁政计划。"另外部分茶籽送给了在加尔各答的英国东印度公司官员罗伯特·基德上校，他将这些茶籽种植在他加尔各答的私人植物园中。苏格兰人罗伯特·基德上校当时担任英国东印度公司孟加拉管辖区军事监察部秘书，他也是著名植物学家约瑟夫·班克斯博士的朋友，非常着迷于植物和园艺研究。他在加尔各答胡格利河西岸的豪拉区（今豪拉县斯伯普尔镇）附近的夏利马尔住宅建立了一个私人植物园，收集、种植了各种各样的印度次大陆特有的奇花异草。他积极主动地为英国东印度公司献计献策，为了寻找可替代食物来源的植物以及开发可能有商业化价值的植物，他提出引进马来

威廉·班提克总督　　　　　　　　　罗伯特·基德上校

西亚的西米椰子和波斯枣椰等植物。他最早向英国东印度公司第二任总督约翰·麦克弗森爵士提出建立加尔各答皇家植物园的建议，约翰·麦克弗森爵士把他的建议传递给东印度公司董事会。1787 年 7 月 31 日，英国东印度公司董事会批准建立加尔各答植物园的计划，罗伯特·基德上校被任命为负责人。他将他的私人植物园移交给了东印度公司，英国东印度公司以此为基地建立了加尔各答植物园，他也因此成为加尔各答植物园的创始人。他认为："植物园引入重要的经济植物，将帮助东印度公司利用全球有限的自然资源，在生产任何有价值的产品上超越竞争对手。"1790 年，基德上校已经在植物园收集了 4000 多株植物。1848 年，当英国植物学家约瑟夫·道尔顿·胡克访问植物园时，他对加尔各答植物园的发展惊叹不已，赞赏道："与世界上所有的公共花园和私人花园比较，加尔各答植物园卓越的贡献和种植的观赏性热带植物是前无古人，后无来者的。"

植物学家约瑟夫·班克斯

植物学家约翰·福布斯·罗伊尔

早在1778年，英国贸易委员会主席霍克斯伯里爵士就要求当时的英国皇家学会主席、著名植物学家约瑟夫·班克斯博士提出一份可行性报告："是否有合适的技术和合理的成本鼓励在英国统治下的印度东部或西部的某些地区种植茶树和加工茶叶？这样可以供应国内的一部分茶叶消费，而不是全部从中国进口。"1788年，英国东印度公司也征询了约瑟夫·班克斯博士的意见，班克斯博士当时同时担任英国东印度公司的顾问，他在1768—1771年曾随英国航海家和探险家詹姆斯·库克船长冒险到南太平洋考察，广泛收集各地的植物资源。1778—1820年，在他担任英国皇家学会主席期间，提出的许多观点和意见对当时英国政府和英国东印度公司的殖民和贸易政策产生了极大的影响。他也是大英帝国国内提出将科学技术转化、促进商业化应用的理念的第一位植物学家。在他的建议下，乔治三世国王建立了皇家植物园——邱园，并派遣植物学家到世界各地搜罗、盗取植物，将邱园建设成为世界上最大的植物园。他曾向国王提出在英国各殖民地建立植物园的计划，培育、种植有价值的植物，特别是那些可能为英国创造经济效益的"经济植物"。根据英国东印度公司的要求，班克斯博士于 1788 年 12 月 27 日通过罗伯特·基德上校向英国东印度公司的董事会递交了一份长篇报告——《关于在印度次大陆种植茶叶的可行性研究》。他基于对印度次大陆和中国两地土壤、气候的对比研究后认为："红茶当然可能在印度北方的地区比哈尔、朗布尔、戈杰比哈尔成功种植。这些区域的纬度与中国接近，并且气候受邻近不丹山脉的影响，我有充分的理由相信这些地区气候条件与现今生产最好红茶的中国部分地区非常相似。"他还认为，一旦在比哈尔建立茶园生产红茶，也可以在邻近的不丹建立茶园生产绿茶。他进一步强调："如果公司董事会确定实施这一计划，必须从中国引进茶叶种植者、制茶工和制茶工具。公司董事会必须直接领导，公司的参与人员必须能够坚决执行公司的每一个政策和措施，确保一些保密措施是安全和可执行的。"约瑟夫·班克斯博士还信誓旦旦地向大英帝国和英国东印度公司表达了他的忠心：如果公司需要，他将赴汤蹈火，义不容辞，不仅仅是为公司，而且是为了国家。罗伯特·基德上校也非常赞成约瑟夫·班克斯博士的建议，但这份有价值的报告在当时没有引起英国东印度公司董事会的重视。

1793 年，英国乔治三世派遣特使乔治·麦卡特尼率领外交使团出使中国，向乾隆皇帝祝寿和寻求通商，使团全部费用由英国东印度公司承担。东印度公司委托使团完成一项特殊的秘密任务，即请求乔治·麦卡特尼和随访的艾贝尔博士尽可能地搜集中国茶树种植的信息。麦卡特尼在中国访问期间，结识了新任两广总督长麟。据说，长麟送给麦卡特尼若干茶苗和茶籽，麦卡特尼将茶苗栽种于箱子内带往印度，种植在加尔各答植物园中。艾贝尔博士也秘密收集了不少有价值的关于中国茶叶的信息。当时担任印度西北省萨哈兰普尔植物园园长的乔治·戈万博士也非常赞成约瑟夫·班克斯博士提出的观点，1815 年，他向英国东印度公司建议可以在孟加拉的西北部种植茶叶，但这份建议同样没有引起英国东印度公司的高度重视。尽管如此，英国科学家们一直没有停止对在印度种植茶叶的可行性研究，当时的英国植物学家已经对茶树栽培技术做了许多基础的科学研究工作，他们已经了解到茶树可以在非常广泛的区域茁壮生长，如巴西的圣保罗、南大西洋的圣海伦娜岛、印度尼西亚的爪哇岛、马来西亚的威尔士亲王岛（今槟城）都已经种植了茶树，而且生长茂盛，只是生产出来的茶叶都没有中国茶叶的风味，且在这些地区的茶叶种植目前无法达到商业化。在马来西亚，欧洲人已经投入了巨额的资金种植茶树，但生产出的茶叶，被认为其风味有"令人害怕和恶心的催吐药味道"，一直没有能够获得商业利益。因此，英国商人普遍怀疑在印度次大陆种茶是否会是同样的结果。1816 年，居住在尼泊尔加德满都的英国人爱德华·加德纳在他的花园内发现了一株旺盛生长的"茶树"，他认为可能是中国茶树。他送了一些标本给英国东印度公司的植物学家纳桑尼尔·瓦里奇博士鉴定，但瓦里奇博士鉴定后认为这是"山茶树"。

英国人也对印度次大陆是否存在茶树和茶叶消费进行了调查，发现在印度大陆东北部的某些地区，当地部落民众习惯将所谓的"茶叶"和米饭混合在一起，经过一夜的浸泡后，"茶叶"和大米会稍微发酵，然后被制作成一道独特的菜肴。英国人发现缅甸也有相似的食法。1819 年，英国人弗朗西斯·布坎南博士曾进入缅甸考察，他发现当地掸族人种植和使用茶叶，他记载道："主要的植物是茶树……最早种植茶树的是居住在伊洛瓦底地区的掸族……再扩散至整个王国。"

在印度次大陆的一些地区，英国人发现印度人采用"茶叶"、罗勒草、蜂蜜和姜作为阿育吠陀疗法的草药来治疗咳嗽和感冒。16 世纪葡萄牙和荷兰的旅行者文件中曾记载，印度人用"茶叶"、大蒜和油制作素菜，用"茶叶"煮出"茶水"制备一种药用饮料来款待旅行者。但英国人一直无法证实这些所谓的"茶叶"是否是真正的中国茶叶。1819 年，英国人默克罗夫特受东印度公司派遣前往克什米尔、布哈拉（今乌兹别克斯坦）和中国西藏。当他到达拉达克时，发现当地从加瓦尔地区北部大量引入一种可饮用的"茶叶"。这种"茶叶"生长在萨特莱杰河岸，他自以为这是中国"茶叶"，而当地批发商却否认说，这不是中国茶叶，但像中国茶叶一样在采摘后进行干燥、揉捻，加工分为"红茶"和"绿茶"，当地民众喜欢喝这种"茶叶"，每年约有 8000 磅进入拉达克地区。虽然被证实不是中国茶叶，但他还是及时报告给了英国东印度公司。1824 年 12 月 5 日，英国人希伯主教曾经旅行至印度西北部的库马盎地区传教，他在游记中记载："在库马盎地区到处都生长着野生的茶树，由于其令人恶心的品质，没法被利用，或许可以通过栽培的方法去除（怪味）。关于茶树栽培，我认为库马盎地区的土壤、气候和山地表面都与中国产茶区非常相似，适合茶树种植。"

1825 年，英国皇家艺术协会曾发出悬赏和承诺："只要有人能够在印度东部或西部或其他任何英国殖民地土地上，种植和制作不少于 20 磅的高质量茶叶，将被授予金牌奖或 50 个金币。"此悬赏发出后，一直无人敢揭榜，而众多英国植物学家却对此再次产生浓厚的兴趣，开始从专业的角度进一步论证在印度种植茶叶的可行性。1827 年初，英国东印度公司植物学家约翰·福布斯·罗伊尔博士，也向当时英属印度总督威廉·皮特·阿默斯特伯爵呈交了一份关于在印度喜马拉雅山脉地区种植茶树的可行性报告。罗伊尔博士早年为安东尼·托德·汤姆森博士的学生，学习自然科学，但他对植物学表现出特别的兴趣。1819 年，20 岁的罗伊尔博士就加入英国东印度公司，并前往印度担任英国东印度公司孟加拉军队的助理外科医生。在此期间，他跟随军队跑遍了孟加拉和喜马拉雅山脉地区，收集植物和草药。从 1823 年起，他担任英国东印度公司西北省的萨哈兰普尔植物园园长一职，长达10 年之久。他对喜马拉雅山脉地区的气候、土壤、植物非常了解。19 世纪 30 年代，尼泊尔被英国占领，他曾考虑喜马拉雅山脉的南部是否适合种植茶叶。他的报告指出："人们通常认为，对比中国南京看起来温和的气候，喜马拉雅山脉地区不是那么完美，地理分布也有限，但中国北京和日本的北部地区（的茶树）不是也同样蓬勃生长吗？"因此他认为，在喜马拉雅山脉地区完全可以种植茶树。1831 年，当英属印度总督威廉·班提克爵士访问喜马拉雅山脉下的萨哈兰普尔植物园时，当时担任植物园园长的罗伊尔博士再次向总督威廉·班提克爵士提交了这份报告："建议开展茶树种植试验，印度地理分布开阔且多样化，可以保证容易种植。"1833 年，他在《喜马拉雅植物插图》一书中，再次强调了喜马拉雅山脉地区非常适合种植茶树的观点。当时英国人对中国的茶区分布的认知仅知道福建省、江南省（今安徽省和江苏省）、浙江省和江西省四个地区是主要茶区，这些茶区分别在北纬 27 度—31 度之间。

当时英国政府负责监督管理印度事务的管理委员会主席查尔斯·格兰特（莱内尔格伯爵）也非常关注茶叶贸易。他的父亲老查尔斯·格兰特（同名）曾担任英国东印度公司主席。莱内尔格伯爵曾坚定地推动了《印度政府法案》的颁布和实施，该法案取消了英国东印度公司的茶叶贸易垄断权。1832 年，他要求加尔各答植物园园长纳桑尼尔·瓦里奇博士向英国众议院下院委员会提交关于是否可以在印度种植茶叶的研究报告。纳桑尼尔·瓦里奇博士建议在喜马拉雅山脉下的库马盎、加瓦尔和苏末尔地区试验种植茶叶，他认为这些地区的纬度与中国茶区基本相同。

尽管英国大多数科学家对在印度种植茶叶持积极和肯定的态度，但英国东印度公司董事会的大多数成员和英国商人依然抱着怀疑的态度：印度的气候和土壤条件是否适合种植茶叶？英国商人更多是从经济效益的角度考虑茶树在印度是否能够商业化，是否有利可图。从 18 世纪 70 年代提出、酝酿，一直至 19 世纪 30 年代，印度是否可以种植茶叶的研究和争论一直持续了 50 多年。1834 年 2 月 7 日，《加尔各答快递报》刊登了一篇文章，反映了当时英国人对在印度种植茶叶的普遍态度，该文章对在印度商业化种植茶树表示怀疑："只要有植被，茶树在任何地方都能繁茂生长，但除了中国之外，至今为止，尚没有任何地方可以将它成功地开发为有利可图的工业化商品。我们怀疑，在印度种植有利可图的茶树的可行性。我们承认，我们的领土上可能存在与茶树原产地的气候相近的地区。我们应该担心的是，茶的价值取决于它的芳香味道，不同的土壤可能对其造成致命的影响，如同烟草和葡萄一样。

印度生产的熙春茶、白毫茶、屯溪茶和小种红茶，极可能缺乏中国同类产品的味道。"

1827 年 7 月，威廉·班提克爵士被任命为英国东印度公司孟加拉管区总督，印度种植茶叶的历史出现了转机。1828 年上任伊始，他大刀阔斧地致力于东印度公司的内部行政改革和印度殖民地的西方化、现代化建设，取得了一定的成效。然而，他在任期内也遭遇了 1833 年东印度公司被剥夺中国茶叶贸易垄断权的沉重打击。这对于出身显贵、青少年时代即青云直上的威廉·班提克来说是难以接受的。威廉·班提克 16 岁时参军，随后效力于多支英国军队，1798 年被提升为上校。1803 年，29 岁的威廉·班提克就被任命为英国东印度公司马德拉斯管区总督。1805 年 1 月 1 日，他晋升为少将。后来他也曾在下议院担任了几年议员。1833 年，英国议会通过了《印度政府法案》后，威廉·班提克由孟加拉总督荣升为印度总督，而此时他面临极其严峻的考验。对于一贯敢于冒险、唯利是图的英国东印度公司而言，这艘巨型航舰不甘心仅仅作为一个殖民政府的行政机构，更希望重新开启新的商业冒险，继续攫取丰厚的利润。既然英国东印度公司已经被剥夺了茶叶贸易的垄断权，那么，在印度种植茶树是一项值得尝试的伟大的事业。1834 年 1 月 24 日，他将植物学家班克斯博士 1788 年撰写的建议书递交给英国议会，同时他立即召开特别的会议，研究印度茶叶种植的计划及其部署。关于这次具有历史意义的会议，英国议会文件（1839 年第 39 卷第 63 页）详细记载了会议的内容。这次会议的报告也被递交给伦敦的东印度公司管理委员会主席。在这次会议上，威廉·班提克总督命令成立专门的茶叶委员会，茶叶委员会的职责是提交一份将中国茶树引进印度并监督其实施的计划。

茶叶委员会的目标非常明确，即在英国东印度公司的领导下发展印度大陆茶产业，从中国盗取茶籽和茶苗，并在印度大陆最适合种植茶树的地区正式开展茶叶种植的试验和实施工作。其战略意图是在印度次大陆建立帝国茶园，发展茶产业，最终取代中国。"如果我们成功了……孟加拉将拥有另外一种主要的出口产品，其数量将等同于现在所有出口到英国的商品的总和。"

威廉·班提克总督在会议上发表了长长的讲话，他特别强调："最关键的是要考虑从喜马拉雅山脉地区至科摩林角地区（今泰米尔纳德邦最南端）的气候、土壤必须适合这种特殊的植物，以及栽培知识、技术和随后采用的茶叶加工工艺……我认为真正困难的是，（我们的人）还无法进入产茶国，接触茶叶种植和制造方面的相关人才、学习当地经验。"但他坚信这些完全可以通过中国代理机构来实现。因此，威廉·班提克总督说："这里，我强烈自信地建议尝试，我提议成立茶叶委员会，我将列出一份委员会名单。为了达到这个目标，我知道没有人比麦金托什公司的戈登先生更加合适了……"

1834年1月，英国东印度公司官员约翰·沃克说："我们几乎不怀疑，当欧洲人的科学和技术一旦在合适的情况下被应用到茶叶种植和制作，将很快在品质和风味上超过中国茶。过去的3—4年，东印度公司销售的每一批茶叶的质量都一样，每批5—6箱茶叶，每六个星期销售成千上万箱茶叶。但在拍卖目录上，几乎每一箱茶叶都更显著地被注明"发霉""陈味的""木质味""有灰尘的"。杂货商们尽最大的可能混合拼配这些劣质茶叶，公众抱怨茶叶的质量和价格……但他们很无奈。据悉，东印度公司已经试图采取措施拯救这个罪恶……据可靠消息，在全球范围内再也找不到这样一个合适的国家,印度的土壤、气候和低廉的劳动力价格,再加上相邻的安静和当地人温顺的性格,提供了一个有利的环境实施这个(产业)……"

一周之后,即1834年2月1日,英属印度总督威廉·班提克爵士和参事会正式批准成立茶叶委员会。总督威廉·班提克爵士的决策掀开了大英帝国茶园发展的序幕。英国东印度公司在用鸦片和枪炮强行打开中国的贸易大门之时,又在印度大陆开启了一场对抗中国的茶叶商业战争。在喜马拉雅山脉、布拉马普特拉河谷和南印度高止山脉的罂粟花、蓝靛、黄麻和棉花种植地之中,英国人开始了一场重构世界茶叶商业格局和秩序的"芳香事业"。

第二章　发现阿萨姆野生茶树

一、神秘的阿萨姆野生茶树

1834 年 1 月 24 日，英属印度总督在关于印度茶叶种植的会议上，命令英国东印度公司成立了一个专门的茶叶委员会，领导和开展印度茶叶种植。关于茶叶委员会委员的组成，史料记载两种版本。一份资料显示，最初的茶叶委员会是由詹姆斯·帕特博士、乔治·戈登和中国人鲁华医生三人组成。其中，詹姆斯·帕特是英国东印度公司官员，乔治·戈登是总督特别推荐的鸦片贸易公司麦金托什公司合伙人，鲁华医生据说是一位长期居住在加尔各答的中国医生。第二种版本显示，1834 年 2 月 1 日，经过总督和总督参事会的批准，正式成立了由 11 名英国人和 2 名印度人组成的茶叶委员会，其中有 6 名英属印度政府高级官员，詹姆斯·帕特博士、曼格尔斯、科尔文、查尔斯·特里维廉爵士、考尔克洪、麦克斯温；4 名在加尔各答的英国商人，乔治·戈登、格兰特、罗比森和威尔金森；1 名植物学家，萨尼尔·瓦里奇博士；2 名印度人，拉大坎特·德布和拉姆·坎穆尔·森。曼格尔斯当时是英属印度政府的秘书，罗比森是建筑师。詹姆斯·帕特博士担任茶叶委员会主席，乔治·戈登为茶叶委员会秘书，月薪 1 千卢比。

　　1834 年 2 月 13 日，茶叶委员会举行会议，当即做出两项工作安排，一是广发"英雄帖"，向英国东印度公司全体职员及在世界各地的英国人发出一份通告，征求各种与茶有关的有价值的意见和建议，如印度次大陆什么地区的气候、土壤适合商业化种植茶树等。收集的信息将由茶叶委员会汇总后，编制成通报并发布。第二项决定是，一旦能够确定印度这些地区可以种植茶树，那么必须从中国引进真正的茶苗、引进熟练的制茶工和制茶工具。为此，茶叶委员会安排茶叶委员会秘书乔治·戈登秘密前往中国，阴谋盗取最为关键的中国茶树茶籽、种苗以及制茶工具并招募熟练的制茶技工。萨尼尔·瓦里奇博士兴奋地说："在印度种植茶叶，供应英国市场，将会增加印度的财富……"他迫不及待地建议应该立即派遣人员到喜马拉雅山脉确定茶树种植区域。

　　茶叶委员会的通告一经发出，就得到了在英国和在印度的英国人的热烈响应，来自英国和印度各地英国人的建议、报告等各种信息纷至沓来，特别是东印度公司驻各地的行政长官也积极响应，报告了各地的土壤、海拔和气候情况。茶叶委员会 3 月 3 日发布的通报，内容五花八门，有些是直接写给戈登秘书，有些是给茶叶委员会。报告包括了"中国茶叶""中国茶区""日本茶叶"

方面的内容，以及巴西、巴拉圭、威尔士群岛、安南（越南）、印度尼西亚爪哇、缅甸山多威、新加坡、克什米尔、中国云南等地区茶叶种植、加工、贸易或消费的内容。这些报告的信息来自于报告者 1822—1834 年期间的亲身考察、见闻或者历史书籍、资料等。一些英国植物学家和其他学科的科学家也积极递交研究报告或建议书。这些丰富的信息中，1824 年罗伯特·布鲁斯在阿萨姆地区发现野生茶树的重要信息被重新提及。

英国人罗伯特·布鲁斯少校发现阿萨姆野生茶树的故事可以追溯至 1823 年。1823 年，曾在英国东印度公司孟加拉炮兵部队任职的罗伯特·布鲁斯少校携带大量的商品来到了被缅甸占领的阿萨姆地区的萨地亚。据说他在萨地亚结识了当地景颇族的首领比萨甘姆。比萨甘姆用自己制作的茶款待了罗伯特·布鲁斯，而且据景颇部落首领介绍，他们部落世世代代在萨地亚附近的山上采

加尔各答植物园棕榈树大道（19 世纪 90 年代）

摘这种野生植物的叶子煮水饮用。罗伯特惊奇地发现，这种植物与中国的茶树形态非常地相似。喜出望外的罗伯特·布鲁斯当即与比萨甘姆达成了协议，订购了一批这些植物的种子。第二年，第一次英缅战争爆发。当时任职于东印度公司军队、担任炮艇指挥官的罗伯特·布鲁斯的弟弟查尔斯·布鲁斯也奉命赶赴萨地亚前线参加战争，他受命指挥一艘炮艇深入布拉马普特拉河上游的萨地亚镇的一个村庄参加战斗，这个村庄正是景颇族首领比萨甘姆所在的村庄。当战争结束，英国人将缅甸人从萨地亚村庄赶走后，景颇族首领比萨甘姆率部落从避难的深山上下来，寻找罗伯特·布鲁斯交换茶树种子。而此时罗伯特·布鲁斯已去世了，于是景颇族首领将罗伯特·布鲁斯订购的茶树种子交给了他的弟弟查尔斯·布鲁斯。

查尔斯·布鲁斯在获得了这些野生茶树的茶籽和茶花样品后，即将这些样品送给了当时英国东印度公司阿萨姆地区的行政长官戴维·斯科特，并报告了发现野生茶树和当地景颇族制作茶叶的信息。斯科特是印度农业和园艺协会的创始人之一，也是植物学爱好者。他如获至宝，敏锐地意识到这是非常有价值的重要线索，他随即将这些样品的一部分种植在他自己位于古瓦哈蒂的庭院中，一部分送给加尔各答的英国东印度公司官员詹姆斯·基德（加尔各答植物园创始人罗伯特·基德上校的儿子），并附有一封信，信中写道："寄给你的树叶据说是野生茶树，我尚未获得花和果实，但我已经获得了一些植株，我希望这些植株能够存活下来，将来可获得更多标本。在这里的掸族人、缅甸人和中国人都说这是茶树，或许它们与加德纳先生从尼泊尔送来的品种一样。"詹姆斯·基德收到信件和茶叶样本后，将信将疑，但他还是将样本和信件转交给了当时加尔各答植物园的园长、植物学家纳桑尼尔·瓦里奇博士进行研究和鉴定。另外,詹姆斯·基德还将他父亲最早种植在私人植物园的茶树标本一起送给了英国东印度公司,东印度公司则将其转送给伦敦林奈学会(Linnean Society)。纳桑尼尔·瓦里奇博士接到这些样本后,不以为意,他草率鉴定后认为这种植物是属于山茶科(Camellia)植物,与中国的茶树品种(Thea)并不属于同一品种,他断定这不是真正的茶树,从而否定了查尔斯·布鲁斯和斯科特在阿萨姆的重大发现。戴维·斯科特和查尔斯·布鲁斯收到鉴定结果后,颇为失望。据资料记载,1826年左右,阿萨姆行政长官戴维·斯科特再次在阿萨姆地区南部的曼尼普尔地区发现和采集到了野生茶树的叶片样品,他坚持认为这是真正的茶树,并送往加尔各答植物园鉴定,但都被瓦里奇博士否定。

阿萨姆野生茶树的确认过程,离不开一个关键的人物,他就是纳桑尼尔·瓦里奇博士。18—19世纪,英国植物学家和农业科学家在大英帝国的政治、军事和经济中扮演着非常重要的作用。植物学家们忠心耿耿地为大英帝国的殖民地扩张和殖民企业服务,在英国各殖民地建立了植物园和科学实验室,为帝国提供了科学技术服务,进一步巩固了大英帝国侵略和占领的成果。瓦里奇博士就是其中的典型代表。瓦里奇博士,1786年1月28日出生于丹麦哥本哈根,1806年取

纳桑尼尔·瓦里奇博士

得了哥本哈根的皇家外科医学院授予的学位，并于同年年底被指定派往丹麦在印度的殖民地——孟加拉的塞兰坡担任外科医师。1807 年 4 月，他乘船前往印度，并于同年 11 月抵达塞兰坡。当时，英国正与法国交战，争夺塞兰坡的殖民地控制权。丹麦则和法国结盟控制着塞兰坡，最终法国殖民地领地被英国攻陷占领，处于外围的塞兰坡亦落入英国军队手中，倒霉的瓦里奇博士也被俘入狱。幸运的是，由于其学历和专业特长，1809 年瓦里奇博士被英国人假释放出。1813 年，他被英国东印度公司招聘进入加尔各答植物园工作，担任加尔各答植物园第二任园长、植物学家、苏格兰外科医生威廉·洛克斯伯格的助手。1814 年 8 月起，瓦里奇还兼任英国东印度公司的助理外科医生。虽然他是一名外科医生，实际上他对植物学更感兴趣，他很愿意作为洛克斯伯格的助手进入加尔各答植物园工作。他一抵达加尔各答便积极地参与了加尔各答植物园的各项研究工作。在此期间，他对印度次大陆地区的植物与植被表现出浓厚的兴趣，曾经独自前往尼泊尔、缅甸、西印度等地采集和研究当地的植物，使得他在植物学上的研究造诣闻名遐迩，并成为加尔各答亚洲学会的会员。1817 年起，他正式担任加尔各答植物园园长，直到 1846 年退休。

在加尔各答植物园工作期间，瓦里奇博士的植物研究取得了巨大的成果，他编写了一份《瓦里奇目录》，收录了超过 2 万份植物标本资料。另外，他还出版了两本重要的书籍：《尼泊尔植物图志 1824—1826》以及《亚洲珍稀植物 1830—1832》。瓦里奇博士和另外一位英国植物学家弗朗西斯·布坎南博士（也称为弗朗西斯·汉密尔顿）曾经在缅甸、曼尼普尔、阿洪王国的潘度、孟加拉的锡莱特地区和尼泊尔发现过山茶树，这也许导致他在鉴定茶树时非常犹豫和困扰。瓦里奇博士对查尔斯·布鲁斯和斯科特在阿萨姆发现的野生茶树的错误鉴定结果，导致了茶叶这一具有重大经济价值的植物在印度的发现和开发被推迟了十多年。

1834年4月，茶叶委员会收到一封来自印度北部城市萨哈兰普尔植物园园长休·福尔克纳博士写给戈登的信，该信主要论证了在喜马拉雅山脉种植茶树的可行性，引起了茶叶委员会的高度重视。信中详细分析、研究了印度大陆的气候、土壤条件，进而认为，在印度大陆适合茶叶种植的地区包括：（1）喜马拉雅山脉的低地丘陵和山谷；（2）印度的东部边境；（3）印度中部和南部的尼尔吉里。休·福尔克纳博士详细、严谨、缜密的分析令茶叶委员会折服。茶叶委员会向英属政府报告称，他们完全依赖和相信休·福尔克纳博士报告的事实和推理，他们确定喜马拉雅山脉地区完全适合茶叶的种植。这些建议后来被英国东印度公司采用，该地区成为东印度公司最早在印度大陆开垦、试验、种植茶树的地区。

1834年6月，戈登肩负着茶叶委员会的秘密任务，乘坐"女巫号"轮船从加尔各答出发前往中国。在戈登赴中国执行任务期间，由瓦里奇博士担任茶叶委员会秘书。正在此时，茶叶委员会收到了一份来自英国东印度公司阿萨姆地区行政长官弗朗西斯·詹金斯上尉递交的重要报告，弗朗西斯·詹金斯上尉在信中报告了最重要的信息，也是最令人兴奋的消息是在阿萨姆地区发现了大片的野生茶树。信中说："这里的丘陵地区到处可发现茶树，在我们管辖范围内的景颇族部落地区比萨村庄，我被告知，这种粗壮的茶树品种，无疑是当地的野生茶树。在萨地亚，他们给了我一株茶树，我有理由认为是这是真正的茶树，我打算把它送到加尔各答鉴定……当然，我从不怀疑在阿萨姆东部发现野生茶树的事实，我请求推荐一些合适的人立即前来对茶树进行考察鉴定，以免有任何异议，同时对茶树生长的土壤进行检验，并对察查和阿萨姆之间的山脉土壤进行考察。"信中详细地描述了阿萨姆地区的地形、地貌、海拔、土壤及植被等自然条件，并且他认为，阿萨姆的山脉一直延伸至中国的产茶区——云南和四川。他说："这个多山地区的每一个地方，凡我参观过的，几乎呈相同的地质结构，几乎完全由泥板岩土组成，每一个地方几乎都有相同的外表土壤，非常破碎和疏松，很少可见完整的，而且，即使是在最高（海拔）的土地上，也深深覆盖着土壤和繁茂的植被。"

詹金斯上尉建议英国东印度公司最好在11月份派遣专家来考察，他还提供了考察的路线和接待人等事项。当时，詹金斯上尉担任东印度公司阿萨姆地区行政长官，负责刚刚占领的阿萨姆地区的行政工作，驻守在阿萨姆地区首府古瓦哈蒂。

实际上，1833年，查尔斯·布鲁斯曾再次向詹金斯上尉报告萨地亚地区存在大片野生茶树。布鲁斯后来在1836年12月20日写给詹金斯上尉的信中说："英缅战争爆发时，我跟随着总督的代理斯科特先生，我被任命为驻守萨地亚的炮艇指挥官，我是第一个向斯科特先生和其他官员介绍当地的茶籽和植物，并将样本送给他们的人。我已故的哥哥在战争爆发之前曾告诉我野生茶树的存在，我口头向你做了汇报，并于1833年正式就当地人制作茶叶的方法向你报告。我是第一个穿越森林去访问英国属地——萨地亚茶区的欧洲人，也是第一个发现大片茶树林，并带回当地土壤、茶叶果实和花朵标本的人。"但1833年的詹金斯上尉没有重视布鲁斯的报告，或许他可能已经接受了他的前任斯科特报告发现阿萨姆茶树，却被鉴定为山茶树这一结果，因此他可能认为这件事不值得再认真追究。

当詹金斯上尉收到茶叶委员会的通告后，才忽然想起了布鲁斯曾向他报告的信息，而他自己也曾经在阿萨姆地区——萨地亚见过类似茶叶的植物，因此他马上将这个信息写入信中并寄给了茶叶委员会的秘书戈登，并同时将茶叶委员会的通告发给正驻守在萨地亚的一个年轻的军官安德鲁·查尔顿中尉，要求后者赶快寄送一些茶树样品给他。当时任英国东印度公司阿萨姆轻骑兵部队中尉的安德鲁·查尔顿也是一位非常热衷于研究植物和园艺的军人，他在景颇族部落居住区域和迪布鲁河附近曾见到所谓的茶树林，也曾经目睹当地景颇族人采茶和喝茶的过程。他立即在5月17日回复了一封信给詹金斯上尉："我很高兴向你报告我所知的阿萨姆茶树的情况。我在3年前就获知在比萨村庄发现野生茶树的消息……我曾获得了3—4株幼龄茶树，送给了加尔各答的约翰·泰特勒博士，茶苗被种植在政府的植物园内，但我后来得知茶苗很快死亡了。"查尔顿中尉在信中还详细描述了他所见到的茶树及其叶片、果实的形态，以及当地的土壤、茶树生长地的地形地貌；他也描述了当地景颇部落制茶的方法和喝茶的习俗。但查尔顿中尉也在信中表达了一些怀疑，他说："我对在比萨区域附近发现的茶树是否是真正的茶树品种有点怀疑，虽然它可能是假的，或可能如瓦里奇博士所认为的是"山茶"，但其确实是土生土长的，而且遍地都是，这为引进中国茶树品种到阿萨姆地区进行种植提供了非常好的基础。"虽然有点怀疑，但查尔顿中尉还是报告詹金斯上尉，他会立即安排在萨地亚的人采集茶树的样本送来。

詹金斯上尉收到查尔顿中尉的信后，又马上写了一封信给戈登，并附上了查尔顿中尉的信，以及一张上阿萨姆区域的地图。这份地图是福坎先生跟随伯内特中尉在该地区探险时绘制的地形图，地图上特别标识了野生茶树生长的一些区域。

1834年11月8日，查尔顿中尉从萨地亚派人将收集的茶树叶片和果实样品送给詹金斯上尉，并附上一封热情洋溢和充满自信的信，信中写道："我非常高兴能送你一些阿萨姆茶树的叶子和茶籽，很遗憾这些样品没有处理好。我担心它们看起来不像茶叶……经过仔细的检测，这绝对不是瓦里奇博士所说的山茶树……由于叶片太大和太粗老，它的外形看起来有些粗糙，这在这个季节是无法避免的，等寒冷的季节结束后，新的嫩叶长出来时，我希望送你一些好的红茶，正如我们从中国获得的红茶一样。我将试试做一些绿茶的工艺试验……我在这里发现野生茶树的区域是与比萨相同的区域，此处遍地都是野生茶树林。从这里通往云南的路程需要一个月时间。我被告知，云南那里大规模地种植这种茶树。从云南来的一两个（中国）人明确告诉我，生长在那里的茶树与我这里的茶树是完全一样的。所以我毫不怀疑这种茶树就是真正的茶树。"查尔顿中尉还在信中指出，"非常遗憾的是，在萨地亚与云南之间尚没有交通路径，目前最好的陆地通路仅到胡冈（位于缅甸）为止，（这条路）没有任何自然的障碍阻挡，可以为英国商人提供一个通往中国内地的入口。"

11月22日，詹金斯上尉随即将查尔顿中尉送来的信及阿萨姆茶树的样品送给加尔各答植物园进行鉴定，并在查尔顿中尉的信背面重重写下："我送给你一罐茶叶和一盒茶籽。我希望你看到我们的茶叶是真正的茶叶，正像我们认为的一样。"詹金斯上尉很担心这次鉴定结果还会跟他的前任戴维斯·斯科特申请的鉴定一样被鉴定为山茶树。茶叶委员会委员特里维廉爵士非常相信詹金斯上尉的判断，他也担心加尔各答植物园的错误鉴定将严重影响大英帝国的伟大事业，他带有威胁性地告诉瓦里奇博士："如果你称它为山茶——我一点也不在乎你叫它什么。这就是茶树，可以制作茶叶。我们必须让一些有能力和无偏见的人来决定这个事实。"这让瓦里奇博士感到了巨大的压力和挑战，他既不能拒绝也不能逃避，只好硬着头皮接受鉴定的任务。当然他再也不敢怠慢，他分别绘制了山茶树和阿萨姆茶树果实的详细图画，认真对比它们之间的差异，经过一个多星期的仔细地对比研究、鉴定，根据茶树的果实特征，最终确定阿萨姆茶树与中国茶树品种是完全一致的茶树。

圣诞节前夕，瓦里奇博士无比兴奋地向英国东印度公司茶叶委员会提交了正式报告，确认在阿萨姆地区发现的野生茶树是真正的茶树。他写给茶叶委员会的鉴定报告信中叙述了鉴定的依据："除了山茶树外，没有任何其他的植物与茶树相似。这两种植物在外表上，尤其是它们的叶子形态和花的结构非常相似。实际上，从果实的特征加以辨别，它们就可以被区分出不同。"瓦里奇博士终于得出阿萨姆的野生茶树与中国栽培的茶树是相同的结果，这一结果虽然推迟了 10 多年，却对帝国茶产业的发展具有深远的现实意义。

1834 年 12 月 24 日，茶叶委员会在收到瓦里奇博士的鉴定报告后，即迅速地向英属印度政府秘书麦克诺顿报告了这个重大的好消息，并请其将这一喜讯转告给英属印度总督。信中提及："我们于 5 月 7 日和 19 日分别收到了詹金斯上尉和查尔顿中尉的两封信，5 月 17 日收到了查尔顿中尉的报告以及野生茶树的样品，并且在 11 月 5 日再次与查尔顿中尉联系……我们以无比满意的心情向尊贵的政府委员会报告：毫无疑问，在上阿萨姆地区发现了野生茶树。发现茶树的地区是尊贵的东印度公司领土下的萨地亚和比萨，从那里到中国的云南省，步行前往需一个多月，对（云南）那些地区种植的茶树，人们主要是利用其叶子。我们毫不犹豫地宣布这一发现，这个发现应该归功于詹金斯上尉和查尔顿中尉不懈的研究。这个发现是迄今为止，帝国已经获得的农业或商业资源中最重要和有价值的发现……"；报告中还提及："我们当时忽略了，我们都知道早在 1826 年后期，戴维·斯科特先生派人从曼尼普尔送来一种灌木叶子标本，他坚信这是真正的茶树……"这份报告中除了查尔斯·特里维廉爵士和麦克斯温没有签名外，其余的茶叶委员都正式签名。报告中还充满信心地写道："我们完全有理由相信，已被发现的茶树，如在适当的管理下实行商业化种植，预计将能够取得成功。"茶叶委员会在报告中还附上了 5 月 7 日和 5 月 19 日詹金斯上尉和查尔顿中尉分别写给戈登的两封信，以及 5 月 17 日查尔顿中尉写给詹金斯上尉的信。在信中，东印度公司茶叶委员会还采纳了詹金斯上尉的建议，强烈地建议英属印度政府派出科学考察队前往上阿萨姆地区进行实地考察，并且推荐由植物学家瓦里奇博士、地质学家约翰·麦克莱兰博士和植物学家威廉·格里菲思博士组成考察队。茶叶委员会认为："为了将来成功地种植茶叶，派遣一支科学考察队去阿萨姆现场收集各种植物、地质和其他信息是绝对有必要的。"

"原始的茶树毫无疑问生长在上阿萨姆地区！"茶叶委员会的这个报告不仅让英国东印度公司非常兴奋，而且让英属印度政府和英国商人们都无比高兴，英国东印度公司似乎终于可以无视中国茶叶商人的脸色，打破中国茶叶供应的垄断似乎指日可待。英国东印度公司随即做出三项决定：一是通知戈登可以从中国返回，不必再考察了（这一通知大约是 1835 年 2 月 3 日发给戈登的，但戈登在接到该函之前，实际上已将三批中国茶籽装船发往印度，第一批是从武夷山采购的茶籽，由戈登亲自装运，据称为制造优良的红茶之茶籽）；二是建议英属殖民政府派遣一个科学考察队前往萨地亚进行实地考察；三是要求英国东印度公司的萨地亚驻军继续考察附近地区的野生茶树情况，并要求查尔顿中尉负责在萨地亚筹建东印度公司在阿萨姆的第一个茶叶试验场，繁育中国茶树品种，再扩大试验种植面积，同时任命查尔斯·布鲁斯担任其助理。但是当时阿萨姆地区处于非常混乱的社会状态，查尔顿中尉还承担着保卫治安的军队任务，他不得不经常出兵平定当地土著部落的叛乱。在一次攻击部落寨子的战斗中，他严重受伤，最后不得不离开阿萨姆。随后东印度公司任命布鲁斯接手了阿萨姆茶叶试验场筹建的任务，担任萨地亚茶叶试验场的主管，薪俸 150 卢比。1835 年 2 月，布鲁斯到任，正式开始了东印度公司阿萨姆茶叶试验场的筹建工作。从这个时候起，布鲁斯成为大英帝国茶树种植和茶产业发展中的先驱者。

在此时期，东印度公司茶叶委员会依然不断收到早期曾在阿萨姆地区各地发现野生茶树的报告，除了当年的布鲁斯兄弟外，其他的英国人也在阿萨姆地区及其周边地区发现类似的野生茶树。据说，英国人拉特上校曾在 1815 年左右报告在阿萨姆地区发现了野生茶树；1818 年，加德纳也曾报告在阿萨姆地区发现野生茶树；1824 年前后，东印度公司驻守在阿萨姆其他地区的军队也陆续报告说在阿萨姆地区发现所谓的野生茶树。此外，1828 年，英国人格兰特上校和彭伯顿在曼尼普尔地区、提普拉丘陵发现了茶树，并将采集到的茶树样品送往加尔各答植物园鉴定。但当时这些发现都没有引起英国东印度公司董事会和加尔各答皇家植物园的重视。因此，阿萨姆地区存在大量野生茶树的信息也就销声匿迹了。而今发现野生茶树的好消息不断涌向英国东印度公司茶叶委员会，增强了东印度公司在印度次大陆开垦、种植茶树的强大信心和勇气。

阿萨姆野生茶树被发现和确认后，谁是阿萨姆野生茶树的第一个发现者成为了此后持续争议多年的话题，关键人物瓦里奇博士发现自己突然之间成了争议的焦点。查尔顿中尉声称他是阿萨姆茶树的第一个发现者，他自称从 1830 年 5 月到 1831 年 10 月一直驻守在阿萨姆地区。当离开阿萨姆时，他曾在 1832 年 1 月 21 日将他收集的茶叶样本送给约翰·泰特勒博士和印度农业和园艺协会鉴定。1834 年 5 月，当他再次返回阿萨姆时，他也曾收集野生茶树的叶子和果实标本送给当时阿萨姆政府政治代理人詹金斯上尉。为了证明这一点，他出示了 1834 年 12 月 6 日瓦里奇博士签署的给茶叶委员会的一封信作为证据，证实这种茶树果实是真正的茶树。这封信曾经提交给政府，但实际上没有在下议院的议会报告中记载。茶叶委员会未经认真调查，仅根据查尔顿中尉的宣称和信件，立即将野生阿萨姆茶树的发现归功于查尔顿中尉和詹金斯上尉。但查尔顿中尉对没有把荣誉归功于他个人似乎非常不满意，他没有直接写信给瓦里奇博士抱怨，而是公开地直接表达了他对瓦里奇博士的不满。在这场争端不断发酵期间，瓦里奇博士不幸患了霍乱，无暇应对查尔顿中尉的言语攻击。当他身体充分恢复后，他也拒绝直接与查尔顿中尉沟通，而是公开出示相关的记录文件来应对。瓦里奇博士声称，布鲁斯兄弟应该是最早发现阿萨姆野生茶树的人，并在当时送了野生茶树标本给阿萨姆地方行政长官戴维·斯科特，戴维·斯科特又将茶树叶子和果实标本转交给孟加拉农业和园艺协会以及瓦里奇博士。尽管当时瓦里奇博士鉴定认为这不是真正的茶树，但经事后确认，查尔顿中尉发现的茶树与 1823 年布鲁斯兄弟发现的茶树是相同的品种。瓦里奇博士最终向英国公众公开宣称阿萨姆野生茶树最初的发现者实际上是布鲁斯兄弟。这些文件揭开了已被遗忘的布鲁斯兄弟在 10 多年前发现阿萨姆野生茶树的事实，引起了相当的轰动。当然，瓦里奇博士曾经在 1834 年 12 月写信给查尔顿中尉和詹金斯上尉，感谢查尔顿中尉送来的野生茶树果实，最终帮助他鉴定证实这是真正的茶树，感谢他们在发现阿萨姆茶树中所作出的努力。事后，查尔顿中尉在写给瓦里奇博士的信件中也最终承认他不是第一个发现野生阿萨姆茶树的人。虽然如此，1842 年 1 月 3 日，詹金斯上尉和查尔顿中尉因为发现阿萨姆野生茶树的功绩获得了由孟加拉农业和园艺协会颁发的金牌奖，想必当时布鲁斯获知这一消息后内心一定不平静。1842 年，在英国植物学家班克斯博士的推荐下，查尔斯·布鲁斯最终获得了由英国皇家艺术协会授予的金奖，以表彰他在阿萨姆发现野生茶树所作出的贡献，也算是正式承认了布鲁斯兄弟的贡献。该学会曾经在 1825 年发出悬赏："只要能够在印度东部或西部或其他任何英国的殖民地土地上，种植和制作不少于 20 磅的高质量茶叶，将授予金牌奖或 50 个金币。"英国皇家艺术协会在 16 多年后兑现了承诺，关于谁是阿萨姆茶树的发现者的争论有了公正的定论，帝国茶产业的历史也最终定格于布鲁斯兄弟发现阿萨姆茶树的传奇故事。瓦里奇博士由于当初的错误鉴定而引起了后来的许多非议和争论，实际上，这也不能完全怪罪于瓦里奇博士的偏见，当时由瑞典植物分类学家林奈创建的林奈植物分类方法是公认的科学分类法，而林奈将茶树与山茶划分在不同的属，导致了瓦里奇博士在 1824 年对戴维·斯科特送来的野生阿萨姆茶树标本鉴定错误，也许是当时欧洲人对中国茶树的不了解才导致了错误的结果。

二、英国东印度公司占领阿萨姆

1823 年，英国人罗伯特·布鲁斯少校在阿萨姆地区萨地亚发现了原始野生的茶树。1834 年，阿萨姆行政长官弗朗西斯·詹金斯上尉和安德鲁·查尔顿中尉报告称，再次在萨地亚地区发现大片的野生茶树。为什么当时英国东印度公司的军队会在阿萨姆地区活动？他们为何占领和驻扎在如此遥远偏僻的地区呢？

阿萨姆地区位于喜马拉雅山脉东部和缅甸那加山脉之间的布拉马普特拉河谷平原，该平原面积约 4.2 万平方公里。从地理位置上看，除了西部以外，阿萨姆地区三面被高原和山地环绕。阿萨姆的西部延伸至戈瓦尔巴拉丘陵地区；喜马拉雅山南麓一道陡壁耸立在阿萨姆地区的北部，阿萨姆东北部一直延伸接壤缅甸和中国；南部连接山峦起伏的卡罗山、卡西山和杰因蒂亚山脉。绵延不绝的丘陵和平原将阿萨姆河谷平原分成两大部分：布拉马普特拉河流域和巴拉克河流域，又称作苏尔玛河流域。阿萨姆地区尽管纬度较高，但由于喜马拉雅山脉的阻隔，来自印度洋的暖湿气流常年徘徊于平缓的南麓区域，造就了阿萨姆地区典型的热带季风气候。发源于喜马拉雅山脉的雅鲁藏布江奔腾千里，气势磅礴地进入阿萨姆地区的萨地亚后，被称为布拉马普特拉河。浩瀚滔滔的布拉马普特拉河和丹西里河、迪布鲁河、洛希特河、迪班河、迪汉河、迪科浩河、伯希迪亨河等众多支流河形成河流网冲积而成的阿萨姆河谷平原，形成一处气候温暖、雨量充沛、植被丰富、河流密布的肥沃大地。其自然环境异于干燥多尘的南亚大陆腹地，而与东南亚地区有明显的相似性。北方的喜马拉雅山脉、东南方的帕特凯山脉、缅甸境内的中东部高原也对布拉马普特拉河上游流域地区形成了天然的屏障，阿萨姆河谷平原地区俨然成为一个自成一体的独立"王国"。

　　阿萨姆地区从公元 350 年至 1140 年一直在古老的迦摩缕波王国的统治之下。12 世纪迦摩缕波国的帕拉王朝灭亡后，阿萨姆地区分别被阿洪、苏提亚和卡查里三个部落王国统治。阿洪王国统治布拉马普特拉河南岸的阿萨姆地区，阿萨姆东部地区最远端的布拉马普特拉河北岸被苏提亚王国统治，卡查里王国统治布拉马普特拉河西部地区。

　　苏提亚王国于 1187 年建立在布拉马普特拉河北岸，首府设立在萨地亚，故也称为萨地亚王国。据说苏提亚人祖先是来自中国西藏和四川的藏族，他们属于蒙古人汉藏语系的后裔。苏提亚曾经是一个强大的王国，接手了迦摩缕波王国帕拉王朝的大部分地盘，统治了现今阿萨姆东北部幅员辽阔的领土约 400 年，即现今阿萨姆地区的萨地亚、丁苏吉亚、北勒金布尔、德马杰整个地区和焦尔哈德、迪布鲁格尔部分地区。苏提亚王国与后来新兴崛起的阿洪王国在 16 世纪期间不断发生领土和水源纷争，双方发生无数次激烈的冲突战争。1673 年，苏提亚王国被阿洪王国吞并占领，全部领土并入阿洪王国。

卡查里王国曾经也是中世纪阿萨姆地区的一个强大的部落王国，建立于13世纪。它的政治中心原来在布拉马普特拉河谷，后来随着阿洪王国的崛起和强大，卡查里王国不断遭受阿洪王国的入侵和打击，卡查里王国逐步退败南迁，盘踞在阿萨姆南部察查山脉的北部，最后定都于阿萨姆南部的巴拉克谷流域地区。1779年缅甸入侵阿洪王国，卡查里王国也被缅甸占领。1824年第一次英缅战争后，这一地区又被英国东印度公司占领，成为东印度公司的土邦国。1833年被东印度公司最终吞并。

阿洪王国是当时阿萨姆地区最强大的王国。从13世纪建立王国一直持续至1838年最终被英国东印度公司吞并占领，阿萨姆地区持续600多年处于阿洪王国的统治之下。在阿洪王国的全盛时期，其势力范围覆盖了现今整个印度次大陆东北部，除曼尼普尔外，大致相当于现今的勒金普尔、锡布萨格尔、瑙贡、坎如普、德让及萨地亚的边境地带。阿洪王国领土的西部与孟加拉接壤，北面与不丹王国以及中国藏南的下察隅、珞隅、门隅以东的珞渝地区交界，北部边境以诸山地部落居住的山区边缘为界，阿洪王国的东部及东南部跨越那加山脉和阿拉干山与缅甸接壤。

至19世纪30年代，阿萨姆地区除了有阿洪王国的主要民族——傣族居住之外，还有众多其他部落，它们各自占据阿萨姆河谷平原周边的丘陵、丛林地带和高山森林作为各自部落的领地。在阿萨姆北部地区即喜马拉雅山脉南部，沿着布拉马普特拉河北岸地区居住着不丹人、阿卡人、达夫拉人、阿波人、米里人、米什米人（我国称僜族）、阿迪人（我国称洛巴人）、坎姆提人（也称泰族或掸族）；在阿萨姆东南部地区居住着景颇人、姆塔克人（也称莫兰人）、那加人；在阿萨姆南部山区和丘陵地带聚居着曼尼普尔人、卡查里人、博多人、卡西人和卡罗人等几十个部落民族。其中，阿波、米里、达夫拉、阿卡和米什米部落，经人类学家考证为中国西藏藏族的后裔。这些部落民族处于原始社会的状态下，过着茹毛饮血的艰苦生活，大多居住在阿萨姆河谷周边的高山峡谷或深山野林或河流交错区域，那里草深林密、荆棘丛生、雨多雾大、气候恶劣，高山平均海拔达 2000 米以上，他们被英国人认为是野蛮、未开化、堕落、好战的部落。他们依靠打猎、刀耕火种和种植鸦片为生。一些部落经常侵袭阿洪王国的河谷平原地区，抢劫农民或者敲诈勒索平原商人，是令阿洪人闻风丧胆的强盗，也是平原地区社会不安定的因素之一。

阿洪王国是如何建立起来的呢？阿萨姆地区史前最早居住是原始澳大利亚人种，随后属蒙古人种的基拉塔人从中国的北部长途往南迁徙，穿越阿萨姆东部山口来到这片土地，征服和吸收了原始澳大利亚人种，逐渐在当地定居繁衍。4 世纪左右，蒙古人在阿萨姆建立迦摩缕波王国（中国称之为东辉国）。公元 7 世纪左右，迦摩缕波王国达到最鼎盛的时期，统治着喜马拉雅山脉南麓至孟加拉湾的广袤地区。7 世纪时，唐代高僧玄奘曾访问、游历迦摩缕波王国，在《大唐西域记》中，玄奘用"伽摩缕波国。周万余里。国大都城周三十余里……"描述了鼎盛时期的迦摩缕波国的繁荣。几世纪以来，南亚的凯巴塔人、印度北部的雅利安人、中国西藏人、南印度的达罗毗荼人相继迁移定居在阿萨姆地区，形成了不同的部落和社群占据了阿萨姆的各个区域的局面。由于聚居了众多种族和部落，种族和部落之间经常发生争夺，阿萨姆地区一直处于动荡之中。直到 13 世纪，一支由中国云南傣族和缅甸掸族

米什米部落人（Mishmi）

景颇部落人（Singpho）

卡查里部落人（Kachari）

姆塔克人（Muttuck）

坎姆提人（Khanti 或 khamtis）

那加人（Rengma Naga）

组成的大军浩浩荡荡地迁移至阿萨姆地区，征服了当地的各个部落，建立了阿洪王朝，才逐步结束了长期的战乱。据阿洪人的编年史——"布兰吉"所载，阿洪王国的创始人是傣族王子苏卡法。1215年，苏卡法王子高举着傣族国王所持的王权象征"梭陀"，率领9千名男女、两头大象、300匹马，从中国云南瑞丽的勐卯龙出发，前后经历艰难的13年时间，跨越缅甸北部的胡冈河谷，攀越班哨山口和帕特凯山脉，进入到了上阿萨姆地区的河谷平原。苏卡法王子发现，布拉马普特拉河冲刷形成的河谷平原土地肥沃、水草丰美，从此定居下来。他们最初在提潘（今迪布鲁格尔县）定居，1228年正式创立阿洪王国，国王按照傣族习惯将其命名为"诏法"。1251年，苏卡法国王将首府迁至查莱德奥（今锡布萨格尔县附近）。苏卡法王子进入阿萨姆后，采取与布拉马普特拉河谷原住各部落交好、同化、通婚和征服的策略，与当地姆塔克人、那加人、勃拉希人等部落建立了友好关系，鼓励阿洪人与当地各部落民族通婚，同时武力征伐强悍的苏提亚王国，然后逐步征服如勃拉希人、姆塔克人部落中试图反抗者，并将其同化，从而结束了阿萨姆地区长期的战乱。与此同时，傣族人将中国云南先进的农耕文化带入了阿萨姆地区，兴修水利，大力发展先进的水稻耕种、桑蚕养殖、纺织业、土枪土炮制造业、冶铁业、金银制品业、虫胶业、制盐业等产业，阿洪王国农耕业、手工业和商业经济得到了快速的发展，逐步建立起了山林郁郁葱葱、田地阡陌纵横、村庄炊烟袅袅的繁荣阿洪王朝，阿洪王国大地好似一个远离尘嚣的世外桃源。

　　然而，宗教信仰改变了如日中天的阿洪王国的命运，由于皈依印度教动摇了阿洪王国的根基，阿洪王国的厄运开始降临。苏卡法王子率领傣族进入阿萨姆后，既非信仰佛教，也非信仰印度教，而是信仰原始"宗"神（Chung）。阿洪人皈依印度教经历了一个十分缓慢的过程。在民族融合的过程中，傣族（即阿洪人）逐渐接受了当地部落人的印度教信仰、当地语言和文化。14世纪末15世纪初，第八任国王苏当法开始引入印度教，因从小接受过婆罗门教育，当他1397年登上王位后，便将印度教神引入阿洪王国皇家宫殿祭拜，但他当时并没有皈依印度教。按照印度教习惯他被尊称为巴牟尼·孔瓦尔，即"婆罗门王子"，由此印度教逐渐影响阿洪王国皇室、贵族和平民。

至16世纪上半叶，第14任国王苏洪蒙（1497—1539年）执政时，

阿洪王国创始人傣族王子苏卡法

阿洪王国的势力达到鼎盛时期，兼并了苏提亚王国和卡查里王国，国土面积大幅度扩张，莫兰人、那加人、勃拉希人等原住部落纷纷归顺阿洪王国，傣族反而变成了少数民族，国王也逐渐聘用一些信仰印度教的幕僚、官员、祭司，原住民信仰的印度教也逐渐深入影响王国的各个阶层。苏洪蒙国王还用印度教的"斯瓦尔加纳拉衍"这个国王称号代替了传统的傣族"诏法"国王称号，此后，阿洪国王都用印度教的头衔来作为自己的称号。各级官吏的傣族称谓也逐渐被印度教名称取代，大部分高级官员开始放弃了原始宗教和傣族语言，皈依印度教，并逐渐接受了当地的阿萨姆语。随后的几任国王又引进了印度教的其他门派，导致宗教门派之争，阿洪王国的厄运开始显现。

17 世纪这期间，独霸阿萨姆地区阿洪王朝的崛起被视为对莫卧儿王朝的挑战。这引起了当时莫卧儿王朝君主们的极端嫉妒，莫卧儿王朝先后 17 次派兵征讨阿洪王国，试图占领阿萨姆地区，然而每次均无功而返。至 17 世纪末，第 30 任国王鲁德拉·辛格（苏科汉法）统治时期便试图寻求王国信仰的统一。鲁德拉·辛格死后，他的儿子苏坦法继承王位，苏坦法国王将阿洪王国的国教定为印度教的"性力教"派，这引起了信仰印度教毗湿奴教派的"摩亚马里亚"信徒姆塔克部落人的极端不满，从而使阿洪王国内部出现了严重的信仰冲突和族群裂痕。1769 年，第 34 任国王拉什米·辛格在位时期，由于长期的宗教门派之争等冲突，积累的矛盾如火药被点燃，最终爆发了"摩亚马里亚叛乱"。信奉印度教毗湿奴教派的摩亚马里亚派苏提亚人、姆塔克人和卡查里人反抗阿洪国王的统治，阿萨姆地区一时波涛汹涌，暴动和引起的动荡持续多年，导致阿萨姆地区族群分离，阿洪国附属的土侯国也趁机反叛，出现四处自立为王的混乱状况。反叛的族群甚至将阿洪王国首府朗普尔城（今锡布萨格尔）焚毁。此时在位的第35任阿洪国王高利纳特·辛格眼看已经无法控制反叛暴动局面，就率领着王国文武大臣向西部狼狈逃亡至瑙贡，后又再次败退至古瓦哈蒂。国王无奈之下，遂求助于英国东印度公司帮助。1792年，英国东印度公司派遣托马斯·威尔士上尉率领550名训练有素的东印度公司武装军队前去支援。1792年11月24日，托马斯·威尔士上尉率军进入阿萨姆地区，他的军队没有遭遇叛军的任何抵抗就占领了古瓦哈蒂。1794年3月18日，托马斯·威尔士上尉军队占领了首府朗普尔城，并将首府交给了国王高利纳特·辛格，帮助阿洪王国平叛了摩亚马里亚教派的叛乱。5月25日，威尔士上尉接受了国王赠予的奖金后，率部凯旋返回到孟加拉，阿洪王国的混乱局面暂时得以平息。

随着英军的撤退，高利纳特·辛格国王放弃了已经被叛军洗劫、焚烧变成废墟的朗普尔城，迁都于焦尔哈德。此后，零星的摩亚马里亚叛乱一直持续至1805年。30多年的持续叛乱致使阿洪王国元气大伤。"宗"神似乎有意惩罚阿洪国王，叛乱期间王国内部一系列宫廷权力争夺进一步削弱了阿洪王国统治者的权力，王国的实力遭受沉重的打击，从此一蹶不振，开始从盛极走向衰落。不久，对阿萨姆领土觊觎已久的东印度公司乘机再次派遣军队驻扎在上阿萨姆地区。此后，阿洪王国内部出现了多次内乱和外来势力的侵扰，每一次阿洪国在无力解决的时候都求助于英国东印度公司的帮助。英国东印度公司心安理得地驻军在阿萨姆地区，并乘机积极地介入阿洪王国的内部事务。

实际上，英国东印度公司早就觊觎着阿萨姆地区独特的地理位置。1771年，英国东印度公司董事会向英属孟加拉总督发出指示：开拓与不丹、阿萨姆的贸易，并经此寻找通往西藏的贸易道路。1774 年，东印度公司派遣博格尔出使西藏扎什伦布后，博格尔就向英国国内提议占领兼并阿萨姆地区，他认为征服阿萨姆有两个有利条件："一是阿萨姆地区广袤开阔、人口稠密，土地得到开垦，进入其地，无论是经陆地，或是走布拉马普特拉河，均畅通无阻……二是阿萨姆出产许多有出口价值的产品……黄金就是一种主要的国内贸易……"只是当时英国东印度公司似乎还没有寻找到合适的时机。

缅甸贡榜王朝也早已觊觎着阿萨姆地区，并且早于英国东印度公司下手。1817 年 1 月，处于鼎盛时期的缅甸贡榜王朝趁阿洪王国衰落之机派出强大的远征军第一次入侵阿萨姆，当时阿洪王国第 37 任国王昌德拉坎塔·辛哈奋力抵抗。同年 3 月 27 日，双方发生激烈的战斗，战斗持续了一个星期，衰弱的阿洪国军队被打败。昌德拉坎塔·辛哈国王自知国力衰弱，无法抵抗强大的缅甸王国，采取了妥协和奉承缅甸的策略。阿洪王国被迫向缅甸军队支付了 10 万卢比，50 头大象，并将一个贵族的公主送给缅甸王。4 月份，缅甸军队带着钱财、公主和嫁妆，趾高气扬地离开阿萨姆返回缅甸。由于抵抗缅甸入侵失败，亲缅派昌德拉坎塔·辛哈国王被废黜。1818 年，任命普朗达·辛哈为阿洪王国第 38 任国王。缅甸的贡榜王朝第六国王孟云闻悉后，非常不满，再次派出 3 万人的军队第二次入侵阿萨姆。

1819 年 2 月 15 日，缅甸第二次入侵阿萨姆，阿洪王国的军队再次被打败，国王普朗达·辛哈和其父亲及众多大臣、幕僚带着国库内价值 350 万卢比的财产从首府焦尔哈德逃亡到西部的古瓦哈蒂。缅甸军队占领了首府焦尔哈德，重新扶持了亲缅派的昌德拉坎塔·辛哈为第39任国王。缅甸人与昌德拉坎塔·辛哈结成联盟，一起攻打逃亡至古瓦哈蒂的普朗达·辛哈国王。1819年6月11日，缅军占领了古瓦哈蒂，普朗达·辛哈国王狼狈地逃亡到当时英国占领的孟加拉。普朗达·辛哈请求英属印度总督黑斯廷斯勋爵派兵帮助拯救他的王国，但是黑斯廷斯总督却置若罔闻，声称英国政府不习惯干涉外国内政。而在同时，第39任国王昌德拉坎塔·辛哈和他的缅甸盟友要求英国当局引渡逃亡在孟加拉的普朗达·辛哈，但他们的请求也被英属印度总督断然拒绝。

普朗达·辛哈不甘心失败，开始从阿萨姆西南部戈瓦尔巴拉、不丹和孟加拉招募士兵，并在不丹国占领下的阿萨姆边境杜阿尔斯区域集结他的军队，准备伺机重新夺回他的王国。这时，后来发现阿萨姆野生茶树的英国人罗伯特·布鲁斯少校粉墨登场了，缅甸入侵阿洪王国也给了敢于冒险的英国商人大发横财的机会。罗伯特·布鲁斯就是这时期进入阿萨姆地区的，他单枪匹马地赶赴杜阿尔斯区域，极其主动地向普朗达·辛哈表示愿意为他的军队提供枪支和火药，并开始介入到阿洪王国的内部及与缅甸的冲突之中。1821年，被缅甸人扶持登上阿洪国国王宝座的昌德拉坎塔·辛哈与缅甸人闹翻、决裂，缅甸国王孟既决定再次出兵吞并阿萨姆。同年3月，缅甸第三次入侵阿萨姆。昌德拉坎塔·辛哈国王的军队在首府焦尔哈德附近被打败，残兵撤退到古瓦哈蒂。在古瓦哈蒂，昌德拉坎塔·辛哈国王开始招兵买马，重新组织和集结部队准备抗击缅甸人。缅甸人占领阿洪首府后，废除昌德拉坎塔·辛哈的国王称号。经缅甸第七任国王孟既批准后，缅甸重新任命缅甸人乔格斯瓦·辛哈为阿洪王国的第40任国王。

这时，普朗达·辛哈了解到昌德拉坎塔·辛哈与缅甸的联盟关系已经破裂，他决定利用这个机会先打败同宗的昌德拉坎塔·辛哈。1821 年 5 月，普朗达·辛哈使用了罗伯特·布鲁斯的雇佣军，后者率领他的军队进攻昌德拉坎塔·辛哈集结在古瓦哈蒂的部队，试图一举消灭昌德拉坎塔·辛哈。但没想到，乌合之众的普朗达·辛哈军队反而被昌德拉坎塔·辛哈打败，指挥官罗伯特·布鲁斯也被俘虏。狼狈的普朗达·辛哈只好率领他的残部逃亡至不丹边境，秣马厉兵，侍机再次反扑。被俘的罗伯特·布鲁斯少校，善用其商人的口舌，花言巧语答应提供枪支弹药给昌德拉坎塔·辛哈的军队，骗取了昌德拉坎塔·辛哈国王的信任，后者将其释放了。

尽管昌德拉坎塔·辛哈打败了同宗的普朗达·辛哈，但缅甸人没有放过昌德拉坎塔·辛哈。缅甸军队长途跋涉，继续沿着布拉马普特拉河一路攻打至古瓦哈蒂。面对来势汹汹、规模庞大缅甸军队，昌德拉坎塔·辛哈惊慌失措，不战自败于古瓦哈蒂城后，只好率残部又一次撤退到英属孟加拉地区。

1821 年底，不甘心失败的昌德拉坎塔·辛哈召集来自英国东印度公司统治下的孟加拉地区锡克教徒和印度斯坦人，组成约两千人的部队，在距离古瓦哈蒂 100 多公里的戈瓦尔巴拉区集结。这时，英国人罗伯特·布鲁斯提供了 300 支火枪和 9 莫恩德（约336 公斤）弹药，装备了这支队伍，准备与缅甸军决战。昌德拉坎塔·辛哈发现当时缅甸军队虽然人数众多，但军队被分散在不同的区域，每个区域的人数并不占优势，因此他采用了各个击破的战术，逐步消灭缅甸人，这个方法果然奏效。1822 年 1 月昌德拉坎塔·辛哈夺回了古瓦哈蒂。此时，普朗达·辛哈也大量招募了不丹和比杰尼地区的士兵，在不丹国境内集结。看到缅甸的军队被昌德拉坎塔·辛哈打败，他们深受鼓舞，普朗达·辛哈开始在布拉马普特拉河北岸骚扰缅甸军队。缅甸军队一时处于劣势。缅甸军队指挥官明吉马哈·布珠非常恼火，他写了一封长信给在加尔各答的英属印度总督，抗议英国东印度公司一直为阿洪被推翻的国王提供装备和支持，并要求停止这一行为，但英国东印度公司置之不理。然而，阿洪王国的两支军队终究抵挡不住凶猛的缅甸人的攻击，1822 年 6 月 21 日，昌德拉坎塔·辛哈被缅甸军打败，他再次逃亡到英属孟加拉。普朗达·辛哈听到昌德拉坎塔·辛哈被缅甸军打败的消息后，自知打不过缅甸军队，便从阿萨姆撤退逃亡。阿萨姆地区最终被缅甸人全面占领，沦为缅甸王国的一个省。

大规模的战争使得阿萨姆地区社会动荡不安、族群分崩离析。缅甸入侵阿萨姆期间，残暴的缅甸士兵一路烧杀掠抢，他们将阿萨姆人驱赶到乡村祈祷的教堂关押，然后放火焚烧，一些阿萨姆人活活地被剥皮或被浇油烧死。成千上万恐惧的阿萨姆人逃到南方的丘陵和丛林中躲避，无数的阿萨姆人死于疾病和饥饿。缅甸占领军还要求东印度公司交出逃亡在孟加拉的前阿洪国王，并威胁要派遣军队到孟加拉地区抓捕流亡的国王，英国东印度公司拒绝了缅甸的要求。此时期，缅甸不仅占领了阿萨姆阿洪王国，还占领了阿拉干王国（现缅甸若开邦）和曼尼普尔王国，与英属印度占领地形成了一段模糊的边境线，面对强大的缅甸贡榜王朝咄咄逼人的态势，英国东印度公司一方面派出军队加强了边界线的军事力量，另一方面也积极地准备入侵阿萨姆和缅甸。英国东印度公司与缅甸的战争一触即发。

19 世纪初，英国逐步在印度站稳脚跟，为了打通印度与马来半岛英属殖民地的联系，并从西南部打开入侵中国的门户，进一步扩大其对亚洲国家的殖民侵略，东印度公司把侵略扩张的矛头指向了缅甸。事实上，英国东印度公司占领孟加拉后，即开始觊觎缅甸，多次派人前往缅甸谈判，企图迫使缅甸与其签订不平等条约。东印度代表团还对缅甸进行侦察活动，积极为其对缅甸殖民扩张做准备。在此时期，英国人和法国人在缅甸伊洛瓦底江三角洲地区开始建立贸易站。

1824年2月24日，英国东印度公司以协助阿洪国驱逐入侵的缅甸军队为名对缅甸宣战，第一次英缅战争爆发。东印度公司开辟了阿萨姆、阿拉干、伊洛瓦底江下游和丹那沙林（现今德林达依省）四个主战场，分别入侵缅甸和阿萨姆。1824年3月5日，英国军队在阿奇博尔·坎贝尔将军的率领下，打响了入侵阿萨姆的第一枪。英军遭到了缅军的顽强抵抗。付出沉重代价后，3月28日，英军占领阿萨姆重要城市古瓦哈蒂，并继续进攻阿洪王国首府朗普尔。1825年1月，缅甸军队在朗普尔被打败撤出，第一次英缅战争以英国的胜利告终。

1826年2月24日，英缅双方签订了《杨达布条约》，缅甸被迫割让了阿萨姆、曼尼普尔、察查、杰因蒂亚、阿拉干和丹那沙林，并支付一百万英镑的赔偿。英国东印度公司从缅甸手中夺取了阿萨姆地区后，趁机占领了阿洪王国领土。1833年3月，英国东印度公司废黜了由缅甸扶持的第40任傀儡国王乔格斯瓦·辛格，重新扶持25岁的普朗达·辛哈为阿洪国国王。4月，英国东印度公司任命总督代表托马斯·罗伯森代表东印度公司迫使阿洪国王在古瓦哈蒂签订了《古瓦哈蒂条约》。条约规定：整个上阿萨姆地区除了萨地亚和姆塔克区域外，其余地区（今锡布萨格尔、勒金布尔、迪布鲁格尔和焦尔哈德部分区域）正式交还给阿洪王国管理；阿洪王国每年进贡给东印度公司 5 万卢比；英军可自由经过阿洪王国领土；东印度公司派出部分军队驻扎在阿洪王国境内，国王应对英国驻军提供运输工具和给养等；国王处理内务时应向东印度公司驻阿萨姆的政治代表或英属印度孟加拉省督的代表咨询，并听从他们的建议；国王不得私自与外国通信或签订任何协定，所有对外事务均应听从英国政治代表或孟加拉省督代表的建议……自此，阿洪王国沦为英国东印度公司的附庸国，阿洪人的命运随之发生了根本性的改变。这是普朗达·辛哈第二次担任阿洪王国的国王，也是阿洪王朝的末代国王。也许普朗达·辛哈国王没有想到，拥有 600 年文明史的阿洪王国，即将在他的手里亡国，经历了一场场血腥的战争之后，东印度公司发动的一场更为轰轰烈烈的茶产业运动将在阿萨姆地区酝酿兴起，他的王国和他的命运也走向衰亡。

1838 年，英国东印度公司阿萨姆行政长官弗朗西斯·詹金斯上尉以阿洪王国管理不善和不交贡金为由，突然罢免了普朗达·辛哈国王。东印度公司正式宣布将上阿萨姆地区全部纳入英国殖民地版图，归属于孟加拉管辖区，上阿萨姆地区被划分为锡布萨格尔区和勒金普尔区。曾经统治阿萨姆地区 600 年的阿洪王朝正式灭亡。

历史总是如此相似，阿洪王国曾经强盛了 600 年的河谷文明，因为内部腐化、分裂、内战而逐渐衰弱，遇到外族入侵的打击后就轻易地消亡了，留下悲惨的阿洪人民任由英国宰割。从此，从西部的戈瓦尔巴拉至东部的萨地亚，整个阿萨姆地区纳入英国东印度公司的版图，阿洪人由原来的统治民族变为英国殖民统治下的被统治民族。最后一任国王普朗达·辛哈被废黜后一直耿耿于怀，他一直试图请求英国人恢复其地位，却屡次遭到英国人的奚落和拒绝。1846 年 10 月 1 日，普朗达·辛哈在原首府焦尔哈德破落的皇宫内郁郁寡欢而死。1858 年，阿萨姆地区由英国东印度公司统治的历史遂告结束，由英属印度政府直接管辖，阿洪人随之成了英属印度政府的臣民。

三、英缅战争后的阿萨姆地区

当东印度公司 1824 年占领阿萨姆地区后，由于长期的战乱、宫廷内斗、缅甸入侵和英缅战争战火的蹂躏，以及周边山地部落的骚扰，曾经繁荣和人口稠密的阿萨姆已成满目疮痍、遍体鳞伤和人烟稀少的地区，曾经金碧辉煌的宫殿和华丽的寺庙被毁灭，断壁残垣坍塌在森林和荒野之中。荒废的农田、消失的村庄、空旷的城镇，丛林中弥漫着恐怖的瘴气。鉴于阿萨姆地区所处的重要战略位置和贸易位置，东印度公司开始重视该地区的管理，派出了地方行政长官、政治代表和税收官员进驻阿萨姆地区，建立起阿萨姆地方殖民政府。其实早在 1822 年，当东印度公司占领阿萨姆西部的戈瓦尔巴拉地区时，帮助布鲁斯兄弟传递发现野生阿萨姆茶树信息的英国人戴维·斯科特就被东印度公司任命为戈瓦尔巴拉地区民事专员。1824 年之前，英国东印度公司军队、商人、科学家也一直在阿萨姆地区活动，而且还深入到阿萨姆周边的曼尼普尔丘陵、那加兰地区、缅甸及中国云南活动。东印度公司对这个土地辽阔、瘟疫蔓延、丛林密布的阿萨姆地区的政治、经济、自然资源已经有了一定的了解。至 1826 年，整个东北部边境地区，包括阿萨姆、戈杰比哈尔、比杰尼地区以及锡莱特、察查和曼尼普尔地区都已经落入东印度公司的手中。

1826 年，戴维·斯科特被任命为东印度公司总督监督东北边疆的政治事务和阿萨姆事务代理人，随后 1828 年转任阿萨姆地区行政长官（Commissioner），负责阿萨姆地区的行政、司法和税收等公共事务，一直任职至 1831 年。1828 年，东印度公司任命约翰·布莱恩·纽夫维尔上尉为行政长官助理兼政治代理人（Political Agency），负责管理上阿萨姆地区。1831 年至 1834 年，托马斯·罗伯森担任阿萨姆行政长官，其后调任为孟加拉副总督。1834 年至 1861 年，弗朗西斯·詹金斯上尉为阿萨姆行政长官，这也是查尔顿中尉发现野生阿萨姆茶树后必须报告给了弗朗西斯·詹金斯上尉的原因。1828 年，阿萨姆南部地区的卡查里王国戈文达·钱德拉国王被杀，按照英国人制定的"失效原则"（Doctrine of Lapse），卡查里王国也被兼并成为东印度公司的附属土邦国。1832 年，阿萨姆南部的杰因蒂亚王国国王归顺英国东印度公司，这片土地也随即被英国人占领。从此，整个阿萨姆地区沦为东印度公司的领土，成为英属印度政府孟加拉管辖区管辖下的一个地区，也被称为"阿萨姆省或东北边境地区"（North-East Frontier），首府设立在下阿萨姆区的古瓦哈蒂。

英国东印度公司将辽阔的布拉马普特拉河谷地区的阿萨姆分为三部分：即下阿萨姆、上阿萨姆和萨地亚。下阿萨姆区域，也称为戈杰哈焦，包括了从布拉马普特拉河谷西部的戈瓦尔巴拉往东至毕斯瓦纳的布拉马普特拉河两岸地区，当时重要的城镇古瓦哈蒂就位于下阿萨姆区域。上阿萨姆区域位于布拉马普特拉河的南岸，从毕斯瓦纳往东至迪科浩河的交会点，该区域仍交由阿洪王国管理。萨地亚区域位于阿萨姆的最东北部，直至延伸至喜马拉雅山脉南部脚下，与缅甸和中国接壤，由东印度公司直接控制管理。

1834年，英国人再次在阿萨姆发现野生茶树后，阿萨姆地区自然引起了东印度公司的高度重视，英国人开始对阿萨姆的社会和资源状况进行了更深入的调查和勘探。东印度公司曾经派驻阿萨姆地区的长官和官员在任职期间记录的关于阿萨姆地区自然资源和部落民族的资料、手稿等，为后来再次发现野生茶树和东印度公司开发阿萨姆地区打下了非常重要的基础。英国人认为"阿萨姆省是值得我们关注的地区，不仅仅是最近已经开垦种植茶树，将来会成为我们茶叶市场的供应地，而且还有辽阔和肥沃的土地，以及居住在周边的部落人民"。

更早之前的1807年至1814年，英国地理、动物和植物学家弗朗西斯·布坎南博士受东印度公司的委派对印度大陆各地区的地理、历史、宗教、农业等进行了广泛深入的调查研究，他提出的考察报告使英国人对阿萨姆地区的状况有了较深入的了解。此外，东印度公司派遣驻守阿萨姆地区的随军医生约翰·科什博士，根据他驻扎阿萨姆地区戈瓦尔巴拉和古瓦哈蒂两年的考察经历，于1835年撰写了报告《孟加拉东北部山地部落介绍》，1837年又出版了《阿萨姆地志》。这两篇报告比较全面地介绍了当时阿萨姆的社会、经济、自然和人文状况，并且强调指出了阿萨姆地区重要的军事战略和经济地位，为东印度公司提供了非常重要的信息。他指出：

"几乎很少了解位于孟加拉最东北部的英属印度国界接壤的

领土，包括商业、统计或政治倾向，没有一个国家比这里更重要。我们的阿萨姆领土几乎与中国和缅甸直接接壤。中间区域是被一些野蛮、独立及未开化的山地部落占领的狭长地带隔离，但这只需10—12天的路程就很容易跨越。这些山脉区域，从源头被自然分隔形成可航行的中国南京扬子江、柬埔寨、缅甸的马达班和阿萨姆的各支流河，形成了超级恒河亚洲（Ultra Gangetic Asia）国家的一个伟大商业的高速通路。在这种情况下，我们难以对付的邻居缅甸人，已经习惯了不断地入侵阿萨姆；在敌对状态时，他们一定会试图再次入侵；在那里，假设发生要报复中国人的情况，军队可以从布拉马普特拉河迅速穿越中间地带到达中国的最大河流，这个河流将引领军队穿过中国的最中心直到海洋。这片美丽的广阔土地，尽管由于落后，野蛮人的低生育率导致人口稀少，可允许他们聚集在毫无价值的原始丛林，或未被开发的茂盛森林，满足他们的基本需求，使它成为世界上一个最好的地区之一。这个地区拥有与欧洲相似的凉爽和健康的气候，清澈的河流中蕴含丰富的金砂和大量的金属矿产，山脉中富含宝石和银矿，空气中弥漫着茂盛茶树的芳香。它的土壤非常适合农业种植，如棉花、丝绸、咖啡、糖和茶树，形成绵延数千英里的种植园。"

英国人调查了解到，阿萨姆地区自古与周边地区存在紧密的贸易联系，当时阿萨姆地区的传统交通要道连接不丹、缅甸和中国，每年双边贸易量惊人。由于阿波和米什米部落聚居的领地与中国西藏接壤，因而是阿萨姆平原进入西藏的必经之路。从萨地亚进入西藏，必须经过阿波部落聚居的领地，6天后可达到西藏的边境城镇巴鲁，再经过4天行程可到达中国人聚集的中心城市拉萨。另外一条进入西藏的道路是从布拉马普特拉河经过米什米部落（Mishmi）领地后进入，这条道路终年积雪，行程异常艰难。阿萨姆商人主要是用麝香、象牙和植物毒药从西藏交换羊毛、岩盐和中国制造的烟管。当时萨地亚部落首领对西藏人和各部落人还有一定的影响力，凡需要进入西藏的朝圣者，都需要向萨地亚首领申请通行，萨地亚首领会提供保护或护送经过各部落占领领地，直至到达西藏。据英国人调查，在阿洪国最辉煌时期，阿洪国王每年都会派出20人左右的进贡队伍，运送贡品呈送给西藏领主。阿萨姆地区还出口大米、丝绸和虫胶，以交换西藏的岩盐。双方采用钱财交易，双边贸易量最高时曾经达到10万卢比的规模，但现已停止了许多年。

英国人还探知，景颇部落居住地区与缅甸和中国云南之间一直存在密切的商贸往来，从而将阿萨姆地区与中国云南之间的贸易连接在一起。中国云南与缅甸之间被伊洛瓦底江隔开，云南商人用骡子运输中国的物资，必须穿越缅甸掸族山脉领地的陆路到达伊洛瓦底江畔的卡特茅码头，然后卸下货物转装船水路运输，经过3—4天航行到达"纳姆央"河口，再朝西北方向航行4—5天到达"芒康"镇。中国货物主要集中在两条小河的结合地，一条河称为"纳姆康"河或"芒康"河；另外一条称为"纳姆央"河。满载中国货物的小船可以一直继续在"芒康"河往北方向航行40—50英里，然后再转陆路经胡冈河谷和布萨进入阿萨姆地区。从芒康镇到阿萨姆需要15—20天时间。从阿萨姆地区进入中国云南的道路有两条，一条道路经过"森瓦"，另外一条是"迈奈"。这两条道路都是直接进入缅甸的，但当地许多人听说过这道路的名字，却很少人认识这两条道路。在中国和阿萨姆之间的道路非常冗长艰难，只有极少数贸易商人才熟悉。阿萨姆出口中国的贸易货物主要是金砂、毛制品、各种宝石、象牙、蜂蜜和琥珀等。从中国进入阿萨姆的货物主要是银锭、本色棉布、丝绸、喷漆的中国瓷器、铅和铜等。特别是银锭，被阿洪国用于制作银币，这是当时阿萨姆地区的流通货币，银子也是各山地部落之间等值交换的货币。

1826年，行政长官戴维·斯科特试图恢复曾经繁荣的边境贸易，改变土著部落依靠抢劫为生的原始生活方式。1830年，上阿萨姆地区政治代理约翰·布莱恩·纽夫维尔上尉建议在萨地亚建立边境贸易市场。英属孟加拉政府为此批准投资5千卢比设立交易市场。1830年，当时担任东印度公司驻萨地亚炮艇指挥官的查尔斯·布鲁斯还曾担任了萨地亚商务代表，负责执行边境贸易事务。无奈行政长官戴维·斯科特和政治代理约翰·布莱恩·纽夫维尔上尉相继去世，阿萨姆行政长官接任者托马斯·罗伯森对边境贸易不感兴趣，查尔斯·布鲁斯眼看边境贸易市场一年一年亏损，最后只好关门了之。

近代中国史学家的研究认为，历史上确实存在这样一条古代商贸通道。这条商贸通道由云南腾冲西南行至缅甸中部蒲甘（今伊洛瓦底江中游东岸），从蒲甘沿亲敦江而上，经胡冈河谷，越经缅甸密支那，翻越过那加山脉到曼尼普尔后进入阿萨姆地区，然后沿着布拉马普特拉河谷再抵达印度大陆平原。这条商路起源于中国先秦时开辟的"蜀身毒道"，"身毒"在古代中国指称的是今日印度大陆河流域一带，即源于四川，经云南、缅北至印度。据4世纪的《华阳国志》载，印度人亦曾沿阿萨姆莱多镇一带山区，越过高山森林进入缅北，再进入中缅边境。英国人对从阿萨姆地区进入缅甸和中国的道路的探访，也许为第二次世界大战东方战场抗击日本侵略者的史迪威公路的建设和开通提供了基础的资料。

当时的阿萨姆地区保持着完整的自然原始状态，80％的土地覆盖着原始的丛林、森林和草地。阿萨姆地区海拔约60—200米，土地肥沃，水分充足，非常适合种植各种农作物。每年的4—6月份是阿萨姆地区的季风季节，从东至东北方向的季风经常连续刮9个月。从4月份开始，经常狂风暴雨，雷电交加，布拉马普特拉河水开始猛涨。至7月份，整个地区仿佛一片汪洋大海，河水平均上涨约9米。东印度公司医生约翰·科什博士描述了他亲身经历洪水来时阿萨姆的情景："在很大程度上每年都会发生大洪水。胆怯的小鹿因长时间沉浮在河水中已经筋疲力尽，躲避在一个牛棚上。老虎、水牛、大象幼崽以及野猪乳崽一起在河水中挣扎。当地人把船锚固在树上，一些人在被淹没的灶台洗澡，一些人在烟草地里拖着渔网。不久之前还在烟草地里耕地的水牛已经逃窜游到更高的草场上。草地上种植的粮食作物不久之前还在阳光下摇曳挥手，可现在已经成为一片浑浊的汪洋。原来的大村庄如今只在湍流滚滚洪水中显现出屋顶，而小村庄只剩下倒下的几棵树和房屋的残骸在哭泣。"当时阿萨姆地区主要产业是农业，水稻、甘蔗、芥菜籽、棉花、鸦片、丝绸、木材和橡胶。阿萨姆地区拥有丰富的动物群落，老虎、豹、水牛、熊、犀牛、鳄鱼和大蟒蛇。野生大象的数量最多，景颇族部落为了获取象牙，用毒箭猎杀和捕获大象。当地许多部落曾经捕获野生大象卖给英国人，每年出口700—1000头，当地人也将捕获的大象驯养成为运输工具。隐藏在浓密森林和沼泽地中的犀牛，也经常被当地部落人捕获，犀牛的皮革被制成盾牌，犀牛角被制作成号角。周边的高山溪流中也发现储存有少量的黄金。在阿波部落和坎姆提部落的领土，邻近缅甸伊洛瓦底江的源头，发现有银矿和铁矿；另外在阿萨姆也发现了煤炭和云母等矿产。在上阿萨姆地区英国人还发现了石油矿。当然,最惊喜的是在景颇部落的领土和坎姆提部落领地上已经发现大片大片的野生茶树。

阿萨姆第一任行政长官戴维·斯科特在他任职期间,除了执行殖民政府的行政、税收和司法管理外,还负责协调处理英国政府与众多聚集在该地区未开化部落之间的关系。在他的管理下,战后混乱和民不聊生的阿萨姆地区开始恢复生机,为逃避战争而逃难各地的阿萨姆人开始纷纷返回家园,原有的农业和商业开始恢复生机。戈瓦尔巴拉镇也成为周边地区重要的贸易重镇,阿萨姆地区首府古瓦哈蒂从一个仅仅有几间小泥屋的小镇成为人口稠密、贸易发达的大城镇。一所英文学校被建立起来,100 多个男孩在学校读书。戴维·斯科特由于工作过度劳累,不幸过早地去世。1836 年,阿萨姆行政长官弗朗西斯·詹金斯上尉严格地按照英国政府的制度管理当地的行政、民事、刑事司法和税收,他的手下有 3 个高级助理和 3 个初级助理。行政长官通常长住阿萨姆地区首府古瓦哈蒂,他的助理一般单独或者两人一起在各个重要的城镇负责管理,其中一个助理居住在萨地亚。东印度公司占领阿萨姆地区后,平原地区温顺的阿洪王国人民也成为东印度公司任意宰割的鱼肉,而一向独来独往、桀骜不驯的山地部落民族却对英国人占领他们的领土怀有深深的仇恨,成为英国人的眼中钉。殖民政府为了加强和改善与周边各个山地部落之间的政治关系,不仅派遣英国军队驻守阿萨姆地区,还专门派遣驻军军官怀特少校作为政治代理人负责处理英国人与各山地部落之间的关系。

东印度公司派遣了英国"阿萨姆轻骑兵部队"印度步兵军团部署扎住在阿萨姆的古瓦哈蒂、萨地亚、锡莱特和锡尔杰尔,以

Kootan & Himalaya Mountains opposite Goalpara

1837 年英国人绘制的从阿萨姆远眺不丹和喜马拉雅山脉图画

维持阿萨姆地区治安和边境的安全，发现野生阿萨姆茶树的查尔斯·布鲁斯和查尔顿中尉当时正是该部队的军官。"阿萨姆轻骑兵部队"配置有皇家海军炮艇两艘，每艘炮艇船头安装1尊或2尊大炮，能够发射12磅重炮弹，炮艇指挥官就是查尔斯·布鲁斯少尉。炮艇实际上是一艘小型帆船，令人惊奇的是这样的一艘炮艇在19世纪20年代能够从加尔各答深入到约1000多英里远的萨地亚。这支部队最早于1817年5月16日在奥里萨省成立，当时奥里萨省克塔克地区出现动乱，东印度公司为维持该地区秩序，授权组成"克塔克军团"。西蒙·弗雷泽上尉被任命为最高指挥官，克塔克军团由2个轻骑兵连、1个炮兵支队和3个步兵连组成，拥有10名英国军官和656名印度士兵和232匹马；骑兵主要武器是弯刀，火炮支队配备两门3磅炮，步兵配备有一百码的射程的"快马"火枪。1822年末，克塔克军团分批开赴阿萨姆地区布拉马普特拉河岸的贾马尔普尔。1823年初部队全部达到，随后部队改编为"第8朗普尔轻步兵营"。部队被重组成6个轻步兵连和2个步枪连，炮兵配备两门6磅的大炮，部队拥有6个英国军官和990名印度士兵。

　　1824年第一次英缅战争爆发，第八朗布尔轻步兵营在英国指挥官乔治·麦克莫林指挥下参加了在阿萨姆东北边境与缅甸人的战斗。战争结束后，第八朗布尔轻步兵营在英国指挥官亚瑟·理查兹的指挥下，作为阿萨姆边境要塞军队驻扎在阿萨姆。此后的几十年，由于当地各土著部落对东印度公司侵犯其领土和残酷剥削非常不满，经常发生冲突和战争。1825年，为了反抗英国人的统治，景颇部落在首领杜发的带领下，突袭了驻守在萨地亚、迪布鲁格尔、锡布萨格尔的朗普尔的英国人，英国军队当然不肯善罢甘休。1826 年，约翰·布莱恩·纽夫维尔上尉率领英国军队和两艘炮艇从布拉马普特拉河驶入支流伯希迪亨河 25 英里，深入至景颇部落村寨附近，在查尔斯·布鲁斯少尉指挥的炮艇攻击下，纽夫维尔上尉率领军队袭击了景颇部落村庄。1827 年，第八朗布尔轻步兵营改为"阿萨姆轻步兵部队"。1828 年，部队扩建增加到 12 个连队，每连 93 人。其中两个新连队完全由来自尼泊尔国的性格强悍善战的廓尔喀人组成。廓尔喀士兵对阿萨姆当地部落民族残酷无情，成为英军对付当地部落的主要部队。1829 年，阿萨姆轻步兵开拔进入焦尔哈德城，与持不同政见的拜巴王公发生战斗，两名英国军官和他们的卫兵被大约 500 多名卡西部落人杀死。为此，东印度公司对卡西部落和卡罗部落采取了报复行动，阿萨姆轻步兵营和"锡莱特轻步兵营"参加了战斗，双方的争斗一直持续到 1832 年，以英国人胜利而告终。

在 1834 年和 1835 年，阿萨姆轻步兵营与景颇部落之间发生了严重的冲突，双方的战斗异常激烈，致使阿萨姆轻步兵营遭受较大的创伤，但最终景颇部落还是被击败。1839 年，阿萨姆轻步兵营的三个连队和两艘炮舰在英军指挥官亚当·怀特少校率领下离开焦尔哈德城，开拔前往萨地亚，在萨地亚建立军事要塞并驻守，怀特少校兼任政治代表。1835 年 2 月 24 日，驻守在焦尔哈德的怀特少校写信给正在萨地亚考察的瓦里奇博士，信中称在加布罗普布特区域发现野生茶树林。随后，科学考察队专门赶赴加布罗普布特区域考察。后来，布鲁斯在这里建立了一个茶叶种植园。1839 年，怀特少校晋升为陆军中校。晋升后不久，他在萨地亚遭受坎姆提部落的突然袭击，被杀身亡。恼羞成怒的英军围攻坎姆提部落村庄，惨绝人寰地大开杀戒，坎姆提部落被彻底消灭，幸

迪布鲁格尔军营的阿萨姆轻骑兵

阿萨姆印度炮兵营士兵

存者被流放到其他地区。

当时发现野生阿萨姆茶树林的区域主要集中在萨地亚的姆塔克部落、坎姆提部落和景颇族部落居住区，以及附庸国阿洪王国境内。萨地亚地区当时也是东印度公司在印度大陆东北部的最前线边境和贸易站。萨地亚地区是一个平原和丘陵地区，整个地区长度约 120 英里，宽度为 40—60 英里，大部分位于布拉马普特拉河的南部。萨地亚地区拥有非常丰富肥沃的冲积土，雨水充足，非常适合水稻种植，每年可以收获两季。当时当地人比较富足，在该地区居住的两个部落分别被称为姆塔克人和坎姆提人。

姆塔克部落当时主要定居于布拉马普特拉河北岸和伯希迪亨河的南部区域。姆塔克部落信仰印度教，拥有 6 万多人口。1793年，在"摩亚马里亚叛乱"之际，该部落民众乘机武装反抗阿洪王国第 35 代国王高利纳特·辛格的统治，经过多次流血的战斗，成功地摆脱了高利纳特·辛格对该领地的统治，成立了姆塔克部落王国。国王撒巴南达·辛哈将首府设立在圭占河畔的朗格格拉，1791 年迁移至班格马拉（今丁苏吉亚县）。此期间，该部落实施了多次对其他部落村庄的袭击和进攻，将昔日繁华的城镇抢劫一空，只留下劫掠、燃烧后的一片废墟。英国人认为该部落犯下了滔天罪行，对他们非常不满。东印度公司托马斯·威尔士中尉指挥一千多名印度士兵，将姆塔克部落人全部驱赶至现在居住的区域。当英国军队占领阿洪王国首府朗普尔后，姆塔克部落首领"姆塔克王"表示服从、效忠英国人，并积极配合和支持英国人。不过，英国人认为姆塔克部落首领是骑在墙头上的两面派，因为姆塔克部落首领在缅甸军队入侵阿萨姆时期，保持着中立。

坎姆提部落（掸族支系，也称"泰族人"）据说是在 18 世被景颇部落从东南方的缅甸伊洛瓦底江原住地驱逐后，经过千里迢迢的磨难，逃难进入阿萨姆地区，他们部分信仰佛教，部分信仰印度教。后来经过阿洪国国王的允许定居在洛希特河、迪邦河与米什米部落领地之间的三角地带区域，部落大约有4000多名男人。坎姆提部落被英国人认为是所有部落中最开化、文明的部落，有自己的文字，文化程度较高，可以读写缅甸文。在阿萨姆内战期间，阿洪国国王逃亡后，他们进入萨地亚地区并强行居住下来。坎姆提人利用不稳定的社会局势，在萨地亚建立了自己的自治部落领土，他们与当地曾经被阿洪国奴役的部落建立友好关系，引起阿洪国第38任国王普朗达·辛哈的强烈不满，但也无可奈何，只好承认其首领为萨地亚"科瓦戈哈因"（萨地亚的统治者）。缅甸人入侵之时，他们又和缅甸人结成联盟。英国人占领萨地亚后，坎姆提部落首领表示服从英国人的管制。坎姆提部落也有200人的军队，由东印度公司提供枪支和弹药装备这支部队，派遣"阿萨姆轻步兵营"中的印度籍军官进行训练。

　　景颇部落被英国人认为是当时人口数量庞大、最强悍和最可怕的山地部落。景颇部落聚居在萨地亚东部和南部山区，与姆塔克人居住的领地为邻，即洛希特河的南部，朗坦山的西部。这座山将该部落与坎姆提部落分开；在帕特凯山脉的北部，将该部落与缅甸景颇部落分离；在西部与萨地亚的苏提亚部落领地接壤。据说阿萨姆地区的景颇部落来自中国和缅甸的景颇族分支，他们祖先最早聚集在缅甸胡冈河谷和帕凯山脉一带。由于饥荒以及缅甸军队对景颇部落不断的侵袭，景颇部落被迫迁移进入阿萨姆东部的伯希迪亨河流域和帕凯山脉地区。19世纪30年代，缅甸军队连续不断地入侵阿萨姆地区，大部分景颇人逃难重新返回他们在缅甸的原居住地，一部分继续聚集定居在帕凯山脉和上阿萨姆地区。阿萨姆地区的景颇部落内部又被分成12个分支部落，每个分支部落又有自己的首领——"甘姆"，各自保持相对的独立，除非他们需要联合在一起入侵平原抢劫。为英国人罗伯特·布鲁斯提供野生阿萨姆茶树信息的萨地亚景颇族首领比萨就是其中的一位分支部落首领。在英国人占领阿萨姆之前，景颇人经常从高山上下来入侵阿洪王国的村庄、寺庙，抢劫、杀人，还掠夺阿洪人做奴隶或者将其卖给更遥远地区的其他景颇部落、坎姆提部落和缅甸的掸部落，强迫他们耕种农田。英国军队占领阿萨姆后，扼制了景颇族人的入侵和抢劫，英军约翰·布莱恩·纽夫维尔上尉在一次行动中就解救了被景颇部落奴役的7千多名阿萨姆奴隶。英国人认为，可能有超过10万名阿萨姆人和曼尼普尔人依然被奴役在缅甸领土。东印度公司占领阿萨姆后，除了一两个首领外，其余景颇部落的首领都提出，要求得到东印度公司的保护，哪怕他们都没有进贡。但也有一些景颇首领意志坚定，坚决抵抗英国人的统治，瓦坎姆首领就是其中的一位。1830年，三千多名景颇人在瓦坎姆首领的带领下，携带长矛等原始武器进攻英军的萨地亚军营，试图驱逐英国人和俘虏印度士兵。这次袭击筹划了3年，景颇人建立大型仓库储备粮食，甚至准备了俘虏1万名犯人的枷锁，但这场袭击被当时阿萨姆地区行政长官助理、政治代理人约翰·布莱恩·纽夫维尔上尉率领的军队和与英军合作的坎姆提人及姆塔克人粉碎。

东印度公司授权给阿洪王国管理的上阿萨姆地区是阿洪国王最后仅剩下的一片领土，首府设立在焦尔哈德。昔日不可一世的国王如今如同一个破落的财主，一个英国军官麦克科赫嘲笑道：

"曾经强大王朝的代表，他曾很自豪地被称呼为'天神'，而现在居住在嘈杂、浮华、俗气、显赫的焦尔哈德，像个破落的地主，其他众多的贵族沦为赤贫或堕落腐败。尽管他仍然保留着君主的尊严，但他的皇宫更像是江湖艺人的游戏场所，已没有任何雄伟壮丽和威严。"1833 年 4 月，普朗达·辛哈国王与东印度公司签订了《古瓦哈蒂条约》，阿洪王国沦为英国的附庸国。阿洪国王重新恢复了原王国的体制，按照原来的行政管理制度和"派柯系统"（Paik System）管理，能够获得国王册封的人都是贵族或与皇室有关系的人。普朗达·辛哈国王任命了原高级幕僚鲁赤纳斯·博哈高汉为总理，鲁赤纳斯的儿子玛希德尔为高级幕僚。他还另任命了三个梅尔斯（议员）职位，分别给予他的侄子、表兄和叔叔。在他所有新任命的官员中，后来创立阿萨姆人第一个茶叶种植园的玛尼拉姆是政府高级官员中最有实权的人。尽管普朗达·辛哈国王任命鲁赤纳斯为总理，但实际上玛尼拉姆负责政府的行政管理和监控财政税收。

为了获得更多的收入，阿洪王国依然在其领土上对广大人民施以沉重压迫和剥削。国王垄断了其管辖下领土范围内的商品贸易，所有的物品必须从国王的机构中买进或者卖给国王。税收采取人头税的方式，农耕者每人被征收 3 卢比，机械和制造业者每人被征收 6 卢比。基层收税官缺乏管制，可以为所欲为，欺压百姓，敲诈勒索。国王年税收依然可以获得约 10 万卢比，但国王必须每年向东印度公司上交 5 万卢比。国王还豢养着一支 500 人的军队，配备火枪武器，从印度斯坦人聘请的教官按照英国军队的模式培训士兵，依然梦想着重整旗鼓，重回昔日王国的辉煌。尽管如此，每年的税收依然无法维持王国的行政和军队的庞大的开支，普朗达·辛哈国王只能变本加厉地剥削百姓，农业、贸易和税收都失去了活力，导致王国内民不聊生，使得怀抱希望回到故土的人民彻底地失望，迫使一部分阿萨姆人又开始逃离。

当时在阿洪国王管理下的整个地区人口约20万人。英国人描述道：阿洪人大部分信仰印度教，也有少数信仰伊斯兰教，穆斯林被阿洪人鄙视。阿洪人也与周边的山地部落人通婚，英国人认为阿洪人的后代懒惰、胆小、放纵，整天酗酒和抽鸦片。他们的颧骨很高，外貌很像中国人，女人相当漂亮，某些特征很像欧洲人。英国人认为她们的道德低下，母亲可以随意卖掉或出租自己的亲生女儿，而丝毫没有羞愧感。阿萨姆地区奴隶制依然存在，他们是被卖身或抵债。奴隶的价钱根据他们的身份和种姓不同而定，高种姓或成年人价格每人20卢比；男孩15卢比，女孩8—12卢比。

当时，阿萨姆地区还活跃着一批马尔瓦尔人，英国人对马尔瓦尔人较为赞赏，称他们是一群精明商人和一群最富裕的群体，一直活跃在阿萨姆地区的商业领域。

四、科学家考察上阿萨姆地区

1835年3月12日，英国东印度公司"茶叶委员会"建议英属印度政府派遣一个科学考察队前往上阿萨姆地区，对查尔顿中尉报告中发现的野生茶树作进一步考察鉴定。因为当时鉴定的茶树样本是查尔顿中尉经过了长时间的运输到达加尔各答的，茶树样本并不新鲜，为了更准确地鉴定这种野生茶树是否有商业开发的价值，英属印度政府批准了这个建议。随后成立了由加尔各答植物园园长瓦里奇博士、地质学家约翰·麦克利兰博士和植物学家威廉·格里菲思博士三人组成的科学考察队，殖民政府提供每人每月 500 卢比的报酬，以及沿途驻军的保护。另外要求阿萨姆茶叶试验场主管布鲁斯在萨地亚村庄等待科学考察队的到来，配合考察。英国东印度公司下达给科学考察队的任务是："考察阿萨姆的目的不仅仅是确认查尔顿中尉的发现，而且需要尽可能多地现场收集有关植物、地质等相关详细信息……为今后采取有效的措施，在这个领土上成功地种植茶叶做准备……"

科学考察队的三位科学家个个都是重量级的人物。威廉·格里菲思 1810 年 3 月出生于英国，是一位医生、自然学家和植物学家。他从小就对植物学充满了兴趣，在伦敦大学师从罗伯特·布朗和植物学家约翰·林德利教授。1830 年，他获得药剂师学会植物类林奈金质奖章。1832 年 9 月 24 日，他加入东印度公司，在马德拉斯地区短暂担任助理外科医生。后来他被派往缅甸丹那沙林地区担任民事外科医生，他在缅甸丹那沙林、伊洛瓦底河和仰光等地旅行考察、收集和研究当地的植物资源，还考察了阿萨姆地区南部的巴拉克河流域、锡金高地和印度西北部喜马偕尔邦首府西姆拉等地区的各种植物资源。他出版的著作都是关于印度和缅甸植物的研究。1842 年至 1844 年，当瓦里奇博士访问南非期间，他曾临时担任加尔各答植物园园长。

麦克利兰博士是一位英国医学博士、地质学家和生物学家、加尔各答亚洲和医疗协会会员。从阿萨姆考察回来之后，1836 年，麦克利兰博士被任命为印度煤炭委员会秘书，作为专业地质学家负责开发利用印度的煤炭资源。他还参与了印度森林资源的调查，

威廉·格里菲思博士（1843 年）

政治代理约翰·布莱恩·纽夫维尔上尉

他的报告促进了殖民政府成立"印度森林部"。1841 年至 1847 年，他担任《加尔各答自然史杂志》（*Calcutta Journal of Natural History*）的编辑。1846 年至 1847 年，他还担任了加尔各答植物园的临时园长。

科学考察队肩负着东印度公司的伟大使命，于 1835 年 8 月 29 日离开加尔各答，乘船出发，溯流而上前往上阿萨姆的萨地亚，进入了战争之后荒芜、萧条、危险的阿萨姆地区，开始了长达 4 个多月的充满艰难、矛盾和硕果累累的考察。科学家探索自然的天性让 3 位专家并没有直接赶往目的地，而是一路航行一路翻山越岭考察当地的植物和动物资源，发现了许多新的植物品种。根据格里菲思博士的记载，他们首先进入察查地区，9 月 9 日到达了普博纳，10 月 1 日进入一个当地较大的村镇哈比甘兹。他们乘坐的木船航行进入了一条支流的河道，格里菲思博士描述道："河两岸簇生着繁茂的灌木丛林和竹林，不时出现一小块一小块绿油油的水稻田。"10 月 30 日，他们进入海拔约 1280 米的古瓦哈蒂地区的楚拉山区后，在此地逗留了 20 多天，考察当地植物资源。他们跨越山川、攀登峡谷，流连在丘陵、小溪和平地，美丽的景色和丰富的植物资源让植物学家们流连忘返，似乎把东印度公司的重大任务忘之脑后。他们发现了许多新的植物物种，如蕨类植物等，这让他们兴奋异常。格里菲思博士说："我们逗留在这里感到了极大的乐趣，收集了不少植物和地质的珍贵资源。"他们还发现了松鼠、鼠鹿、老鹰、松鸡和丘鹬等动物。他们也参观当地的许多村庄，遇见了当地部落民族。植物学家了解到，这些山地部落人依靠给平原地区的人种植水稻为生，他们部落只种植一点点棉花。随后植物学家们进入努姆科洛山区，翻越沟壑、山涧和峡谷寻找新的植物品种，从这里可以远眺不丹国的喜马拉雅山脉。植物学家们继续从努姆科洛山区步行考察前往瑙贡地区，他们在山区一共逗留了38天。11月23日，他们到达布拉马普特拉河河岸最大的城镇古瓦哈蒂。12月2日，考察团离开古瓦哈蒂，在当地东印度公司驻军的安排下乘坐独木舟前往另一个城镇提斯浦尔，在提斯浦尔镇受到了总督政治代表兼民事助理马蒂上尉的热情接待。随后，科学考察队再由水路经毕斯瓦纳镇进入了上阿萨姆地区。

经过4个多月乘船、骑大象、坐牛车、步行的长途跋涉，1836年1月15日，科学考察队终于到达了上阿萨姆地区景颇族居住的"库宙"村庄。据说这个村庄有许多野生的茶树，他们在村庄与阿萨姆茶叶试验场主管布鲁斯会面。这也是3位植物学家第一次进入景颇族的村庄，格里菲思博士发现景颇部落人的外貌与缅甸人非常相似，男性穿着与缅甸人一样，身材结实，性格独立、自由、懒散，嗜好烈酒；这里的女性与缅甸女人最大的区别是穿着长裙，而且女性喜欢在腿上纹身，而缅甸通常是男性纹身。

第二天一早，兴致冲冲的植物学家们在布鲁斯的指引下，从库宙村庄出发步行半天时间，穿过一大片野草茂盛但林木稀疏的开阔草地，进入茂密的丛林，在距离村庄南部3英里的丛林中，他们找到了一片大约300平方码（约250平方米）的野生茶树林，这片茶树林好像刚刚被景颇人砍伐过，大部分是小茶树丛，大茶树很少。瓦里奇博士砍伐了一棵最大的茶树进行测量，包括树冠在内茶树长度约43英尺（约13米），叶片外形很大，呈暗绿色，长度在4—8英寸（1英寸折合2.54厘米），他们也发现了野生茶树的花和果实。他们将砍伐的大茶树锯开，观察计算茶树的年轮，发现茶树年轮纹明显地向南方偏心。茶树枝干非常结实，表明茶树生长非常缓慢。布鲁斯告诉考察队，他去年砍伐的最大一颗茶树的高度达到 29 腕尺（约 13.4 米）。植物学家进一步观察研究了这片茶树林周边的植物和环境，发现茶树周边的植物完全把茶树遮盖，阳光无法直接投射进入茶树林。这片土地的土壤是轻质土，他们还认真地观察了野生茶树生长位置的地形和地貌。当地景颇村人告诉植物学家，茶树只有在这个阴暗的环境下才能旺盛生长。当天，他们还观看和了解了景颇人的制茶过程：采摘幼嫩的鲜茶叶，首先在一个干净的大铁锅中进行炒制，或者半炒制，炒制过程中不断用双手搅拌和揉捻。适当炒制后，茶叶暴露在太阳下晒三天，在露水和太阳光照下交替进行，最后将茶叶装入竹筒中紧紧夯实。一个名字叫池龙福的萨地亚当地人告诉考察队的植物学家：再往东去，那个地区的人认为，茶叶是一种高级的饮料，在炎热季节，有钱人在举办盛宴时都是"以茶代水"，穷人只有参加宴会时才有机会喝到茶，日常买不起茶叶。萨地亚当地人还告诉考察队，在上阿萨姆萨地亚东部区域，许多部落人都在自己的房子或院子周围种植这种茶树，仅仅是为了方便采摘和饮用，而不是为了改善茶树的产量或品质。考察队也接受了当地景颇人的邀请，进入景颇部落家庭，品饮景颇人制作的茶叶。几天的实地考察，考察队植物学家们已经被完全折服了，他们相信景颇族人早已知道了茶叶的制作技术和茶的饮用。

在接下来的日子里，科学考察队乘坐大象，深入到上阿萨姆地区的原始森林、各个景颇族部落村庄和景颇部落控制区域等地区，他们分别考察了迪博罗村庄、尼格里甘姆村庄、布里迪亨河北岸、曼莫河岸的野生茶树林。20 日，他们在曼莫河岸发现更大的一片茶树林，收集了茶树果实和茶花标本，最大的茶树高 6—7 英尺（1.8

—2米），茶树直径2—3英寸（5—8厘米）。在诺迪瓦村庄附近也发现了一片40码长、25码宽的茶树林（约836平方米）。2月17日，他们到达了姆塔克部落中心村——朗格格拉村庄，部落首领辛纳普提在树木和茅草搭建的家里隆重地接待了植物学家一行，格里菲思博士发现姆塔克部落首领实际上一直很关注植物学家的动向，显得十分"关心和奉承"。

然后，他们一行又前往距离中心村南部10英里的廷格拉村庄考察。在布里迪亨河的岸边，发现了他们至今为止找到的面积最大、生长状况最好的茶树林。考察队每到达一地，他们都仔细考察这些野生茶树生长区域的地形、地势、植被、土壤和生长环境，试图找到适合商业化种植茶树的条件。让植物学家非常困惑不解的是，他们发现各区域的茶树林生长环境存在很大的不同。3月9日，由于当时上阿萨姆地区政治、社会形势处于非常动乱的状态，土著部落与英国人处于紧张的冲突之中，胆小的瓦里奇博士担心人身安全，急于离开萨地亚地区，希望早日返回加尔各答，不愿意再去其他地区考察野生茶树。而兴趣盎然又兴致勃勃的格里菲思博士和麦克利兰博士则坚持继续留了下来，对该地区的其他野生茶树进行彻底的考察。

1836年10月15日，格里菲思和麦克利兰博士向东北方向前进，进入中国察隅的洛希特河流域的米什米部落居住的米什米山脉考察，直到12月5日才返回姆塔克部落村。他们再次考察了周边比萨村庄、那加村庄、尼格洛和库古杜的野生茶树林。格里菲思和麦克利兰博士一直在上阿萨姆地区逗留至1837年2月份。1837年2月7日，格里菲思博士离开萨地亚地区，在驻军汉内上尉陪同下前往缅甸考察。这次的上阿萨姆考察，格里菲思博士取得了丰硕

从姆塔克地区朗普尔远望喜马拉雅山脉（格里菲思博士，1836）

的成果。他在上阿萨姆地区和米什米山脉收集了 1186 种单子叶和双子叶植物。在他从纳姆鲁普进入缅甸边境的帕特凯山时，他没有在这些山区发现野生茶树林，但他惊奇地发现这些区域地下可能储存着大量的煤和优质石油资源。瓦里奇博士也采集了大量植物标本，他后来高兴地说，从来都没有见过或听说过阿萨姆地区拥有如此丰富的花卉植物。

科学考察队在阿萨姆的探险和研究实际结束时间是 1837 年 3 月 9 日，这次的考察取得了丰硕的成果。经过详细的科学考察和鉴定，考察队确定了萨地亚发现的茶树是真正的茶树。但对于为什么上阿萨姆地区会有如此众多的野生茶树，野生茶树生长的土壤、气候等条件，植物学家们都有不同的研究和判断。

坚持留了下来的格里菲思博士和麦克利兰博士对该地区的野生茶树进行了彻底的考察，格里菲思博士和麦克利兰博士在《印度农业园艺学报 1837—1838》中报告了当时考察的主要任务是：（1）茶的原产地是在阿萨姆吗？（2）什么条件能使茶产业获得成功？（3）在阿萨姆地区的环境下茶产业有可能发展成功吗？（4）有必要引进中国的茶树茶籽吗？

对于第一个问题，为什么阿萨姆地区存在着大片大片的野生茶树？这让植物学家百思不得其解，他们发现野生茶树都散落分布在布拉马普特拉河谷的南部区域，而在布拉马普特拉河的北部地区没有发现。野生茶树总是成片成片地出现在平地上，好像这些茶树是人为种植。当地景颇族部落聚集居住山上，成片的茶树很显然是该地区部落人日常采收作为生活必需品的植物之一，而且这些茶树群体在丛林中非常普遍，到处都是。在迪布鲁河与和伯希迪亨河流之间的姆塔克地区到处都簇生着一片片野生茶树。

格里菲思博士和麦克利兰博士在考察阿萨姆地区东南部那加山山麓的加布罗普布特区域时，也发现许多野生的茶树。当时这些地区25年来一直处于战争状态，为什么会存在大片的茶树？他们认为发现的这些茶树林很可能是当时部落遗留下来的荒废茶园。瓦里奇博士则认为：阿萨姆的茶树可能最初是从中国的边境迁移过来的。同时他也认为阿萨姆地区的低海拔的森林区域可以种植茶树，但他坚持认为如果想获得更有价值和更高品质的茶叶，茶树应该种植在海拔更高的地区，并坚持建议在这些高海拔地区建立新的茶叶种植园。麦克利兰博士认为：阿萨姆茶树就是原始本土的茶树，而且已经适应了当地的气候，在茂密森林庇护下潮湿阴暗的河岸和湖塘旁贫瘠的土地上都可以旺盛地生长。因此，他认为以前英国人一直断定中国茶树必须种植在山区的观念也是错误的。

据格里菲思博士的私人旅行日记记载，他还发现当地人称茶叶为"邦福鲁普"，即"丛林茶"。格里菲思博士还注意到，在景颇族人的日常饮食中，茶叶常常和芥末油、大蒜混合制成一种蔬菜食品。他知道在缅甸也有一个类似的沙拉食品，称为"腌茶（Letpet）"。茶叶被煮后，经过几个月的发酵，再把发酵的叶子切碎，与油、大蒜、炒虾仁、水果和椰子干混合后，成为婚礼上的高级食品。因此格里菲思博士和麦克利兰博士认为这里山地部落民族很早已认识了茶树并加以利用，他们断定这些茶树确实可能是阿萨姆地区本地的土生茶树。

关于第二个问题，格里菲思博士详尽地研究、对比了阿萨姆地区和中国茶区的茶树生长的地点、茶树的外形和茶树生长的植被后，他总结道："（1）阿萨姆与中国两个最有名产茶省份茶区之间有相似的地理形态；（2）两个国家的温度和湿度等气候条件也有相似性；（3）在上阿萨姆有茶树的地区和欧洲人已经访问过的中国江南省份和江西省份之间茶树生长的位置也非常相似；（4）阿萨姆和中国茶区位于同一纬度，部分植被也非常相似。"这一推测性的结论无疑认为阿萨姆地区可以成功地作为茶产业的商业开发地区。瓦里奇博士则坚持认为，喜马拉雅山脉自然条件更适合茶树种植，阿萨姆平原的条件只能生产出低品质的茶叶。

至于茶树在阿萨姆地区何种条件下可以生长？地质学家和植物学家麦克利兰博士主要从野生茶树生产的地质条件阐述他的观点。麦克利兰博士根据他发现的野生茶树生长地特点，认为："阿萨姆的如下条件使茶树可以生长：（1）在平原；（2）在河堤或土堆轻微凸起的平原，如诺迪瓦、廷格拉、尼格洛和加布罗普布特区域，土地应该表面干燥，以疏松多孔不被水淹的土地为好。

1837年2月8日，他应英属印度总督奥克兰勋爵的邀请，在"印度农业和园艺学会"会议上做了"阿萨姆茶树的实际状况：关于地质结构、土壤和气候"的报告。报告中称，上阿萨姆的地形是冲积盆地，土壤结构基本上是沙壤土。麦克利兰博士考察了库宙、廷格拉、尼格洛和诺迪瓦等村庄附近野生茶树的聚集地，这几个区域的茶树都是沿着河流的旁边生长聚集，在茶树的区域附近，发现了一些20—30英尺高的人工建筑的堤坝，在荒芜的丛地中连延几英里，麦克利兰博士突发奇想："这些野生茶树的聚集地，很像是种植园，难道这是人为引进种植的？如果是，这样商业化种植茶树的成功性将大大增加！"另外，麦克利兰博士推测，野生茶树的茶籽可能是通过河流、顺着河水漂泊传播的，然后在岸边生根发芽，经过漫长的岁月逐步生长，而其源头很可能是迪布鲁河。

麦克利兰博士对这四个茶树聚集地的土壤进行了考察和取样，并带回加尔各答进行了土壤化验。英国植物学家采取了先进的科学手段研究茶树生长的土壤条件，检测了土壤中自由水、有机质、吸附水、氧化铁、氧化铝、碳酸钙、硅石等指标的含量。麦克利兰博士认为，适合茶树生长的土壤应该是：红黄壤、粗河沙沉积土、黏土层及黄沙土土质。在阿萨姆考察期间，麦克利兰博士充分发挥了其地质学家的优势，非常详细地研究记录了当地的气温、降雨量、风向、季风等自然气候条件，并且与中国的江南、江西、广东和福建等茶区进行了比较，他肯定地认为阿萨姆的气候条件是非常适合种植茶树的。

对于第四个问题，是否有必要引进中国茶籽？瓦里奇博士和格里菲思博士持不同意见。前者认为没有任何必要引进，后者认为是有必要的。瓦里奇博士坚持认为，土生的阿萨姆茶树一定可以在印度生长和繁殖；而格里菲思博士认为，毕竟中国的茶树已经经过了长期的种植、生产和商业化，而阿萨姆的野生茶树还必须经过一定时间的驯化。他坚决反对召回在中国考察的戈登秘书，认为应该采取长期引进中国的茶树品种，并与阿萨姆土生品种杂交繁殖的策略。

科学考察队到达上阿萨姆萨地亚后，也对查尔顿中尉和布鲁斯负责的阿萨姆茶叶试验场进行了考察和评估。1835年2月，布鲁斯到达上阿萨姆的萨地亚，与查尔顿中尉一起筹备建立茶叶试验场，开展茶树种植试验。1835年11月，由茶叶委员会秘书戈登从中国带回的茶籽、经过加尔各答植物园的培育繁殖后，其中的2万株茶苗运往萨地亚茶叶试验场，至1836年3月左右才到达萨地亚。在中国茶苗到达之前，布鲁斯已经自作主张，雇用当地人将散布在各地的野生阿萨姆茶树挖掘、收集，移植和种植在茶叶试验场新开垦的土地上。他计划对中国茶树品种和野生阿萨姆品种同时进行试验种植。但是，查尔顿中尉和布鲁斯建立和管理的试验场似乎没有给科学家们留下好的印象。在查尔顿中尉和布鲁斯住宅附近的两处新苗圃——萨地亚和茶布瓦茶园，科学家们发现布鲁斯管理的茶苗茶园处于非常粗放无序的管理状态，茶苗生长状况非常差，有些苗圃被牛践踏，几乎看不到茶苗。在丛林之中，只有一小丛一小丛弱小的茶树，周边堆放着被砍伐的废弃的树木。1836 年 10 月 1 日，第一批 3 名中国制茶工到达阿萨姆的东印度公司的萨地亚茶叶试验场。3 名中国制茶工在布鲁斯的监督下劳动。至于在茶布瓦茶园，格里菲思说，1835 年 11 月从加尔各答发出的 2 万株中国茶苗，现在仅剩不到 500 株仍然活着。"当我们到达苗圃时，苗圃地上长满了乱蓬蓬的杂草，几乎看不到茶树。"在廷格拉茶园，他困惑地说，"几乎所有的茶树都被砍伐，丛林被清除，在野生茶树林中仍然残留着被烧焦的树木残骸！"而实际上，布鲁斯正按照自己的想法，进行野生阿萨姆茶树的播种、繁育以及遮阴、修剪等栽培技术的试验。当然，在英国学院派、正统的科学考察团植物学家眼中，行伍出身的布鲁斯和查尔顿中尉管理的茶园显得有些凌乱，也缺乏系统的试验方案。

在这次科学考察任务中，瓦里奇博士与格里菲思博士之间发生了激烈的个人矛盾纠纷，二人从此结怨。主要矛盾之一是，瓦里奇博士控告格里菲思博士私占了他采集的植物样品，而格里菲思博士则认为瓦里奇博士是一个脆弱、有偏见与虚荣心的人。格里菲思博士满腹怨气道，"如我一直所说的，根本不可能跟这样的人共事……"双方的矛盾一直持续了几十年，约翰·麦克利兰博士后来在加尔各答博物馆期刊上所发表的文章透露出格里菲思博士对瓦里奇博士的厌恶态度。1842年至1844年，在加尔各答植物园园长瓦里奇博士访问南非期间，格里菲思博士曾临时担任加尔各答植物园负责人，这期间，格里菲思博士非常不满原先瓦里奇博士对植物园的规划和管理，将植物园重新进行规划。矛盾之二是在科学考察之后向茶叶委员会递交的报告中，双方在一些观点和判断上意见针锋相对，水火不容。后人称格里菲思博士是一个伟大的植物收藏家和勇敢的旅行者，但他的坏脾气也臭名昭著，被称为"访问过印度的最敏感的植物学家"。

　　最终科学考察队递交给东印度公司的报告的结论是：证实了在阿萨姆发现的野生茶树是真正的茶树，而且具有巨大的商业开发的价值。瓦里奇博士自信地认为："（如果）在我们自己手中进行系统地管理，完全采用种植园模式，我们可以用更低的成本和更短的时间，生产出令人满意、品质良好和适销的阿萨姆茶叶产品。"科学考察队的考察结果，证实了世界上另外一个茶树品种的伟大发现，并在未来改变了世界茶叶生产的格局。报告的结论极大地鼓舞了英国东印度公司，英国国内和印度舆论也一片欢腾，1836年9—12月份《亚洲季刊》（Asiatic Journal）刊登的"阿萨姆茶树"一文报道说："在阿萨姆地区发现茶树，有充分的理由认为，在短时间内，茶叶将成为印度出口的主要商品。发现大面积的茶树以及它的地点，其意义不仅仅是发现了茶树，而且是大面积的存在，这确保了阿萨姆，我们的北方边境地区可以为我们提供最广阔的茶树种植土地。"文章非常乐观地认为，"在阿萨姆发现野生茶树的两个区域土地，甚至整个阿萨姆地区的土地都已归属于东印度公司管辖，为公司开垦和拓展种植茶叶区域提供了充足的土地保证。例如，发现野生茶树最集中的两个区域土地，景颇部落居住地的萨地亚区域和布拉马普特拉河南岸的姆塔克区域，都是在东印度公司的行政管辖之下，居住在这些区域的山地部落都服从大英帝国的管制，因此在他们的土地上开垦、种植和加工茶叶应该没有什么问题，为我们拓展种植茶叶区域提供了保证。"英国人还推测景颇部落是从邻近的中国往东部迁移过来的，"如果推测正确的话，可以想象这些茶树是从中国传播进来的。最后一个发现野生茶树林的区域是在那加山脉山麓的加布罗普布特区域，距离阿洪王国的首府焦尔哈德仅几英里。由于阿洪王国国王普朗达·辛哈与东印度公司签订了协议，阿洪国王的表现还不错，因此，在他的区域内拓展种植茶树也应该没有问题。而且现在整个下阿萨姆平原地区，都在我们的行政管辖之下。在那加山丘陵，有一条道路连接上阿萨姆地区和曼尼普尔丘陵，格兰特上校已经在那加山脉的南部发现野生茶树，而且在朝向阿萨姆这边也发现野生茶树，这片土地的山民都是各种各样的部落民族，拥有相当数量的人口，而且比较富裕和强悍，发展种植茶叶也应该没有问题。"

科学考察队同时建议英属印度政府继续引进中国茶树品种，并在阿萨姆地区种植。当时东印度公司从商业角度考虑，听从了科学家们的建议，坚持从中国进口茶籽，进行培育繁殖，再进一步扩大种植。因此，1836年，戈登秘书被东印度公司再次派遣，第二次秘密潜入中国继续盗取收集中国茶树茶籽运回印度。此后几年，据说陆陆续续有中国茶籽被运送回印度。另一方面，东印度公司要求萨地亚茶叶试验场在培育中国茶树的同时，也培育当地土生的阿萨姆茶树品种。实际上，在此阶段，英国植物学家对是否继续引进中国茶树品种存在着分歧，各方唇枪舌剑，各抒己见。加尔各答植物园园长瓦里奇博士、萨哈兰普尔植物园前后园长约翰·罗伊尔博士、休·福尔克纳博士更倾向引进中国茶树在喜马拉雅山脚下种植，而约翰·麦克莱兰博士和威廉·格里菲思博士则倾向在阿萨姆地区种植阿萨姆土生茶树品种。两种不同观点的分歧，导致"茶叶委员会"的决策左右摇摆。1848 年，东印度公司再次派遣罗伯特·福琼偷偷潜入中国境内，继续从中国窃取茶籽和茶苗的探险活动。

第三章　戈登中国茶区窃取之行

一、潜入福建安溪茶区

　　1834 年 6 月，英国东印度公司茶叶委员会秘书乔治·戈登肩负着英国东印度的秘密使命，乘坐"女水巫号"轮船从加尔各答出发前往中国。戈登在中国的秘密活动进展得非常迅速，很快取得了巨大的成果。1835 年 1 月 23 日，戈登秘书在中国收集的 8 万棵中国茶树茶籽顺利到达加尔各答港口，并立即被送到加尔各答皇家植物园，由瓦里奇博士全权负责进行培育繁殖。当时人们无法想象戈登秘书竟如此"神通广大"，他去了哪些中国的茶区？他是如何在如此短的时间内即盗取了大量的茶树茶籽，并能够安全地运抵加尔各答？

茶叶委员会秘书戈登实际上是一个在加尔各答经商的资深英国鸦片商人，1827年他便是加尔各答鸦片贸易公司——麦金托什公司的合伙人，从事从印度贩卖鸦片到中国广东的勾当。戈登一直与当时广州著名的鸦片贸易公司——"渣甸洋行"（现名"怡和洋行"）以及"渣甸洋行"在加尔各答的分公司"莱尔马地臣公司"有紧密的鸦片贸易合作。18世纪时期，英国东印度公司垄断了印度鸦片种植和贸易，东印度公司通过承包制方式将鸦片种植和贸易经营权交给英国的私人或公司，这些私人或公司从而成为鸦片的承包商和独家供应商。当时印度鸦片产区主要分布在恒河流域东部的一个狭长广袤平原地带，包括孟加拉、比哈尔、奥德、贝拿勒斯地区。种植承包商必须按照一定的价格将鸦片卖给东印度公司。英国东印度公司则在巴特那、贝拿勒斯（今瓦拉纳西）建立鸦片加工厂，从承包商那里购得罂粟后，将罂粟制成鸦片。英国东印度公司不想公然得罪中国清朝政府，因此并不直接进行鸦片走私贸易，而是在加尔各答公开拍卖鸦片给鸦片销售散商。鸦片散商从拍卖行购得鸦片后，各自走私运输至中国广州出售。这种承包制从1773年开始，到1797年转而实行代理制。印度农民种植鸦片首先必须获得东印度公司的许可，农民收获鸦片后必须按照东印度公司制定的价格卖给东印度公司的代理商，代理商收购鸦片后进行加工，然后拿到加尔各答公开拍卖。"麦金托什公司""渣甸洋行"就属于东印度公司的鸦片销售商。

"渣甸洋行"是由苏格兰人詹姆士·马地臣和苏格兰人威廉·渣甸于1832年7月1日在中国广州成立的从事鸦片及茶叶买卖的贸易公司。詹姆士·马地臣的父亲早年曾在东印度公司任职，马地臣子承父业，也曾为东印度公司工作。詹姆士·马地臣 1815 年前往印度加尔各答发展，投奔其叔父创办的麦金托什公司，从事鸦片贸易，而茶叶委员会秘书戈登恰恰是该公司的合伙人之一，戈登很早就与詹姆士·马地臣相识和合作。1818 年，詹姆士·马地臣独立前往中国广州发展，早年参与对中国商品贸易，后成为英国东印度公司在广州的鸦片散商（经销商），专营鸦片生意，赚取了巨额的财富。1832 年，他与苏格兰同胞威廉·渣甸合作在广州创立"渣甸洋行"。威廉·渣甸家境贫寒，在亲戚的赞助下进入爱丁堡大学学习医药学。毕业后，他也曾在东印度公司任职，担任船上的外科医生，后前往中国广州与詹姆士·马地臣合作。

依据戈登当时从事广东鸦片贸易以及与詹姆士·马地臣的密切关系，戈登应该相当熟悉中国的情况，难怪英属印度总督威廉·班提克爵士极力推荐戈登，"没有人比麦金托什公司的戈登先生更加合适了"。在戈登出发之前，1834 年 3 月 15 日，茶叶委员会便写信给政府秘书麦克斯温，请求政府给予戈登中国之行以帮助，"建议政府安排住广州的英国当局……为戈登先生提供任何必要的条件或可能需要的保护，并为他提供 2 万—2.5 万元由他使用。"

1834 年 6 月，戈登乘船启程前往中国。7 月中旬首先到达了澳门，受到了东印度公司驻澳门官员丹尼尔、李维斯和比尔斯的接待。当时的澳门由于其特殊的地理位置和历史原因，成为西方与中国进行贸易的基地，也是西方进入中国的最先立足点。16 世纪澳门开埠后，西方传教士纷纷来到澳门，并从澳门进入中国内地。澳门遂成为西方基督教早期向中国传教的前沿据点，也是早期西方文化科技输入中国的基地以及贸易中转的重要港口。19 世纪德籍新教传教士郭实腊牧师就是在澳门和广州一带非常活跃的传教士。戈登达到澳门后，在东印度公司驻澳门官员陪同下乘船前往广州。在广州，他受到了威廉·渣甸和另外一家著名的英国鸦片商"颠地洋行"的兰斯洛特·登特的热情接待。戈登详细地告诉了兰斯洛特·登特和威廉·渣甸他担负着东印度公司的特殊任务，并希望威廉·渣甸提供考察茶区、购买茶籽和招募熟练茶叶种植和制作工人的帮助。当时，英国与中国清朝政府的政治和贸易关系正处于紧张时期，他们都对戈登承担的任务充满兴趣。威廉·渣甸满口答应提供考察船只和人员，并热情地将中国通郭实腊牧师介绍给戈登。实际上，1829年开始，郭实腊牧师就被渣甸洋行聘为中文翻译，双方关系十分密切。

19世纪30年代，正是东印度公司向中国运输鸦片最兴旺的时期，广州和澳门成为鸦片贸易最兴旺的城市。1757年，乾隆皇帝下令将宁波、厦门和江苏的云台山3个贸易口岸全部关闭，只留广州一处作为外商来华贸易的唯一通商口岸。清政府严格限制中国商人与外商接触，仅特许"十三行"与外商开展贸易往来，并代表政府出面办理交涉事宜。规定洋商不得直接与官府交往，只能由"广州十三行"办理一切有关外商的交涉事宜，从而开始实行全面防范洋人、隔绝中外的闭关锁国政策。广州成为西方商人与大清帝国开展贸易的唯一城市，外商允许在广州设立贸易商行，但仅允许设立在珠江北部的十三行夷馆区及其周边，东印度公司设立在中国的贸易商行就设立在广州夷馆区的英国新馆。当时在葡萄牙统治下的澳门，18世纪末开始成了西方商人对中国走私鸦片的主要基地。从印度运送到广州的鸦片，必须经过澳门。当时葡萄牙人规定英国的鸦片船必须向葡萄牙当局缴纳高额税收，英国鸦片商必须通过澳门的葡萄牙代理人经营，这样极大地影响了英国人的鸦片利益，为此，英国人努力寻找新的走私鸦片贸易基地，以摆脱澳门葡萄牙人的控制。1794年，一艘装有300箱鸦片的英国帆船直驶广州黄埔港，直接与中国的鸦片商交易，由于交易获利丰厚，吸引了越来越多的鸦片船进入黄埔港，从而揭开了黄埔港鸦片贸易兴旺发达的序幕，黄埔港逐渐成为一个繁荣的鸦片贸易基地。1821年起，由于清朝政府再次实施禁烟令，黄埔港的鸦片走私贸易开始走向没落。因而英国鸦片商急需寻找另外一个鸦片走私贸易的基地，此时珠江口的必经之地——伶仃洋岛成为了理想的鸦片基地。伶仃洋岛西南距离澳门约32公里，东北距离虎门约40公里，清朝政府将其视为"外洋"。英国人认为伶仃洋岛可以摆脱清朝政府的管制，也不受非法占据澳门的葡萄牙当局的限制。"渣甸洋行"的鸦片船成为最先进入伶仃洋岛停靠的鸦片船，从此西方商人的各种类型的走私船肆无忌惮地不断进入伶仃洋岛。从1824年起，伶仃洋成为最繁忙的鸦片贸易中心，港口挤满了从印度加尔各答、孟买过来的各式各样的鸦片快船、双桅纵帆船、单桅帆船和三桅帆船等。从18世纪50年代开始，在中国进口鸦片是违法的，英国东印度公司不愿公开得罪中国清朝政府，只能通过贸易商和中介走私鸦片到中国广州等地。鸦片货船通常停靠在伶仃洋岛，从珠江三角洲和沿海各省来的鸦片贩子或鸦片走私者纷纷前来洽购鸦片，再采用小船将鸦片携带至广州和其他港口。欧洲的鸦片船一旦卸下鸦片后，快船将继续前往黄埔港装载合法的货物，如茶叶、丝绸和瓷器等。

西方的传教士一直非常渴望进入内地传教，许多传教士竟然不顾清朝禁令，偷偷摸摸地潜入内地，德籍新教传教士郭实腊牧师就是其中的一个。他1803年出生于德国普立兹镇，1826年毕业

威廉·约翰·哈金斯绘制的 1824 年伶仃洋的英国东印度公司鸦片运输船

传教士郭实腊牧师

于荷兰鹿特丹神学院，毕业后开始了他的传教生涯。1827—1829年，他游历印尼爪哇、暹罗曼谷、新加坡等地，传教并学习中国文化和语言。1831年又到中国沿海考察，同年12月13日到澳门。1832年2月27日，郭实腊受英国东印度公司的委托，乘坐东印度公司租用的"艾摩斯特勋爵号"船载着棉布和棉纱从澳门出发，寻找和拓展中国沿海地区的新市场，沿途在厦门、台湾、宁波、上海停靠，后抵达朝鲜和日本，于9月5日返回澳门。同年10月，他又一次接受渣甸洋行的高薪邀请，为渣甸洋行充当翻译，乘坐"精灵号"前往中国北方推销鸦片和搜集情报，于1833年4月29日才返澳门。他在著作《中国沿海三次航行记（1831、1832、1833年）》中，就记载了台湾、福州茶叶种植的信息。他精通中文又在中国内地多次侦察，经历丰富，非常了解中国官场和地方风土人情，成为当时东印度公司、西方贸易公司和商人炙手可热的人物。戈登要想进入内地茶区考察是要冒极大的风险的，因而戈登自然希望能得到郭实腊牧师的帮助，一同前往茶区，否则戈登是无法完成英国东印度公司交代的艰巨任务的。郭实腊牧师一口答应了戈登的邀请。像戈登和郭实腊牧师一样的19世纪初的西方人，无论是传教士、商人抑或军人，个个都怀有强烈的个人主义和英雄主义，他们野心勃勃又不惜冒险，为了达到他们膨胀的个人野心，自然愿意冒险进入当时清朝禁止外国人进入的内地。

　　1834年7月24日，戈登给瓦里奇博士写信，报告了前往茶区考察的计划安排，"经亲自检查生产的茶叶质量后，正在安排人员、茶树和茶籽……"虽然威廉·渣甸答应尽最大努力协助戈登，按照他当时分布在中国海岸的鸦片经销网络协助戈登完成这一使命，但他也隐含一丝忧虑，戈登和郭实腊牧师冒险进入内陆考察，带来的严重后果可能会影响公司的鸦片业务。不久后，发生了"律劳卑事件"，再度使得中国和英国的紧张关系升级。当时，英国政府任命威廉·约翰·律劳卑出任首位英国驻华商务总监，负责对华贸易事宜。律劳卑1834年7月15日抵达澳门，而戈登也恰好同时到达澳门。当时清廷《大清律例》和贸易规则规定，外国人只准许在广州进行贸易，除商人和大班（粤语，旧时对洋行经理的称呼），外国政府官员未经许可一概不准入城，外国人未经批准也被严禁进入内地，而且在广州的外国人也被严格限制在特定的夷馆区。而傲慢的律劳卑藐视清朝规定，擅自于1834年7月23日再度乘船，7月25日清晨抵达广州，得到渣甸洋行的热情接待，入住十三行的英商馆。中方闻之对此提出了严正交涉，而律劳卑极力辩护并挑起其他事端，令清朝官员极度不满，下令驱逐律劳卑。在渣甸洋行的鼓动下，8—9月，律劳卑指挥三艘英舰在珠江口示威和挑衅，首先炮击珠江两岸清军炮台，并和清军炮台展开了激烈的炮战，这是中国在近代历史上，首次与西方列强发生的军事冲突。律劳卑后来无奈地退回澳门，染上了疟疾于1834年10月11日去世。不过，这事件没有影响威廉·渣甸全力支持戈登的"使命"。

经过多次的沟通，戈登一伙最初原定计划是前往中国最知名的茶区——福建武夷山茶区考察。他们向清朝两广总督提出了考察的申请，但迟迟没有得到清朝当局答复，这令他们焦急不安又无可奈何。戈登说："我感到非常失望，原计划去武夷山考察，因为来自不同渠道提供的种植技术不完善或相互矛盾，为了弄明白茶叶种植的几个关键的问题，我特别渴望有机会亲自考察红茶区的茶园，一个著名的茶区。"郭实腊牧师根据他多年的经验，建议最好先去安溪考察。他认为安溪地处偏僻封闭的山区，不会引起官方的注意，而且是距离海岸线最近的茶区，既安全又方便。戈登欣然接受了郭实腊牧师的意见。前往安溪茶区考察的前期准备工作都是郭实腊牧师负责的，他们在耶稣会早年绘制的地图的指引下，制定了详细的航行路线和登陆点，为了逃避厦门港防守官兵的检查，他们特地选择了福建海岸东南部泉州的围头湾停靠，然后改乘小船逆流而上进入安溪县一个称为"湖头镇"（Hway-Taou）的小港口登陆，上岸后再前往安溪茶区。

戈登一伙于11月6日乘坐"仙女号"船从广州出发，10日即到达了泉州的围头湾。"仙女号"船是渣甸洋行第二艘著名的鸦片运输飞剪船，吨位161吨，长23.5米，该船1833年6月20日从英国利物浦首航，5个月后到达广东伶仃洋。此后，"仙女号"船一直作为来往于广州至泉州湾之间的鸦片运输船和中国海岸情报搜集船，将鸦片由伶仃洋运到泉州湾，然后将所售鸦片银钱运回。"仙女号"船有时直接将鸦片运送到一些沿海的城镇和乡村。"科隆杨格号"船也是渣甸洋行旗下的鸦片运输船，通常驻扎泉州湾外作为定点买卖或供货的鸦片船。至1836年，渣甸洋行旗下已经有20多艘飞剪船、双桅横帆船和纵帆船等各类船组成的鸦片运送船队。

1834年11月10日，深秋的早晨，天气寒冷，气温仅55华氏度（约12.7℃）。戈登一伙携带必要的衣服、食物和防身武器，离开"仙女号"船，改乘一只长小木船沿着晋江开始进入支流西溪。考察队中包括郭实腊牧师、鸦片船"科隆杨格号"的副官莱德和尼科尔森、女水巫号的舵手、一个中国仆人和八个印度水手。天赐好运，他们的航行一路非常顺利，没有遭受任何人的检查和盘问，顺利地进入了西溪河。当他们航行至临近湖头镇时，船必须经过一座石桥，戈登秘书描述道："这座石桥由一座座石墩建成，石墩上铺着厚厚的石板，一些桥墩的跨度达到25英尺，一些达到15—20英尺；桥的长度起码不少于四分之三英里，整座桥充分体现了复杂的工匠技术，不仅仅是技巧，而且还有优美的外形。"经过石桥后，由于正是干旱枯水季节，河流水深不够，他们停止了航行，登岸改为步行前往山区。留下尼科尔森和5名水手照看船只，其他人则带着毛毯、衣服、武器及食物准备步行前往安溪茶区。正当他们整装待发之时，附近村庄的村民们好奇地围拢过来，对这些长相古怪奇异的外国人议论纷纷，戈登感觉村民们似乎没有敌意。郭实腊牧师则不失时机将随身携带的传教书籍和宣传单向村民散发，并说服了其中一个村民当考察队的向导，另外又聘请两个人做脚夫搬运行李。正在这时，戈登注意到其中一个坐在椅子上的老人，从相貌和身份看似乎是这个镇的头人，头人询问了他们什么时候来的、到哪里去，戈登都做了回答。头人似乎没有任何怀疑和要阻拦的意思，只指派2—3人往不同方向报信。戈登顿时感到忧心忡忡，担心是否会被驱逐。但后来实际上没有人阻挠他们，考察队顺利地出发了。队伍由向导和郭实腊牧师领队，其次是携带长矛和背着行李的印度水手，戈登则拐着手枪，身边由携着弯刀的印度水手陪同，身背猎枪和手枪的瑞得走在最后。从镇的外围经过一个半小时的步行，他们到达一座寺庙歇息，寺庙和尚热情地端出茶水招待他们，戈登感叹道："迄今为止，没有人比这里的村民更礼貌和文明。"经过长时间的步行，他们感觉非常疲惫，便雇佣了轿夫。当轿夫用竹轿抬他们前进约1.5英里后，便吵吵嚷嚷地要求停下休息吃饭，如果不休息也可以，则必须增加工钱，戈登只能给每个轿夫额外支付一份工钱。一路前行到达了一个戈登称之为"相当浪漫"的山谷"朗子坑"（Lung-tze-kio）村庄休息。戈登感叹道："我们经过的乡村人口密集，表现出相当高的种植技术水平，主要种植水稻、地瓜、甘蔗。虽然我们只看见一点点地方，这里的土壤如果在孟加拉地区的话，都可被认为是相当优质的……而在贫瘠和崎岖的山坡，甚至连一颗矮小松树都没有，更不要说一平方码的平地了。"有一件事让戈登非常奇怪，每当考察队需要购买一些食品或支付轿夫的工钱时，村民们宁愿接受银子，而不愿意接受戈登他们带来的金子，而且村民们对外国的基督教似乎也充满着好奇和兴趣。当晚，戈登一伙住宿在这个村庄的小客栈内，他们遇见一个长相清秀的年轻学生，他向郭实腊牧师请教了许多有关宗教信仰的问题，赢得了郭实腊牧师的信任。没有任何防备心理的年轻人强烈推荐戈登一伙改变路线，往西南方向 40 里可以看到非常好的茶园。不过，戈登不太相信他的话，还是坚持原来的路线。

11 月 12 日早晨 6 点多，戈登一伙就出发了，考察队乘坐竹轿经过几个漂亮的小村庄后，8 点钟到达"克坡"（Koe-Bo）村庄，这是个种植水稻和甘蔗的村庄，正是村民收割的繁忙季节，村民们正在收割甘蔗和水稻。一条小河流经这个村庄，他们改乘小船，每经过一个村庄，都被好奇的村民围观，戈登认为村民十分友好和善良。下午 3 点，他们在"坳夷"（Aou-ee）河岸登陆，然后继续进入陡峭的山区。步行经过崎岖不平的山道，在夜色笼罩的夜晚，到达考察茶区的目的地"头夷"（Taou-ee）村后，向导带领他们到自己的家里住宿。夜晚又有许多村民也赶到向导家，聚集围拢着他们，不时交头接耳地议论。老奸巨猾的郭实腊牧师乘机挑选几个看上去比较有经验的村民，向村民刺探茶树种植的各种各样的问题。毫无戒心的村民们详细地告诉了他们茶树的种植技术：种植时，需要在茶园挖一个3—4英尺深的坑，每个坑放几颗茶籽，然后用土掩埋，3个月后，茶籽将会发芽。随着茶苗的生长，需要不断地培土。3年后茶树即可以采摘顶端的茶叶，一年可以采摘4次，10—20年茶树都可以旺盛地生长。村民告诉考察队，茶树种植不用施肥和灌溉，也不需要考虑土壤的种类。一从茶可产生一两（Tael）干茶，一亩茶园种植300—400株茶树。戈登还了解到，当地茶叶种植和采收都是以家庭为单位，不需要另外雇人。但茶叶加工要求有非常丰富的经验和技巧，雇佣的制茶工每制作1担（Pecul）鲜叶的工钱是1元，相当于每担干茶的工钱是5元。村民告诉戈登，茶叶需要加热和揉捻7—8次，每5斤鲜叶可以制作1斤干茶，制茶炉灶是临时建造，工具及燃料来自茶树本身。最好的茶叶可以卖到23元/担，生产的茶叶主要在省内消费，或者篮筐装出售到台湾。心怀鬼胎的戈登还仔细地询问了茶树的病虫害、气候、地形、山坡对茶树种植的影响。而戈登似乎对茶籽的质量更为关切，他了解到，村民们种植的茶树，最初的茶树种子都来自于武夷山，茶树一年开花一次，在8月中旬或9月，茶籽需要8个月以上才能饱满成熟。整整一个晚上，贪婪的戈登如饥似渴地与村民和茶农交流，获得了大量茶树种植的知识，详细了解茶树的种植、茶叶加工、茶叶病虫害、茶叶销售等情况，令戈登非常满意，他真希望多待几天好好地进一步了解和学习茶树种植和加工技术，戈登说："多么希望第二天我们再详细询问和观察。但所带的资金已经不允许我们多停留，虽然我们有足够的黄金，但没有人知道用银子以什么价格交换它。因此，按照之前确定的返程，我们决定充分利用明天清晨出发考察的时间。"

　　第二天一早，天刚蒙蒙亮，考察队便迫不及待地登上附近的茶山考察。一登上茶山，戈登的心中一阵窃喜，"我们都被眼前漫山遍野的各种各样的茶树所震撼，一些茶树仅仅只有腕尺那么高，这些茶树却如此枝繁叶茂，伸开双手也拥抱不了整株茂密的茶树。茶树被浓密厚厚的叶层覆盖，叶子却非常小，仅仅约四分之三英寸长，而另一株茶树，枝茎有 4 英尺高，叶子约一又二分至一二英寸长。茶树的直径平均约 2 英尺。茶园尽管不是十分平坦，边缘用石块砌成梯田状，或者用石块围成围墙，墙外砌有排水沟，整片茶园如同花园般的美丽……茶园没有遮阴，但选择种植茶树的茶园都是在山丘的底部，这样两边的山坡可以起到很好的遮挡。我估计最高的茶园大约高出平地 700 英尺，但一般的茶园都在 350 英尺或更低的地方，而且这么高的茶园，茶树生长依然十分旺盛，可能是土壤好的原因……我发现每个茶园都有自己独立的茶苗圃园，茶苗生长至 4—5 英寸高，我认为茶树种植要求绝对疏松的土壤，既不太湿，也不太干燥，但是要求能够保持水分……最好的土壤是含沙的土壤……（种植的区域）最好的地点是一个不太低的洼地，因为山坡的水容易积淀；也不能太高，因为完全暴露在狂风暴雨中。最好不要在东面向阳的区域种植茶树，尽管茶树能够抵抗任何程度的干燥寒冷……"戈登不动声色地认真记载了他观察到的一切。如愿以偿地来到了茶园的戈登，也许是英国或者外国人第一次真正地登上茶山，如此近距离地看见大面积的茶园，想必一定心潮澎湃，激动万分。他的眼睛在认真地观察，头脑却在不断地思考和研究当地茶树生长的土壤、气候、品种、茶籽等，并乘机偷偷地从 3—4 个茶园中盗取了茶叶和茶籽样品。

上午 10 点半，满载而归的戈登一伙开始返程。他们在村庄里雇佣了轿夫，下午 1 点左右回到了"坳夷"河岸小码头。然而却发现没有船只可以乘坐，村民们建议他们等待船只的到来，戈登一伙却归期心切，沿着河岸步行，下午 4 点到达"克坡"（Kre-bo）村。在村里，他们听说已经有一批官兵在打听他们的消息，这让当地向导和戈登一伙神经非常紧张，他们赶紧马不停蹄地继续赶路。晚上 7 点赶到了"冈夷"（Koe-ee）村，并在那里过了惶恐不安的一夜。第二天一早他们又雇了轿夫继续赶路，尽管在路上，他们遇到了一个官员和一队士兵，幸运的是官员和士兵甚至没有理会他们，终于在 14 日中午顺利地返回到"湖头镇"。尼科尔森守护的船只正等待着戈登一行，戈登一伙立即登上了船，下午三点即出发。让戈登非常兴奋的是，在考察队前往安溪茶区期间，一个当地茶籽商已经将戈登提前订购的一批武夷山茶籽送到考察队的船上，并附了一封信，信中表示："他能够进一步地供应茶籽和派遣茶叶种植工，而且茶叶种植工将在 11 月或者 12 月后与戈登会合登船出发。"

当天晚上，考察队携带着采购的武夷山茶籽，到达了泉州围头湾，登上"仙女号"船，并在 11 月 17 日抵达伶仃港，一周的安溪茶区秘密活动圆满结束。戈登不仅学习和了解了许多茶叶种植的技术，而且还采购回了大量的中国武夷山茶籽。戈登高度赞扬了精通中文的郭实腊牧师，赞赏他深谙中国风土人情，善于与当地中国人打交道，使考察队避免了许多危机。他说："我几乎可以肯定地说，一群外国人企图渗透进入中国内地，几乎得不到任何结果。除非至少有一个能与当地人交流的能言善辩的人。"

这批 8 万颗中国茶籽在戈登的亲自办理下，1835 年 1 月 23 日顺利地到达了印度加尔各答港口，并立即被送到加尔各答皇家植物园种植。戈登在给东印度公司的考察报告中指出，根据他在安溪茶区的考察和研究，他认为中国茶树甚至可以在欧洲的许多地区种植生长。他还从安溪茶区考察中发现，只要是暴露在东向的风口下的茶树，似乎生长得都不太茂盛。因此他担心印度的气候变化比安溪茶区更加剧烈，可能不太适合中国茶树的生长。

招聘熟练的中国茶树种植和制作工是戈登的主要任务之一，茶叶委员会交给戈登的任务是："戈登先生的主要职责是有选择性地招募，而不在于人数多少。种植者要身体健康，男人必须具有生产好茶的所有技能。此外，建议郭实腊牧师招募不超过50人。"戈登与瓦里奇博士的通信中，没有详细地报告他是如何花言巧语骗购到茶籽和招募到熟练的中国制茶工的，也许当时为了保密的需要。戈登没有从安溪茶区招募制茶工，他坚持必须从最著名的武夷山茶区招募茶工。戈登在后来的信件中透露，他通过一个本地中介雇了"两个密探"从武夷山招募"保证合格的主管（Superintendents）"，并期望招募的制茶工在1835年1月到达广州。万一他先回到加尔各答，则由他在广州和澳门的私人朋友安排将工人送至加尔各答。在戈登的信中，本地中介和制茶工的身份被故意隐瞒，也许是为了避免他们面临的风险。招聘的制茶工工资，茶叶委员会在签约合同中提供制茶工每月工资300—600卢比。而当时，主管布鲁斯的工资也才400卢比，说明茶叶委员会对熟练制茶工的需求，为了阿萨姆茶叶种植成功不惜任何代价。由戈登从中国招聘的第一批3名中国制茶工乘坐"伊莎贝拉·罗伯森号"船于1836年3月到达加尔各答。茶叶试验场主管布鲁斯写信给詹金斯上尉报告说：1836年10月1日第一批3名中国茶工已经到达萨地亚茶叶试验场，他们还携带了 7 盆茶树苗，到达时 4 盆茶苗都死亡，其余的"看起来很健康"。自此，戈登已经基本完成了他在中国盗窃茶籽的使命。

二、武夷山茶区冒险

第一次前往安溪茶区的考察取得了圆满的成功，让戈登沾沾自喜，而没能前往中国红茶的原产地武夷山考察，也让他一直耿耿于怀，他紧锣密鼓地计划前往武夷山考察。1835 年 1 月 23 日的一封信中提及了戈登安溪考察和第二次的考察计划，信中称："戈登已经成功地收集了武夷山茶籽，由于后期政府与纳皮尔勋爵之间的纷争（即'律劳卑事件'），在此期间中国商人不敢与英国商人有直接的交往，所以这些茶籽不是绿茶产区的。受到这次成功地短时间深入内地考察的鼓舞，如果可能，戈登计划在茶叶加工季节的 3 月份深入武夷山茶区考察，或许深入到更远的绿茶产区考察。同时，戈登还有计划去考察印度尼西亚爪哇岛，去调查那里已经建立的茶叶种植园，他希望 5 月初回到加尔各答。"1835 年 5 月，戈登再次邀请郭实腊牧师、爱德温·史蒂文斯牧师等前往武夷山茶区考察。埃德温·史蒂文斯牧师是当时在广州地区赫赫有名的一位美国新教传教士。他曾就读于耶鲁大学神学院。1832 年在神学院工作期间，他被任命为广州的"美国海员好友学会"的牧师，他也是"广州基督教联盟"的成员之一。史蒂文斯略通中文，他曾经多次违反清朝的禁令，沿中国海岸航行潜入内地传教，对进入中国内地拥有丰富的经验。

戈登第二次中国福建茶区的探险报告《福建茶区考察》（Expedition to the Tea-District of Fuh-keen）"发表在 1836 年的《亚洲月刊》上。爱德温·史蒂文斯牧师也撰写了报告《武夷山考察》（Expedition to the Bohea (Wooe) hills）"发表在郭实腊牧师主编的《中国丛报》1835 年 5 月第一期上。这两篇武夷山茶区考察报告详细地描述了考察队的武夷山之行。当然戈登与埃德温·史蒂文斯牧师的武夷山之行的目的略有不同，埃德温·史蒂文斯牧师的目的是了解内地人的风土人情、探测进入内地途径的可行性以及给当地人分发和传播宗教书籍资料。

1835 年 4 月 14 日，武夷山茶区考察队乘坐由麦凯担任船长的鸦片运输船"芬德利州长号"双桅横帆船，从广东的伶仃港口出发，经过 20 多天的航行，于 1835 年 5 月 6 日到达了福建闽江出海口，一条狭窄的航道，这个港口被欧洲人称为"河口要塞（Bogue）"，并停泊在那里。5 月 7 日，由戈登、郭实腊牧师、史蒂文斯牧师和 1 名仆人以及 10 名船员一行 14 人组成的武夷山茶区考察队，雇了坚固而漂亮的一艘长 26 英尺、宽 8 英尺的帆船。船员中有 1 名"芬得利号"船枪手、1 名意大利的特里雅斯特人、1 名印度籍军士长、8 名来自于孟加拉、印度果阿、马斯喀特、马来亚岛和中国澳门的水手。他们准备沿着闽江河逆流而上，最后到达武夷山茶区，考察队计划行程一个月左右。他们在船尾部用防水帆布搭篷，用于休息和吃饭，考察队还准备了几百磅的大米、肉类、面包等食品，还携带了枪支、手枪及弯刀等武器。为了向中国内地人传音布道，郭实腊牧师和史蒂文斯牧师还携带了几百册中文书籍和小册子。戈登深知如果没有获得清朝当局的许可，他们是无法进入内地的，因此他们编造因季节性干旱造成广东水稻歉收、拟从内地进口大米的借口，向福建和浙江总督申请了内地通行证，这个借口让他们可以像在广州一样，理所当然地免收关卡税。没想到这个申请获得了当局的批准，这令他们喜出望外。他们随身带了一份通行证副本，另外一份留给了"芬德利州长号"麦凯船长，以便应付官兵上船检查。麦凯船长和"芬德利州长号"将停留守在河口，等待考察队的归来。

一切准备妥当，5月7日凌晨1点，海水开始上涨，天空微亮，顺风，考察队乘坐小船朝正西方向出发。他们没有聘请当地中国向导，只凭着一张法国学者让·巴普蒂斯特·杜赫德绘制的福建旧地图指引航行。按照当时的水路交通，如果从福州进入武夷山，则需沿着闽江溯流而上，经闽侯、闽清（梅溪镇）至南平（延平），转闽江支流建溪至建瓯，再进入崇阳溪到达崇安（武夷山）。两个多小时后，考察船经过闽江入口处的"沃湖曼"后，到达"闽港"堡垒。这个堡垒距离福州城12—14英里，远远望去，只见沿着河边有一条高大的城墙。为了避开戒备森严的福州城，考察船选择从左边支流航行，没料到他们逐渐陷入了迷宫般的航线中，由于海水的涨退潮，河水深度不断变化，导致考察船经常搁浅。夜晚11点钟，他们只好停泊靠岸休息。5月8日早晨，他们发现河水由于退潮，几乎无法行船。郭实腊牧师急忙上岸去寻找向导，却带回一位清军军官模样的人和两个同伙。这个军官自称"是一个慷慨的、精通陌生人礼节的人"，他可以帮助戈登驶出这个区域。狡猾的戈登却十分怀疑这个军官的动机，但也没有办法。正如戈登所预料，这个军官将他们带往福州城的方向，试图向朝廷报案。当船行驶至距离福州城不远的一个塔岛时，军官要求停船靠岸，戈登一伙自知不妙，军官和两个同伙前脚登岸，考察队立即将船迅速调转方向，匆匆忙忙逃离，重新驶入闽江航道。考察船再次进入闽江不久，天色已暗，不得不停泊休息。这时，他们猛然发现这个军官带领一艘官船已经追赶上来，也停泊在考察船不远的岸边，似乎在监视着考察队。这个夜晚，戈登和两位牧师一直是在忐忑不安中度过的。

5月9日早晨7点，迎着大风和下雨，考察船升桅朝上游出发。一艘朝廷的官船一直跟随着他们，当他们通过了福州进入闽江时，必须经过一座大桥（福州"洪山桥"），考察队船停下休息，戈登注意到桥上有20多名士兵把守。当船通过大桥后，又有4艘官船跟踪着他们，这让考察队非常紧张。经验丰富的郭实腊牧师则吩咐大家，一旦船靠近或盘问，由他来对付。但是清政府的官船似乎没有靠近的意思，一直保持着一定的距离跟随。考察船经过第二座桥梁，清廷的官船依然跟随着。当官船远离考察船时，当地的渔民则冒险靠近考察船，卖鱼和食品给考察队，而当官船距离较近时，即使戈登向村民询问，当地人不敢也不愿意回答任何问题。上午11点半，考察船停泊在岸边休息一直至下午4点。这时，一艘官船靠近他们，一位军官询问道："你们是哪个国家的人？准备去哪里？来这里的目的是什么？"郭实腊牧师回答道，他们准备航行至上游，游览美丽的闽江，到茶区与当地的茶商洽谈生意。军官似乎没有异议，也没有阻拦。考察船继续往上游航行，而清廷的官船依然跟随着，考察船停泊，官船也停泊；考察船前进，官船也前进，一直不紧不慢地跟随着。有时，官船会突然气势汹汹地加速冲过来，仿佛要冲撞考察船。当然，戈登始终牢记自己的使命，保持克制，尽可能地避免冲突。考察船进入山区河道，两岸山峦起伏,山坡上种植着零星的桑树和柑桔树,还有孤零零的几座小草屋。

5月10日,从清晨开始一直下着大雨,寒气逼人,气温只有57华氏度(13.9℃),考察船冒雨继续航行,清廷的官船依然跟随着。戈登和郭实腊牧师已发现从两岸的山林中依稀可以看见一些1—2英尺高的低矮茶树。至下午戈登一伙到了闽清县梅溪镇停靠休整。从地图上看,考察船已经深入内地约70英里,这让考察队非常兴奋。郭实腊牧师和史蒂文斯牧师即上岸向当地村民分发福音书籍和小册子。一开始,村民们对这一群长相古怪的人怀有戒心,又充满好奇,当郭实腊牧师用中文与他们沟通后,打消了村民们的怀疑,村民们还卖食物给考察队。这一天,似乎比较顺利。

但在5月11日早晨,当他们启程时,奇怪的事情突然发生了。一位他们认为相当可疑的男子在岸边向他们招手,暗示要递交给他们一封信,但是戈登不想靠岸接收,告诉他用棍子绑好扔到船上来,结果那男子一不小心将信扔到水里,立即被冲走了。过了不久,一个小男孩又在岸边向他们招手示意有一封信要交给他们,他们接收了这封信并交给郭实腊牧师,郭实腊牧师打开一看,大吃一惊,信中告诉他们,清廷已经派遣9000名官兵来追捕他们,而且有1万多官兵已经在前方埋伏着。考察队顿时弥漫着惊恐不安的情绪,他们担忧被驱逐,甚至被关押。考察队经过紧急商议后一致同意撤退,并规划着逃跑的路线并赶紧拿出武器准备自卫。戈登认为,他们只要能够逃脱官兵的追捕,他们将有机会与官兵谈判。上午11点半左右,正当考察船开始撤离仅15分钟时,梅溪河两岸的驻军官兵突然向考察船开火,考察船慌忙地将船驶向河中央，并加快速度，试图尽快逃命。在这生死攸关时刻，考察队也立即回击，双方发生了激烈的枪战，史蒂文斯牧师观察右岸沟壑里20多个士兵，端着火绳枪朝他们射击。在左岸，埋伏着的100多名清军士兵的火绳枪和火炮正朝他们射击和炮击。他们边撤退，边抵抗还击，一个仆人和一名水手受了轻伤，2颗子弹打在戈登和郭实腊牧师的船舱座位上，幸亏当时两人不在这个位置。史蒂文斯牧师情不自禁地感叹道："感谢仁慈上帝，没有人被杀，只有2人受伤。"此时的潮水正有利于他们的撤退，加速了他们逃跑的速度。至12日天亮之前，他们已经抵达福州城附近。然而，惊慌失措之中他们迷失了航向，深夜2点，他们搁浅在一个不知名的高地的岸边。直到清晨，蒙蒙浓雾中许多当地人围拢过来，向他们兜售鹅、鱼和其他家禽。正当他们吃早餐时，两艘军船跟随靠岸，一个军官和几个士兵强行登上考察船盘问，戈登试图阻拦，但官兵拒绝下船。双方发生了争吵，军官再次询问他们是谁，来此地的目的是什么？然后要求考察船立刻离开此地。戈登一伙无可奈何，只能请求官船帮助拖拽搁浅的考察船，重新起航离开。考察船到达"闽港"后，为了避开军事要塞福州府，他们请求官船带领他们选择了另外一条河道避开福州的航道。上午11点又出发，两艘官船继续跟随着，下午到达一个村庄，两艘官船要求他们停靠下来休息一天，尽管戈登一伙已经疲惫不堪，却不敢停留，要求继续航行前进。直到黄昏时，他们才在一个岸边停靠喘息休息，等待第二天的退潮。到达"闽港"后，考察船继续航行返回，后来发现再也没有官船追踪他们，戈登以为已经摆脱了官船的监视和跟踪。

13日凌晨1点，正当他们停泊休息时，多艘清军战船突然出现并包围了考察船，为首的战船上悬挂着 3 盏灯笼，其余船只挂着 1 只灯笼。一名军官又要求登船检查，但他们依然坚持不让军官上船，戈登嚣张地叫嚷说："谁要敢登船，我就开枪。"最后这名军官只好返回，郭实腊牧师经过与更高级的清军军官商量后，军官同意放考察船离开。考察船匆匆地航行，航道上不断出现战船监视着他们，跟随一会儿后又离开。3—4 艘战船一直跟随着他们，直到考察船通过"河口要塞"。13 日下午的 2 点，考察船终于安全抵达港口，回到"芬德利州长号"。戈登一颗悬着的心终于放了下来，史蒂文斯牧师再次情不自禁地感叹道："感谢上帝的保护，我们都安全回到了船上。"史蒂文斯牧师也充分意识到闽江河的商业重要性，他写道："我们短程考察的这片地区，如果单纯考虑，是个极有意思和美丽的地方。相比亚洲和中国的几条巨大的河流，闽江虽小，然而在现实效用和商业重要性方面将不输于其他河流。"

对于 11 日在梅城镇遭受清兵袭击的事件，也许戈登百思不得其解。实际上，事后清代政治家、学者和文学家梁章钜的《归田琐记》卷二"致刘次白抚部鸿翔书"中披露，福建官府和守军实际早已掌握了关于戈登考察队的情报。梁章钜在书中写道："记得道光乙未年春夏之交，该夷曾有两大船停泊台江，别驾一小船，由洪山桥直上水口。时郑梦白方伯以乞假卸事回籍，在竹崎江中与之相遇，令所过塘汛各兵开炮击回。则彼时已有到崇安相度茶山之意，其垂涎于武夷可知。"这证实了福建当局对此事已有察觉，已探明戈登一伙的真实意图。由于清军的拦截，此次探险刚刚进行一周就匆匆收场，武夷山茶区的考察最终以失败告终。但他们也有很大的收获，即对闽江流域的防务状况进行了详细的了解。史蒂文斯牧师得出了"更加证明了外国人要深入到中国内地非常艰难。新修的堡垒、旧堡垒的修缮及军事要塞的驻扎,都暗示了到处潜在的危险"的结论。而对于戈登而言,却没有达到他的目的。返回伶仃洋岛后,他愤愤不平地起草了一份抗议书,抗议考察船在 11 日受到的攻击,要求朝廷严厉惩罚肇事者。这封抗议书由郭实腊牧师翻译并按照中文的格式书写。第二天(14日),戈登在郭实腊牧师和史蒂文斯牧师的陪同下,一起登上了朝廷的一艘水军总督官船,在船舱内,戈登一行见到了总督的两个副将,宗平恩和袁凯,一位副将询问他们有什么诉求。郭实腊牧师即辩称他们是外国商人,这次他们计划到福建采购大米,却受到攻击等,然后将路上的遭遇详细地说了一遍。总督的副将当即回答他们,这封抗议书需要呈交上级,再作处理,请他们回去等待消息。戈登一直等待至 18 日都没有消息,他们又一次前往交涉,官府也一直在敷衍他们,直到 19 日,眼看多次交涉无望,戈登只好罢休。

戈登 1834 年 11 月和 1835 年 5 月两次潜入中国茶区,得到了郭实腊牧师的大力支持和帮助。郭实腊牧师和戈登第一次前往福建安溪茶区考察,窃取了第一手茶树种植和加工的资料,盗取了茶籽和茶苗。此次探险应该是西方人第一次潜入中国福建茶区,比 1849 年英国园艺学家罗伯特·福琼对浙江、武夷山茶区的考察整整早了 15 年。从历史的角度评价郭实腊牧师,他在中西方的研究者中被认为是一个富有争议的人物。1833 年 7 月,郭实腊在广州创办的《东西洋每月统记传》是近代中国最早的具有传媒意义的新闻期刊,它对中国近代报刊的诞生,无论在版式、内容,还是在编辑方面都产生了示范作用。另外,他大量地向中国介绍西方文明的成果，也通过它介绍中国文明的成果，为中国人最早认识世界开启了一扇窗户，也为西方人了解中国开启了大门，对中西文化交流有一定的作用。因而有西方学者认为，他是西方打开中国大门的先驱者之一。另一方面，他也从事了很多遭人非议的活动。中国的历史书里有许多对他的指责，认为他为东印度公司的鸦片贸易和西方列强的侵华战争搜集情报。从1833年开始，他除了参与戈登的两次茶区冒险外，还参与英国商人的鸦片贸易、鸦片战争和《南京条约》的最后谈判和多次谈判会议，被认为是一个"披着宗教外衣的间谍"。

1835年3月13日，当茶叶委员会发出召回戈登的通知后，戈登无奈地回到加尔各答。他对茶叶委员会的决定非常不满，抱怨茶叶委员会打断了他的探险计划。经过向东印度公司申请并获得同意后，1835年9月，戈登受东印度公司的委派，再次潜入中国搜集中国茶树种植和加工技术的情报，并招募熟练的制茶工人。不过，有关戈登第二次到中国茶区探险的历程，仅仅找到了当时相关的报道，无法找到更详细的资料。另外一份资料记载，1836年11月，东印度公司批准戈登第二次潜入中国，主要任务是招募绿茶制茶工。戈登的招募行动持续了4个月左右。为什么只招募绿茶制茶工？茶叶委员会解释道："现在阿萨姆的来自武夷地区的中国人，根本不懂得如何制作绿茶……"戈登首次赴中国探险时，他委托广州的神秘"中介"招募第二批5名中国茶工乘坐"福提萨拉姆号"船于1838年2月1日到达加尔各答，包括2名绿茶制作工、2名茶箱制作工和1名茶罐制作工。戈登第二次赴中国探险期间，可能又采购了中国茶苗，经过长途运输，辗转万里，最后抵达阿萨姆茶叶试验场。但此时，东印度公司的阿萨姆茶叶试验场已经转让给了阿萨姆公司。阿萨姆公司董事会主席威廉·普林瑟普1841年访问阿萨姆公司的南部种植园时，刚好遇到种植园收到7000株中国茶苗，而阿萨姆公司却没有订购这些茶苗，因此确信这些茶苗一定是政府安排戈登前往中国采购的。

戈登作为第一位亲自进入中国福建安溪茶区的英国人，盗取了珍贵的中国茶树种子、茶叶种植和加工技术情报，招募熟练的制茶工人。为英国东印度公司在印度开发茶产业立下汗马功劳。1836年，戈登撰写的关于中英贸易《关于我们与中华帝国的商业关系致敬英国人民》一文中，无不得意地提及他当时的冒险、勇敢精神，他在文中提到了罗伯特·莫里森翻译的"中国刑法"，戈登提出："如果有任何中国公民被怀疑向外国人提供信息、法律建议或类似援助，当地政府会立即以卖国贼的罪行将其判处死刑！"表明戈登实际上非常清楚他非法进入中国所面临的风险。而对于帮助戈登秘书和郭实腊进入中国茶区、收集茶树种子和帮助招募茶工的中国人来说，风险甚至更大，以这种方式帮助外国人会被判处死刑。

据说，戈登返回英国后，还把从中国盗取的茶树种子给首位英国驻华商务总监威廉·约翰·律劳卑的遗孀，茶籽被种植在苏格兰。

第四章 阿萨姆茶叶试验场

一、帝国第一家茶叶试验场

1834 年 12 月 24 日，茶叶委员会向英国东印度公司报告发现野生茶树的喜讯后，茶叶委员会马上做出决定，召回已经前往中国执行特殊使命的戈登，但没料到戈登在中国的茶区探险进展迅速。1835 年 1 月 23 日，戈登在中国盗取的 8 万多颗茶籽抵达了加尔各答，并立即被送到加尔各答皇家植物园，由瓦里奇博士全权负责培育。

戈登第一次中国盗窃之行取得的成功，引起了巨大的反响。1835 年 9 月 14 日《加尔各答快报》报道："第一批茶籽的包裹是戈登先生自己亲自发送的，保存得非常好。茶籽是从武夷山采购的，据说是从最好红茶品种的茶树中收集而来。这些茶籽到达加尔各答后，部分将种植在阿萨姆，部分种植在喜马拉雅山麓。第二批和第三批到达的茶籽都是戈登先生离开后从广东发出的，从这个渠道采购获得的茶籽，被发现只剩下核仁。这两批茶籽都被播种在植物园。"英国人认为戈登采购的第二、三批的茶籽是没有外壳的茶籽，可能是被中国商人欺骗了，或者被中国商人调包了。无论如何，这些茶籽被精心地种植在加尔各答植物园，10个月后，瓦里奇博士已经成功地培育出4.2万株健康的中国茶苗。

1835年底，英国东印度公司根据茶叶委员会和众多植物学家的建议，决定先在东北部阿萨姆地区的萨地亚、西北部喜马拉雅山脉西部山麓的库马盎和台拉登以及南印度的尼尔吉里山区建立东印度公司的三个茶叶试验场，"目的是繁殖、试验、推广中国茶树品种……一旦试验种植成功，未来的种植和制造应该留给企业……"为什么最初由东印度公司（政府）主导茶叶的种植试验，而不是由私人或者公司来主导茶树种植试验？当时英国东印度公司和英国众多植物学家等普遍认为：要想在印度商业化种植茶树成功，受诸多因素的影响，将取决于中国茶树品种、中国专家和中国茶区相似的气候、土壤条件，因此必须引进中国茶树品种和中国技术专家，而且必须选择与中国茶叶种植地区气候条件相似的地区先进行试验种植。鉴于当时要满足这些条件非常困难而且隐含巨大的未知风险，如果从一开始就由英国企业或公司来进行试验种植，风险较大，而一向喜欢冒险的东印度公司愿意并且可以承担这个商业风险。因此东印度公司决定由茶叶委员会直接负责建立和管理三个地区茶叶试验场，将4.2万株中国茶苗中的2万株茶苗送往阿萨姆的萨地亚茶叶试验场种植；2万株送往喜马拉雅西部山麓下的库马盎和台拉登茶叶试验场种植；另外2千株茶苗送往南印度的尼尔吉里山区茶叶试验场种植。1835年2月，东印度公司任命查尔斯·布鲁斯为萨地亚茶叶试验场主管；英国人布林克沃思被任命为喜马拉雅山麓下库马盎和台拉登茶叶试验场主管；时任"萨哈兰普尔植物园"园长的英国人休·福尔克纳博士被任命为库马盎和台拉登茶叶试验场总负责人。

茶叶委员会首先遇到的最大困难是如何将2万株茶苗运送到遥远的阿萨姆萨地亚茶叶试验场。在当时的条件下，长途运输是非常艰难的。从加尔各答到萨地亚村庄，必须经过布拉马普特拉河的逆流航行，整个行程长达1000多英里。如何将这些珍贵的中国茶苗运送到萨地亚，伤透了茶叶委员会委员们的脑筋。当时有两种运输方式可供选择，一种是采用当时最先进的蒸汽船运输，另外一种是采用当地土著人的小木船运输。茶叶委员会当然首先考虑采用蒸汽船，东印度公司已经拥有2条先进的商用蒸汽船，开通了从加尔各答到阿萨姆地区古瓦哈提的不定期航班，但还从来没有商船进入布拉马普特拉河上游区域。于是，1835年7月9日，瓦里奇博士写信给其中一条蒸汽船的约翰斯顿船长请求帮助："我们这里有大量的由纯正中国茶籽培育出的茶苗，急需在雨季到达之前运送至上阿萨姆的萨地亚。茶苗安全到达是非常重要的事情，茶叶委员会意识到把生长的茶苗送往布拉马普特拉河上游有很大的困难，因而特向政府申请使用一艘轮船（运输）。"但是约翰斯顿船长婉言拒绝了茶叶委员会的请求。无奈之下，茶叶委员会只好采用当地的小木船运输。正当茶叶委员会紧张地筹备茶苗运输的时候，茶叶委员会受命组建的前往萨地亚考察的"科学考察团"成员——植物学家瓦里奇博士、地质学家麦克莱兰博士、植物学家威廉·格里菲思博士于 1835 年 8 月 29 日先行离开加尔各答，前往阿萨姆的萨地亚考察野生茶树。

东印度公司茶叶委员会考虑到当时阿萨姆地区依然处于动乱的状态，为了茶苗和人员的安全，1835 年 9 月 28 日，茶叶委员会委员格兰特又写信给印度殖民政府秘书麦克诺顿，要求政府派遣一位军官随行负责安全："计划运往上阿萨姆试验场的 2 万株茶苗，由于蒸汽船不可用，我受茶叶委员会的委托，请求您从尊贵的孟加拉总督获得命令，派遣一名中士前来一路保护。"

1835 年 11 月的一个清晨，第一抹阳光照耀下的加尔各答皇家植物园，一派热闹繁忙景象，从植物园一侧的临岸斜坡至胡格利河岸的道路被青草铺成整齐的专用道路，雇用的 8 艘木船正停靠在码头上等待着装上茶苗，每艘木船配备了 8 个当地船员。2 万株茶苗被移植在陶土盆内，再装进木箱内，这些茶苗最高的不超过 15 厘米，上面还用竹叶遮盖以免强烈阳光照射。加尔各答植物园还派出了 2 名园丁随行，负责一路照料茶苗。由政府派出的军官摩尔军士作为整个行程的负责人。

整个行程从加尔各答出发，朝北经过宽阔浑浊的胡格利河和巴加里斯河进入主河道；然后朝东南方向经孟加拉地区高尔伦多河再转入主航道布拉马普特拉河，才真正进入了阿萨姆地区，最后沿着布拉马普特拉河逆流溯河而上至萨地亚。11 月至第二年的 4 月份正是阿萨姆地区气候凉爽、干旱的季节，布拉马普特拉河流也处于枯水季，降雨量很少，河水流淌缓慢，非常有利于船队的航行。木船队必须在 4 月份前到达萨地亚茶叶试验场，否则随着 4 月底季风的来临，猛烈的季风瓢泼暴雨将导致布拉马普特拉河水猛涨，洪水泛滥，将给船队带来极度的危险。

装载着东印度公司巨大希望的船队缓慢地驶出古老的胡格利河，每天行程为7—9英里。夜晚则停靠在河岸边安营扎寨，生火、吃饭、睡觉。每天晚上，两位园丁负责给茶苗浇水，摩尔军士则负责船队的安全。经过两个月的缓慢航行，船队到达了阿萨姆地区重镇古瓦哈蒂。当船队到达辛格里时，园丁已经发现情况不妙，一些茶苗开始枯萎、落叶，一些茶苗已经死亡。船队到达毕斯瓦纳港口（今阿萨姆邦毕斯瓦纳县）时，摩尔军士发现大量的茶苗已干枯死亡，他记载道："在毕斯瓦纳，发现34个小箱子，两个大箱和31盆植茶苗已经死亡了，一艘船已经停航了。所以现在只有7艘船保留继续航行。"离开迪布鲁河后，船队转入一条水流湍急、暗礁遍布的航道，船员必须下船在岸边用人力牵引拖拽着船艰难前进。

1836年1月，由植物学家瓦里奇博士、地质学家麦克莱兰博士、植物学家威廉格里菲思博士组成的科学队已经先于运送茶苗的船队到达阿萨姆的萨地亚，他们当时一直在阿萨姆上游地区考察。1836年2月12日，他们在迪布鲁河碰巧遇到了运送茶苗的船队，瓦里奇博士登船检查了茶苗的情况，他在日记中记载道："我很遗憾地说，大量的茶苗已经死亡。迄今为止，部分原因是艰难而漫长的旅程，茶苗在竹叶覆盖物下长时间地封闭；另外船上大量老鼠的侵袭也导致茶苗死亡。自离开毕斯瓦纳后，中士已经清点了茶苗数，离开加尔各答时2万株茶苗，现仅有8000株存活；考虑到这么大批的幼苗运输，茶苗最高也就6英寸（约15厘米），根据我多年的经验等各方面情况，我预计损耗不会超过五分之三。对即将建立的种植园，存活的茶苗依然可以提供充足和有价值的基础。我对负责的军士和两位园丁勤奋和专注地履行他们的职责感到非常满意。"

　　运送茶苗的船队经历千辛万苦，最终到达了萨地亚茶叶试验场附近的河岸昆迪尔姆科村庄，中国茶苗被小心翼翼地用牛车运送到茶叶试验场所在地——姆塔克部落居住区域（今丁苏吉亚县，萨地亚属于丁苏吉亚县一个镇）。布鲁斯早已将土地开垦、整理完成，等待着茶苗的到来。在布鲁斯的精心照料下，经过长途跋涉、奄奄一息的中国茶苗被小心翼翼地种植在早已经开垦好的茶园中。至此，中国茶苗第一次在英国殖民地阿萨姆大地种植下去。1836年3月，戈登从中国招聘的第一批3名制茶工和一些中国制茶工具乘坐伊莎贝拉·罗伯森船到达加尔各答。1836年10月1日，这3名中国制茶工和制茶工具也到达了阿萨姆萨地亚茶叶试验场。中国制茶工的到来，令充满激情而又毫无经验的布鲁斯喜出望外，布鲁斯渴望从这些中国制茶工中学习如何培育茶苗、茶树种植技术和制茶技术。

布鲁斯和摩尔军士在萨地亚茶叶试验场（1836年）

踌躇满志的布鲁斯在与中国制茶工的交流中，吸取了许多茶叶的知识，启发了他的灵感。他满腔热情地投入阿萨姆萨地亚区域野生茶树生长的地形、地势的调查中，他也积极地进行移植野生小茶苗、茶籽播种和繁殖、种植技术的研究试验。他对茶树是否修剪、是否遮阴的技术进行了仔细观察和对比试验。他发现生长旺盛的野生阿萨姆茶树总是集中分布在迪布鲁河南岸与伯希迪亨河之间区域雨水冲积的低洼地带、靠近小河边或水塘的区域；而在这些茶树林周边凸起的高地上却没有茶树，总是生长着各种各样的杂树，围绕着野生茶树。布鲁斯一共发现55处较大面积的野生茶树林，他在1838年出版的小册子《在上阿萨姆萨地亚试制红茶的报告：中国人到达这里的目的》中描述道："在卡汉河区域，被河水冲刷自然形成了一个个小土墩。在冬季期间，河水干枯，河岸陡斜，在大树的庇护下，各个小土墩上生长着茂密的成片野生茶树，这些茶树林地大小不一，从5步幅（paces）至200步幅，而在河床附近的区域，野生茶树林地相当小。这种适合茶树生长的低洼区域被称为'科卡姆提'……我从来没有发现在阳光直射区域下生长的茶树，似乎茶树更喜欢生长在树荫下，在茂密的森林中或者我们称之为丛林中……我见过的最大的茶树高达29腕尺（约13.253米），大约4个指距粗……"为了加快阿萨姆茶树的繁殖，布鲁斯雇当地村民从遥远的丛林中挖回许多野生小茶树，集中种植在茶园中。村民在丛林中需要跋涉4—8天时间才能带回这些野生茶树，送到茶叶试验场。布鲁斯将这些野生小茶树集中成片种植下去，小茶树没有任何遮盖，6个月过去了，结果这批茶树有一半死亡。至年底，仅存活了四分之一。第二年末，仅少数存活，茶树1—3英尺高，尽管茶树已开花结果，但果实的质量差。

1836年3月中旬，他又动员村民从姆塔克区域周边挖掘带回3000—4000株野生小茶树，种植在丛林中，每8—10株种植在一起，小茶树的顶部被浓密的树冠遮盖着。5月份，布鲁斯观察到这批茶树长势非常好，而且已长出新叶。6月份，布鲁斯再次要求村民挖回1.7万株小茶树，种植在"科卡姆提"区域。这批小茶树是村民跋涉了7—20天，陆续从遥远的丛林和深山老林中挖回的，再用独木舟划行2天才到达茶叶试验场，然后经过4—5天才被种植下去。尽管路途遥远，但村民带回的小茶树根部不带土壤包裹。布鲁斯通过这个试验证实茶树喜欢在地势低洼和没有阳光直射的阴凉环境下生长，他意识到野生茶树似乎拥有更顽强的生命力，种植后生长良好。布鲁斯还在丛林中种植茶树，他将丛林树保留，而将特别高大的树砍伐清理出去，仅允许少量阳光透过树叶照射进来，与完全遮盖的茶树一起进行遮阴和不遮阴的对比种植试验。

在试验种植期间，布鲁斯发现野生的阿萨姆品种总体上比中国茶树品种的长势更好，他朦胧地意识到阿萨姆品种可能比中国品种更适合在阿萨姆地区种植。因此，布鲁斯在后来的试验种植中，或向东印度公司的报告中，有意无意间更倾向于阿萨姆的品种繁殖和推广试验。布鲁斯还进行茶树砍伐观察试验（当时不知道修剪），他发现在迪布鲁河的南岸姆塔克区域存在一片片茶树林，有几块茶树林地最大的面积，其长宽皆达到800步幅（约600米）及以上，每年可收集大量的茶籽。当时这些土地属于最后一任阿洪王国普朗达·辛哈国王管理下的领土，这里也是野生茶树生长最集中的区域。但是，对野生茶树已经司空见惯的当地村民却经常将成片的野生茶树砍伐当木柴，或者开垦种植水稻。第二年，被砍伐的茶树桩会重新冒出茂密的新枝条，叶片更加鲜艳翠绿，比未砍伐的茶树长势更好。因此布鲁斯选择了一块茶地进行比较试验。试验结果发现，采用这种方法砍伐茶树顶枝后，它的产量比在丛林中自然生产茶树的产量高 12 倍。

除此之外，布鲁斯还大量收集野生茶树的茶籽播种在萨地亚的茶园中，进行育苗繁殖试验。在不遮盖下进行的播种试验发现，茶籽虽然已经发芽生长，但由于遭受虫害侵袭，大部分茶苗死亡。后来他又播种了许多茶籽在他住所附近的茶园中，播种后进行遮盖试验，经过一段时间后，他观察到在遮盖下茶籽可以健康地发芽成长。他在野生茶树生长最集中的姆塔克区域进行不遮盖播种试验，发现茶籽同样可以健康发芽生长。通过他的观察和这些一系列的试验，布鲁斯证实了自己的观点，茶树喜欢遮阴的环境、低洼潮湿的地形，修剪有助于茶树的旺盛生长等。

布鲁斯也在中国制茶工的指导下，迫不及待地开展茶叶加工试验。1836 年底，第一批采用野生阿萨姆茶树品种采摘的鲜叶，由中国制茶工制作成 5 箱红茶运抵加尔各答。1837 年 1 月 12 日，茶叶委员会将收到的这批阿萨姆茶叶样品呈送给当时英属印度总督奥克兰勋爵。总督品尝了阿萨姆土产红茶后，赞不绝口，高度评价阿萨姆红茶的优良品质，宣称这证明了阿萨姆地区是完全可以生产高品质的茶叶的。

1837 年 12 月，布鲁斯又送了 46 箱用野生阿萨姆茶树制作的茶叶给茶叶委员会，茶箱用干草包裹，藤条缠绕扎紧，外包装上用中英文标示"白毫""小种"等级。这批茶叶到达加尔各答后，经过瓦里奇博士的精心挑选和再次干燥，选择其中 12 箱共 456 磅重的阿萨姆茶叶转送往伦敦。茶叶委员会特意写信给东印度公司董事会说明了情况："由于原始包装的缺陷，在阿萨姆运输途中，

土著人采摘野生大茶树茶叶

茶箱完全暴露在潮湿的气候下，相当部分茶叶要么完全变质，要么品质劣变，但我们认为可以恢复到相当的品质水平。我们拒绝所有不合格的茶叶被送回家。我们认为最重要的是，它们到达目的地后，一定会在伦敦接受一流的茶叶审评专家的严格检验。作为第一批运送到欧洲的茶叶样品，它的价值，不应该、也不能够有任何的瑕疵和缺陷……白毫和小种茶，我们的秘书瓦里奇博士根据中国助手的指导，以及根据他自己对茶叶外形和风味的判断，将这两种茶叶各分为三个等级，他收到阿萨姆茶叶后分别重新烘干和包装。提及的烘干过程是指采用炭火覆盖炭灰逐渐干燥的工艺，这个预防措施，我们的秘书认为绝对有必要，可以防止海上航行运输中茶叶霉变和品质破坏。"这批 12 箱阿萨姆茶叶试验场生产的茶叶被稳妥地码放在前往英国伦敦的商船舱里，商船绕经好望角，在惊涛骇浪中航行四个多月，于 1838 年 11 月抵达伦敦，并在 1839 年 1 月 10 日一举拍卖成功。

布鲁斯在 1838 年出版的小册子《在上阿萨姆萨地亚试制红茶的报告：中国人到达这里的目的》中，详细地描述了中国制茶工采摘、制作红茶过程以及阿萨姆茶的初步种植试验结果。在书中，布鲁斯描述了中国制茶工的制作红茶的技术和过程如下：鲜叶采摘，食指和拇指将第 4 叶以上叶掐断，如果枝条上叶片幼嫩，可以采更多的叶。采摘的鲜叶集中摊放在圆形竹匾上，在太阳下晒约 2 小时，时间取决于阳光的强度。当鲜叶出现轻微的萎凋状时，将鲜叶移入室内摊凉一个半小时。然后将鲜叶倒入较小的竹匾中，中国制茶工用双手捧起鲜叶轻轻地摩擦和碰撞，持续 5—10 分钟，结束后将鲜叶放置于竹架上静置一个半小时。这个碰撞与静置的作业重复 3 次，直到叶片呈现明显的柔软状态即可。这个工序是

阿萨姆茶叶试验场的高脚屋

为了促使叶片变红和使得叶片散发出浓厚的香味。然后将 2 磅左右的鲜叶投入铁锅中炒制，制茶工双手不断地将鲜叶翻炒，炒制至双手不能承受叶片的温度，即可出叶，残留在锅中的叶片用竹扫帚扫出。铁锅使用 3 次后，需要用清水将锅清洗干净。炒制出的叶片被分成 3 堆，几个制茶工用手前后来回在台桌上将温热的茶叶搓揉大约 5 分钟，直至叶片的茶汁被挤出，制茶工此时用手将球团状的茶叶解散。解散的茶叶被再次投入铁锅中炒制，操作与第一次相同。炒制后的茶叶被摊放在一个有筛孔的烘笼中进一步地干燥。干燥用无烟木炭火烘焙，茶叶薄摊厚度为 3—4 英寸，要求先把细碎的茶颗粒筛除，以免掉入火中产生烟味。初次干燥至叶片达到半干程度即可，最后将茶叶重新放置在室内的支架上静置到第二天。

第二天，首先将茶叶筛分。中国制茶工告诉布鲁斯，根据茶叶的外形大小，一般筛分成 4 个等级，最小颗粒茶叶被称为"白毫",其次是"包种",然后是"小种",最大颗粒茶叶被称为"大种"。筛分后的4个等级茶叶被分别再次用木炭火烘焙,在烘焙过程中需要将茶焙笼从炉中取下,轻轻敲拍,将碎茶抖落去除。连续几次后,当茶叶用手捏即成粉末状时,表明茶叶已经完全干燥,茶叶制作完成。最后将制作好的茶叶装入茶箱中,用手或脚压实。布鲁斯详细记载说,中国制茶工还建立了一个萎凋房,当没有太阳或下雨季节,可以通过铁锅加热,在室内萎凋鲜叶,从而代替阳光萎凋的方法。

中国制茶工的制作技术令布鲁斯大开眼界。依据以上布鲁斯对中国制茶工制作红茶的详细记载和描述,中国制茶工采用的红茶制作工艺流程可以概括为:鲜叶采摘、晒青、室内摊青、摇青(做青)、炒青(杀青)、揉捻、初次烘焙、筛分、烘焙、装箱。按照现代专业的制茶工艺的角度来说,这被布鲁斯认为是"红茶"的制作方法实际上应该是典型的中国乌龙茶制作工艺。中国红茶发明于清朝顺治、乾隆年间(1610—1643年)的福建武夷山地区,当时中国小种红茶手工制作工艺流程为:鲜叶采摘、晒青、室内摊青、揉捻、发酵、锅炒青(杀青)、复揉捻、筛分、烘焙、拣剔、分级、装箱。由此可见,中国乌龙茶的技术就这样歪打正着地被引进到帝国的茶产业中,并被正式确定为"红茶"的加工工艺,一直沿用至19世纪70年代。

布鲁斯记载中国制茶工使用的工具也是典型的中国制茶工具,如竹编圆匾、焙笼、支架、筛子、竹扫帚、炒茶的铁锅、揉捻用的三条腿木制台桌以及烘焙用的土制炉灶及木炭等。布鲁斯非常细致地观察了制茶工制茶时的手指及手势动作,甚至制茶工每次转换作业都要用竹匾放在地上,特别是每次烘焙是将细碎的茶末抖落，然后收集起来最后统一干燥处理的过程都记录下来，可谓观察细微。

布鲁斯描述的红茶等级也是完全按照中国制茶工的中文发音标识。从英国东印度公司1834年的一份"特别委员会"调查关于英国进口中国茶叶的税收的文件上，陈列的进口茶叶目录清单清晰地标示，当时英国东印度公司进口的中国红茶主要产品有：花白毫（Flowery Pekoe）、橙白毫（Orange Pekoe）、工夫茶（Congou）、拣焙（Compoi）、武夷茶（Bohea）、黑叶白毫茶（Black leaf Pekoe）、白毫茶（Pekoe）、小种红茶（Souchong）、包种（Pouchong）、神父小种（Padre Souchong）、水仙茶（Souchy，产于安溪）、色种茶（Tetsong）、红梅茶（Hung Muey）。这与中国制茶工传授给布鲁斯的制茶技术生产出的产品名称是一致的，说明当时这些产于福建武夷山和安溪的乌龙茶产品均被英国人定义为"红茶"。

非常有意思的是，布鲁斯还不失时机地从中国制茶工口中套取中国茶树栽培和制作技术，他在书中记载了一段与"中国红茶制茶工"的对话。关于茶树种植问题，布鲁斯一口气刺探了20多个问题。他问道："中国茶树主要种植在山上还是山谷？茶树在下雪时生长吗？茶树的寿命有多长？你们是如何播种茶籽的？你们是在哪个月份播种茶籽和茶籽多长时间发芽生长？茶树种植后多长时间可以采茶？3年后茶树可以长多高？如果不采摘，茶树是否一直生长？茶树之间的种植距离是多少？你们是否挖地沟以免茶树被雨水冲走？你们在树荫下播种茶籽或种植茶树吗？种植其他树用来遮阴茶树吗？冬天茶树的叶子会全部掉光吗？中国茶区的土壤与阿萨姆的土壤一样的吗？（回答：一样）。你们的茶园一年除草多少次？（回答：2次，下雨季节和冬季。）"

关于茶叶加工、包装和茶叶保存问题，布鲁斯提了10多个问题，他问道：你们通常在什么月份采茶？（回答：如果气温合适的话，第一轮茶5月份采摘；第二轮在47天后；第三轮在第二轮的47天或42天后。）每个季节每株茶树可以产多少干茶？布鲁斯还特别关注制茶工在中国本土和在阿萨姆加工中国品种茶和阿萨姆品种茶时的区别，他问道："你在中国的制作方法与现在阿萨姆的制作方法是否一样？"（回答：是一样的。）你们知道如何制作绿茶吗？（回答：不知道。）当你们在揉捻中国品种的茶叶时，是否觉得比阿萨姆品种茶更多或更少的茶汁？（回答：更多。）你们在揉捻树荫下生长的鲜叶和阳光下生长的鲜叶时，哪一个鲜叶茶汁更多？（回答：树荫下的。）你们在制作中是否添加任何其他东西以增强茶的风味？（回答：从不添加。）你在中国制作的茶叶，多长时间后最适合饮用？（回答：约1年，如果在此之前饮用，滋味不愉快，有火味，将影响头脑。）茶叶能保存多长时间？（如果密封保存，可以储存3—4年。）"

从这段记录的对话中，可以看出布鲁斯费尽心机，他非常渴望了解中国茶叶种植和加工技术的具体细节，提出的问题都是核心的技术问题。而从中国制茶工毫无戒备地回答的每一个问题来看，也证实这些中国制茶工拥有较丰富的茶树栽培和乌龙茶加工的经验。中国制茶工还告诉布鲁斯，他们来自于一个"Kong—See"的多山的地区，从广州乘水路回他们的家乡需要40多天时间，而从著名的茶区武夷山仅需要2天时间。从布鲁斯小册子提供的这些信息以及中国制茶工"Kong—See"的发音，很可能这批最早到达阿萨姆地区、且不懂制作绿茶的中国制茶工应该是来自福建崇安县武夷山地区与江西省交界的江西省"广信府"（今上饶地区）地区，但江西省的制茶工为什么懂得制作乌龙茶呢？

1838年11月10日，当布鲁斯这本小册子被东印度公司的秘书发表于"大不列颠和爱尔兰皇家亚洲学会（The Royal Asiatic Society of Great Britain and Ireland）"的"贸易和农业委员会"会议上时，英国公众才真正了解到大英帝国已经在阿萨姆地区开始开发茶叶种植产业，并且取得了一定的进展。随后12月15日的会议上，英国东印度公司董事会主席将东印度公司在上阿萨姆种植和生产的阿萨姆茶叶样品带到了会议上供大家品尝，引起了与会英国知名科学家和殖民政府官员的浓厚兴趣和极大信心，他们觉得终于能够在英国殖民地领土上建立"帝国茶园"，可以种植和生产英国的茶叶，大英帝国摆脱中国垄断茶叶供应的日子似乎指日可待。

1838年，布鲁斯又将阿萨姆茶叶试验场生产的第二批95箱阿萨姆茶送往加尔各答。从1836年至1838年，布鲁斯雇当地善于砍伐的阿萨姆人进入茂密丛林之中，清理纵横交错的灌木丛林和杂草，放火燃烧蕨类和攀缘植物形成的密不透风的屏障，在姆塔克地区不断地开垦、拓展新的茶园，姆塔克地区森林天空不时升起一股股浓烟。砍伐下来较大的木材，常常被保留下来作为建筑材料，建造房子和工厂，如印度楝、柚木和其他的木材，硬木常常被留下烧制木炭。阿萨姆人将巨大的树干用大象或人力拖回，储存在仓库里准备制备木炭，作为茶叶加工的燃料。无数的杂木或软木被废弃在旁边，任由蚂蚁侵蚀和自然腐烂，一块块原始丛林变成了一片片露出树根、树桩和凌乱树枝的荒地。在中国制茶工的帮助下，布鲁斯又指挥阿萨姆人清理土地，播种上新采收的茶籽。两年过去了，中国茶苗和阿萨姆茶树在茶叶试验场茶园苗壮成长，很快开花结果，产出了许多新的茶籽。

1839 年 6 月 10 日，布鲁斯兴高采烈地向茶叶委员会递交了《阿萨姆地区茶园拓展、生产和茶叶制作的报告（1839）》，汇报了茶叶试验场的进展。在茶园拓展方面，除了萨地亚茶叶试验场外，已经新开垦建立了廷格拉 1 号和 2 号、卡汉、茶布瓦和定宅 5 个新茶园，面积分别为 4.96、2.24、20.83、6.61、7.88 英亩，茶园总面积约 17.20 英亩，种植茶树总数达到 15.994 万株。1838 年生产茶叶 2110 西尔（Seers，每西尔等于 0.933 公斤），其中遮阴下的茶园生产了 390 西尔；种植中国茶树品种的茶布瓦茶园约 6.61 英亩，种植中国茶树达到 8200 株，1838 年中国品种茶叶产量达到 410 西尔。预计 1839 年萨地亚茶叶试验场茶叶总产量将达到 2637 西尔。布鲁斯还特别指出，所有拓展的新茶园都是在 1838 年下半年进行的，其中，茶布瓦茶园全部种植纯中国茶树

Names of Tea tracts fully worked in 1838.	Length and breadth of Tea tracts.	Number of plants in each Tea tract.	Average produce of single Tea plants.	Produce in 1838.	Remarks.
No. 1 Tringri,	267 by 90	5,000	¼ Sa. Weight,	260 Seers	
No. 2 Tringri,	155 by 70	2,340	3-12 Sa. Wt.,	160 ,,	
No. 1 Kahung,	480 by 210	1,36,000	¼ Sa. Weight,	680 ,,	
No 1 Chubwa,	200 by 160	8,200	¼ Sa. Weight,	410 ,,	The plants are
Deenjoy,......	223 by 171	8,400	2 Sa. Weight,	210 ,,	small in this tract including China plants.
				1,720	
From Shady Tracts,	..	..	..	390	
				2,110	
The probable increase of the above Tracts for 1839.				.. 527	
Probable produce of 1839.				2,637 Seers	5,274 lbs.

布鲁斯的阿萨姆地区茶园拓展生产和茶叶制作的报告（1839）

品种，另外三个茶园既种植中国品种也种植阿萨姆品种。1839年，布鲁斯又进一步在周边地区继续开垦和拓展茶园，相继建立卡汉2号和3号、茶布瓦2号茶园、提普尔、瑙侯利、居姆多、尼格如7个茶园，茶树数量达到8.124万株，预计1840年12个茶园茶叶总产量将达到5680西尔。另外，还计划建立斋浦尔茶园，试验种植中国品种和阿萨姆品种。

布鲁斯在当地部落人的带领下，继续在周边区域考察，在斋浦尔、那加山麓下南桑、查莱德奥、加布罗丘陵、提普姆山以及伯希迪亨河河两岸发现了集中成林的一片片野生茶树林。布鲁斯突发奇想，萨地亚区域发现的野生茶树林很可能是一条从阿萨姆东部延绵至缅甸胡冈、伊洛瓦底江至中国的茶树生长林带，但布鲁斯当时还不敢贸然进入景颇部落的领地探查，因为持续发生景颇部落抵抗英国人的战斗。

布鲁斯也仔细观察和研究茶树的栽培技术，如在浓密森林下和阳光下生长的茶树状况、高地和低地茶树生长状况、高大的野生茶树是否需要修剪培育成低矮的茶树、采摘对茶树生长和产量的影响、雨天采摘的鲜叶对品质的影响等。布鲁斯总结出，阿萨姆地区的第一轮茶叶开始于3月中旬，第二轮开始于5月中旬，第三轮开始于7月中旬，每个茶季的时间还取决于雨季来临的时间。

1836年到达阿萨姆茶叶试验场的中国茶苗，至1839年，虽然部分茶树死亡，但大部分茶树生机勃勃，已经长至大约3英尺高，并且开花结果，当年生产了32磅茶叶。1839年收集了24磅中国茶树茶籽，种植在提普姆茶园和斋浦尔茶园的苗圃园中。1838年，布鲁斯还从距离斋浦尔茶园约10英里的那加山麓的南桑区域收集了5.2万株野生茶苗，大部分茶苗送往加尔各答，然后被转发到南印度地区的马德拉斯。

关于茶叶制作，布鲁斯深深地感到制茶工和劳工的数量远远不足，他安排两名中国红茶制作工各带领6名当地人，在茶叶采收季节奔波于各个茶园制作红茶。由于缺乏采茶工，许多鲜叶来不及采摘就很快老化了。一些茶园采收的鲜叶来不及制作，导致鲜叶红变、腐烂。因此，布鲁斯强烈呼吁："我们必须赶快解决两个根本问题：制茶工和劳工，当新茶季开始时，每个茶园都有制茶工和劳工。"关于什么时候茶产业可以大规模的商业化，布鲁斯的回答是，只有足够多的制茶工和劳工的时候。

1838年2月1日，戈登安排招募的第二批2名绿茶制作工、2名茶箱制作工和1名茶罐制作工也及时到达加尔各答。布鲁斯迫不及待地安排中国绿茶制作工立即进行绿茶的加工，还安排16名当地招募的部落人作为学徒，跟着中国师傅学习绿茶制作。布鲁斯非常仔细地观察了中国绿茶工制作绿茶的过程，他在1839年6月的《阿萨姆地区茶园拓展、生产和茶叶制作的报告（1839）》报告中介绍了"非常有意思的绿茶制作工艺"：采摘嫩度类似"小种红茶"的鲜叶，可以放置过夜，或者立即加工。鲜叶首先在铁锅炒制，大约3磅鲜叶投入到热锅中，工人用竹子做成约1英尺长的耙子，快速地不断上下翻滚鲜叶以防止茶叶烧焦，整个过程约3分钟。然后，将茶叶放置在竹垫上用双手用力连续地揉捻，逐步形成一个小金字塔茶团，持续揉捻约3分钟。在这个过程中，可以观察到茶汁被挤出，但如果鲜叶被放置过夜，则没有茶汁挤出。中国制茶工告诉布鲁斯，这两种情况都无所谓。揉捻后的茶叶团放置在竹篮或在竹垫上，将茶叶团块解散，在阳光下晒2—3分钟，当茶叶略微呈现干燥时，一般需要5—10分钟，再次将茶叶揉捻3

分钟，然后再次在太阳下晒，这样的揉捻—晒干程序一共进行连续重复3次即可。而后，将茶叶再次投入热锅中，轻轻地将茶叶翻滚，直到茶叶加热至烫手后，快速地将茶叶扫出竹篮中，趁热装入一个早已准备好的大布茶袋中。茶袋大约4英尺长，4跨度周长，每袋装14—20磅茶叶。用手或脚紧紧地将茶叶压实，越紧实越好，一般工人左手将袋口扎紧，右手不断地翻转、拍打袋子，直至茶叶被压缩成紧密的小茶包。工人将袋口扎紧，再用棉布包裹整个茶包，用双脚将茶包不断地翻滚踩踏，直至茶包像石头一样结实，最后将茶包放置过夜。第二天，将茶包茶叶倒在竹垫上，解散茶块，像红茶烘干工艺一样将解散的茶叶烘干。烘干后茶叶被装入茶箱中或双层竹篮中，绿茶的毛茶即宣告完成。

　　布鲁斯观察了绿茶初制工艺后自信地说："这个工艺非常简单，当地人在1—2个月内很容易地掌握。"根据布鲁斯的记载，以上的绿茶初制工艺可以被概括为：鲜叶、炒青、揉捻、晒青、炒青、热包揉、静置过夜、烘干。按照这样的制茶工艺流程，与中国传统的"广东大叶青"茶的制作方法非常相似，或许戈登招募的绿茶制作工很可能是从广东招募的。"广东大叶青"起源于明代隆庆年间，主产于广东珠江三角洲及肇庆、湛江等地。"广东大叶青"茶工艺最大的特征是"热包揉、静置过夜"，现代工艺称为"沤堆"。

　　布鲁斯也非常仔细地观察和描述了中国茶箱制作工制作茶箱的过程。茶箱制作工艺非常复杂繁琐，茶箱采用木质外箱，内衬锡铅箔纸，而锡铅箔纸必须手工制作。布鲁斯也对中国茶箱制作工手工制作锡铅箔纸（Lead Canister Linings）的高超手艺赞不绝口，他称茶箱制作工为"铅罐制作工"（Lead Canister Maker），"他是我们茶场非常重要的人，没有他，我们不可能包装茶叶"。布鲁斯还认真请教中国人茶叶的运输和保存方法，了解到茶叶包装的重要性。

布鲁斯甚至还认为，"经过一年中国制茶工的指导，初制的绿茶可以直接运往英国，利用英国独特的设备再进一步筛分、挑选。事实上，绿茶价格可以降低将近一半，从而使穷人也能喝上没有石灰、靛蓝和硫酸盐的纯粹绿茶。这是一个值得进行的尝试。当然，第一步可以在加尔各答加工（精制），或者最好是让中国绿茶制作工随着绿茶直接去英格兰，并立即在那里加工（精制）。"1839年，英国东印度公司发动鸦片战争的前一年，在东印度公司的阴险运作下，中国茶树的栽培技术和红茶、绿茶的制作技术和基本原理就这样轻而易举地被英国人掌握。

二、第一批阿萨姆茶叶送往伦敦

1838年5月6日，正是印度洋季风来临之前炎热的一天，加尔各答东印度公司的官员和茶叶委员会成员同样热血沸腾。他们从1837年布鲁斯送来的第二批46箱用土生阿萨姆茶树制作的红茶中，挑选了12箱装载在一艘从加尔各答至伦敦的"加尔各答号"货船中缓缓地驶向伦敦。11月份这批阿萨姆红茶抵达伦敦后，东印度公司董事会即将其中4箱作为样品送给了"英国殖民地和贸易委员会"成员、伦敦茶叶专家、茶叶商人和茶叶经纪人品尝，受到了政府高官们和茶叶专家们的好评。茶叶经纪公司包括当时伦敦大名鼎鼎的威廉·詹姆斯·汤普森、理查德·川宁、理查德·吉布斯、桑德森、弗里斯·福克斯、莫法特和里弗斯等。

英国东印度公司董事会即决定将这批茶叶进行公开拍卖。消息一经传出，立刻引起媒体、行业商人和公众的极大兴趣。实际上，这批阿萨姆红茶到达伦敦后就立刻引起了英国众多媒体和大众的广泛关注，阿萨姆生产的茶叶和中国茶叶的标题引起了广泛的议论，一些媒体提及了当时发现和鉴定阿萨姆野生茶树曲折的过程和鉴定结果；一些媒体则关注帝国殖民地生产的阿萨姆红茶品质情况。1838 年 11 月 19 日英格兰的《伦敦信使和晚报》、1838 年 12 月 1 日英格兰的《纽卡斯尔日报》和 1838 年 12 月 1 日约克郡的《利兹时报》都报道说："中国茶树的花朵具有芬芳的香气，与最近发现的阿萨姆茶树的花朵有些差异，阿萨姆茶树生产的红茶和中国茶树生产的绿茶品种可能是不同品种……"1838 年 12 月 5 日英国伦敦的《早晨纪事报》和 1838 年 12 月 15 日英格兰的《沃里克和沃里克郡广告商》都报道称："上阿萨姆地区的茶树品种经过瓦里奇博士和另外两位医学军官的考察鉴定，阿萨姆茶树非常适应在英属印度领土生长，商业化种植茶树被认为是可行的。"媒体也非常关心阿萨姆红茶的风味是否符合英国人早已习惯的中国茶风味。1838 年 12 月 28 日英国伦敦的《晚间纪事报》报道说："东印度公司从印度阿萨姆进口的茶叶已经提交检验，并将随后进行拍卖，但读者可能更感兴趣的是阿萨姆茶叶品质详细情况……"

1839 年 1 月 10 日周四，伦敦明辛街的伦敦商业大楼茶叶拍卖大厅举行了首次阿萨姆红茶的拍卖，供拍卖的茶叶一共 8 箱 350 磅，其中 5 箱标示为"阿萨姆白毫"，3 箱标示是"阿萨姆小种红茶"。茶叶拍卖大厅早已聚集众多茶叶公司、经纪公司、买家、政府官员、报社记者。著名茶叶经纪人汤普森作为拍卖师主持了本次拍卖，他宣布这8箱茶叶将全部公开拍卖销售，每箱茶叶将被出售给出价最高的人。第一轮拍卖3箱阿萨姆小种红茶，第一箱阿萨姆小种红茶第一次报价是5先令/磅，第二次竞标是10先令/磅［维多利亚时期货币：1英镑（pounds）＝20先令（shillings），1先令（shillings）＝12便士（pennies）］。经过多轮的激烈竞价，最后皮丁船长以21先令/磅拍得第一箱阿萨姆小种红茶。第二箱小种红茶也被皮丁船长以20先令/磅拍得。第三箱小种红茶又是被皮丁船长以16先令/磅拍得。第二轮拍卖5箱阿萨姆白毫，第一箱阿萨姆白毫拍卖时，每个经纪人都竞相举牌竞争，最终还是皮丁船长以24先令/磅购得。第二、三和第四箱阿萨姆白毫最后还是被皮丁船长分别以每磅25先令、27先令6便士和28先令6便士的价格竞得。最激动人心的是最后一箱阿萨姆白毫拍卖，经过60多轮次的举牌，最终还是皮丁船长以每磅34先令价格拍得。皮丁船长最终囊括了所有拍卖的阿萨姆红茶，成为第一次进口阿萨姆红茶的唯一拥有者。事后他将这些阿萨姆茶叶分成小包装，与自己公司的品牌一起进行广告宣传，吹嘘为"浩官的拼配——拼配了40种珍稀红茶"（Howqua's Mixture—a blend of 40 Rare Black Tea）。并将阿萨姆红茶以每份样品2先令6便士销售。"浩官"是清朝广州十三行之中经营出口茶叶份额中最大的商行"怡和行"的英文名，"怡和行"创始人伍国莹的祖上从福建移居广东南海，世代经商，1784年（乾隆四十九年）伍国莹受粤海关监督委任，设立"怡和行"。据说他的儿子乳名亚浩，伍国莹逐取其儿乳名为商号，外人称之为"浩官"。1834年，"怡和行"由伍秉鉴掌陀期间，他的家族被认为是当时世界上最富有的人之一。

阿萨姆红茶的第一次公开拍卖后，再次引起了英国社会极大的轰动，英格兰、苏格兰和威尔士等地的大报小报媒体随后纷纷以显著的标题或版面报道了此次拍卖。1839 年 1 月 12 日《海军及军事公报和每周纪事报》、1839 年 1 月 19 日英格兰斯塔福德郡的《斯塔福德郡广告商》、1839 年 1 月 16 日苏格兰的《苏格兰人》、1839 年 1 月 19 日英国兰开夏郡的《普雷斯顿纪事报》、1839 年 1 月 30 日英格兰兰开夏郡的《布莱克本标准报》、1839 年 1 月 19 日威尔士蒙茅斯格温特郡的《蒙茅斯郡灯塔报》、1839 年 1 月 17 日英格兰德文郡的《北德文日报》、1839 年 1 月 25 日苏格兰《约翰 O'格罗特杂志》、1839 年 2 月 1 日英格兰西米德兰兹郡《考文垂标准报》和 1839 年 1 月 19 日《萨福克郡纪事报》等报纸都隆重地报道了阿萨姆茶第一次拍卖的盛况，用了"好奇的""激动的""令人兴奋的""非常满意的""值得庆祝的""光明的未来"等词语形容此次拍卖。媒体还通过这次的阿萨姆茶拍卖，乐观地预测未来印度茶将肯定取代中国茶。

　　与此同时，茶叶委员会两周前及时地向英国下议院提交了有关印度茶叶种植进展的报告。1839 年 2 月 15 日，英国下议院收到了东印度公司伦敦总部管理委员会委员（Commissioner of the Board of Control）罗伯特·戈登签署的报告。英国皇家医师——植物协会西格蒙德教授在 1839 年出版的《茶：她的作用、医学和道德》一书中高度评价道："在种类繁多的植物产品中，慷慨的大自然赐予人类利用的竟然是最简单的灌木，它的叶子为人类提供日常营养或令人愉快的慰藉饮料，但很少有人意识到它真正的重要性，它实质上几乎严重地影响着人们的道德、身体和社交状况。无论是个体还是国家，我们深深地感激茶树。"

伦敦茶叶拍卖大厅首次阿萨姆红茶的拍卖成功，使得阿萨姆茶叶名声大振，虽然事后英国茶叶行家承认，第一批原产阿萨姆红茶的品质与中国红茶比较，质量并不好。第一批红茶制作的原料大部分采摘自野生的茶树，叶片较为粗壮成熟。东印度公司在这批茶叶拍卖之前，曾邀请一些有名望的茶叶公司和茶叶经纪人一起审评来自阿萨姆的红茶，资深经纪人理查德·吉布斯认为，阿萨姆红茶的品质可以与中国红茶媲美，这批红茶的外形类似于中国红茶的白毫等级和花白毫等级的混合茶，可惜外形粗糙混杂，色泽不如中国红茶那么深褐色；汤色呈现深红色，涩味感较重，香气不如中国红茶那么芳香，有点过火味道。川宁认为，这批茶叶品质较差，火味严重，必须改进栽培和加工技术；对是否能够达到中国红茶的品质他抱着怀疑的态度。亨特也认为茶叶的火味太重，导致滋味粗糙和苦涩，他认为也许今后是可以改进的。金顿和威尔科特斯也认为，与中国红茶比较，阿萨姆红茶过于苦涩和强烈。汤普森比较悲观，他认为阿萨姆茶的滋味太强烈，达不到高级茶的品质要求，只能作为普通茶。尽管第一批阿萨姆红茶的品质不如意，但因为这是第一批产自英国殖民地领土上的阿萨姆茶，专家们大多给予了好评和极大的鼓励，普通民众则是充满好奇心，而皮丁船长竟以如此高的价格拍得这些茶，被认为纯粹是为了广告宣传的噱头。

1839年7月，东印度公司茶叶委员会又将阿萨姆茶叶试验场生产的第二批95箱阿萨姆茶由"坎尼号"帆船送往伦敦，1840年1月茶叶到达伦敦。而8月26日英国伦敦的《运输和商品公报》就马上进行报道："（第二批）95箱阿萨姆茶的单据已经收到，这些茶叶已经上船，预期可能很快到达英国"。当第二批阿

1838 年 4 月 2 日伦敦拍卖中国茶叶的目录清单（Catalogue）

萨姆红茶送到达伦敦后，东印度公司董事会主席为了慎重起见，特别送了两个阿萨姆茶叶样品给英国"艺术、生产和贸易促进皇家协会"（Royal Society for the Encouragement of Arts, Manufactures and Commerce）。1840 年 3 月 9 日，该协会隆重地邀请英国"殖民地和贸易委员会"专门召开审评会，再次邀请一些有名望的汤普森、约瑟夫•特拉弗斯、威廉＆詹姆斯•布兰德和川宁等茶叶公司和茶叶经纪公司的资深品茶师一起评审阿萨姆红茶。提交给委员会的样品是用土生阿萨姆品种生产的：1 号是阿萨姆小种茶，2 号是阿萨姆白毫茶。为了对比评审，资深品茶师理查德•吉布斯挑选了 3 号和 4 号两个样品作为对照评审样品，3 号茶是种植在阿萨姆的中国茶树品种；4号茶是原产于中国的乌龙茶。吉布斯指出，他已经仔细对比评审了1号和2号茶样与前一年阿萨姆生产的"白毫和小种茶"，他发现它们拥有几乎相同的外观和综合的品质，新的样品香气更好，如果外形揉捻更紧结且有轻微的改善则更好。除此之外，品质没有本质的变化。阿萨姆本地品种与种植在阿萨姆的中国茶树品种3号茶样相比，他发现3号茶与从中国进口的高品质"乌龙茶"和"神父小种茶"一样（注：当时东印度公司将最高级别的中国小种茶又分为两类：一类是产自安溪的"刺山柑小种茶"（Caper Souchong），它采用单片叶制成，因叶片被揉捻后外形像刺山柑花蕾而得名，英国人称为"Caper Souchong"；另一类产自武夷山的"神父小种茶"，这种茶产自武夷山，因武夷山寺庙的和尚专门制作，被英国人称为"Padre Souchong"，也称为"岩小种"（Yen Souchong）或"包种"（Pow-Chong））拥有更丰富的味道、浓度和香气；而阿萨姆品种则并不具备这样的味道和香味。吉布斯认为1号和2号茶的味道几乎与前一年一样，存在着"火功"过高的问题，他认为3号茶样品质等同于最好的中国小种茶。

川宁认为，1号小种茶很像去年的茶样，仍然存在烧焦的味道；2号茶样具有白毫的味道；3号茶味道品质最好，1号和2号茶如果能改善生产工艺的话，将会有更好的品质。亨特认为，1号拥有很好的浓度，较前一年的样品有了很大的进步；2号拥有强烈的白毫红茶香味，也大大改进了品质，可能会成为一个大众喜欢的红茶；3号茶是一个很好的高品质茶；4号茶具有更明显的芳香滋味。汤普森认为，1号茶在味道和工艺上比去年的样品更好了，当然仍需要在制作上有更多的改进。2号白毫茶比去年的样品有很大的改进，几乎与来自中国白毫茶相似，但茶叶的外观与中国的不同，茶样品是黄色的，而中国的样品是偏浅白色的。茶的质量都较好，能够在如此短的时间内改进超出了预期。在阿萨姆种植的中国品种茶样拥有更富丰富和饱满的味道，类似于高品质的"小种工夫茶"，但是样品呈现的粗壮叶子，导致在市场上达不到白毫的价格。

来自威廉&詹姆斯·布兰德公司的布兰德认为，1号茶与相同的进口中国茶相比有一些粗糙的味道。1号茶和2号茶与以前的阿萨姆茶比较，稍微缺少原产地特殊的风土味道，还需要在醇和、饱满和芳香的特性上提高。布兰德也发现1号茶有一些高火的味道，茶的外形显示叶片比较成熟粗老，当然他也认为制作技术已经有相当大的进步。布兰德特别赞赏3号茶，认为它拥有特殊的"浓郁花香"，很像来自福建安溪茶区的"刺山柑小种茶"，这种茶拥有轻快、浓郁和绝妙的特征味道，其浓度和成熟的芳香味道是任何其他茶类无与伦比的，它完全不同于小种茶，小种茶通常是柔和芳醇的味道。他判断3号茶更像中国传统风味的"刺山柑小种茶"（The old-fashioned Caper tea），并认为："在过去10—15年间，英国已经没有见过这种风味的茶叶了，我们最近很难获得了几箱这种乌龙茶。"

经过经验丰富的资深评审师隆重和仔细的评审，专家们都认为：本土的阿萨姆茶在制作技术和风味上已经有了明显的进步。中国茶树品种在阿萨姆的试验种植成功意味着阿萨姆本土品种茶还需要作很大的改善。他们认为，阿萨姆茶叶试验场不分青红皂白地采摘成熟叶片和不加选择地采摘，可能是目前阿萨姆红茶生产中存在的最大问题。由此，英国"殖民地和贸易委员会"信心满满地认为："印度茶拥有从中国进口的最好的茶叶的饱满、浓强和香味，茶叶试验场能够在如此短的时间改进加工制作，让人喜出望外。毫无疑问，印度拥有生产高质量茶所必要的土壤和气候条件。"

1840年3月17日，这批95箱阿萨姆红茶在伦敦茶叶拍卖行举行了拍卖会，威廉·詹姆斯·汤普森主持了拍卖会。由东印度公司提供了一份完整的拍卖清单显示这批茶叶已经通过了所有的著名伦敦茶经纪人的评估，评估结果与英国"殖民地和贸易委员会"的结果一致，认为这批茶叶的品质比上次的更好，估价为每磅2先令11便士至3先令3便士之间。结果令人振奋，85箱茶叶全部拍卖出，实际最后拍卖价格令人意外地达到每磅8先令至11先令，除了其中的"大种茶"等级外。

这次拍卖自然又引起的英国媒体的广泛关注，媒体对这次拍卖的结果和未来的前景更加乐观。通过伦敦茶叶拍卖行举行的两次阿萨姆红茶拍卖会，使得阿萨姆红茶名声大噪，逐渐被英国人所认识，阿萨姆红茶独特的刺激性和收敛性让英国茶商们印象深刻。不容置疑，英国东印度公司已经对阿萨姆可以种植茶树不再抱有任何怀疑，当然还是有点担心阿萨姆地区采用阿萨姆品种生产的茶叶品质是否适合英国和欧洲消费者的口味。一些英国茶商也对阿萨姆茶能否获得英国人的接受抱着怀疑的态度。

当然茶叶专家们认为，阿萨姆红茶还是一种比较粗制的原料，实际市场价格应该在每磅4先令至5先令比较合理。显然，英国人已经看到了阿萨姆茶未来发展的巨大潜力和光明前景。正如英国川宁有限公司所说，"整体来看，我们认为最近的茶叶样品是非常有希望和值得期待的，阿萨姆是能够生产适合这个市场的商品，虽然目前考虑这种具有强烈浓度和风味的茶叶仅可作为一般用途。如果阿萨姆茶叶能够加强改进、提高栽培和制作的技术，似乎没有理由怀疑阿萨姆制造的茶将最终可能到达与中国提供的茶同样的品质风味。"

　　1838 年，东印度公司招聘的 2 名中国绿茶制茶工已经到达加尔各答。罗伊尔博士在 1839 年的一篇文章中也提及此事，说明当时英国东印度公司也希望开发阿萨姆绿茶，同时迫切希望验证红茶和绿茶是否由同样的茶树品种生产的。1840 年 5 月 6 日，英属印度总督派驻阿萨姆地区行政长官和代理人詹金斯上尉在阿萨姆古瓦哈蒂给威廉·班提克总督写了一封信，信中说，"第一批由我们的中国制茶工制造的茶叶已经发往英国，我相信阁下将收到这批茶叶的样品，因为我已经私下送了 2 箱茶叶给瓦里奇博士，请求他送一部分给您，他告诉我帕特尔博士会转交给您。尊敬的阁下可能对阿萨姆茶树到底是红茶或是绿茶有些疑问。（中国）制茶工没有能力解决这个问题，他们只会制作红茶，这两种茶制作的工艺是非常不同的。这次送到英国的茶叶是红茶，当然我无法做出判断；正如瓦里奇博士告诉我的，我希望这茶叶不会太差。"詹金斯上尉还报告总督，他一直认为阿萨姆茶树应该是绿茶品种，茶叶的香气非常浓郁芳香。"在上周，我刚获得布鲁斯先生根据绿茶工艺制作的绿茶样品，每一位喝过绿茶的先生都认为这是非常好的绿茶，从加尔各答来的人称这个绿茶为'杰出的新鲜绿茶'。因此，我非常自信地说，待现在正赶在路途中的中国绿茶制茶工到来后，我们将能够生产出与已经送往英国的红茶一样高品质的绿茶。我希望，这样可以确定用同样的茶树，采用不同的制作工艺，是否可以加工成红茶或者绿茶。"詹金斯上尉的这封信说明当时英国人对中国的红茶或者绿茶是否同一茶树品种制作的问题，还有很大的争论。而且对阿萨姆茶树制作的茶叶品质是否能够达到中国红茶的品质抱有怀疑的态度，不过，詹金斯上尉和布鲁斯似乎都充满着信心。

三、布鲁斯兄弟和景颇部落比萨首领

苏格兰人布鲁斯俩兄弟在阿萨姆上游地区发现大片野生茶树，这个重大发现改变了东印度公司茶产业发展战略和整个印度殖民地茶产业历史进程。罗伯特·布鲁斯何许人也？他早期的军队职业生涯以及后来在印度的资料所知甚少的，似乎讳莫如深。大英博物馆印度事务部家族史部提供的记录显示：1789 年 5 月 19 日罗伯特·布鲁斯出生于苏格兰爱丁堡，1807 年成为士官生。父亲丹尼尔·布鲁斯，母亲安·罗伯逊，1788 年 3 月 6 日在苏格兰爱丁堡结婚，陆续生下布鲁斯六兄弟。罗伯特·布鲁斯和他的弟弟查尔斯·亚历山大·布鲁斯从小喜欢冒险的生活，年轻时候分别离开苏格兰外出闯荡，罗伯特参加英国陆军，查尔斯参加了英国海军。从此天各一方，各自为自己的前途奋斗。仿佛冥冥之中命运的安排，1823 年两兄弟在遥远和偏僻的阿萨姆上游地区巧合相聚，正所谓时势造英雄，原本籍籍无名的布鲁斯兄弟，因发现了阿萨姆野生茶树而载入帝国茶业的史册。

在 1833 年之前，没有英国人或者其他欧洲人被允许进入阿萨姆地区，除非获得东印度公司的批准。但实际上，1755 年，法国东印度公司的代理人、浸信会教友舍瓦利耶就冒险来到戈瓦尔巴拉镇从事盐的贸易。在巴特那的英国工厂前主管保罗·理查德·皮尔斯也冒险来到了焦吉科巴镇，在焦吉科巴镇开了一家公司，与阿萨姆人从事阿萨姆地区的冷杉和其他种类的木材贸易，以及从布拉马普特拉河沙子中采集的黄金贸易。19世纪20年代美国传教士已经进入阿萨姆地区传教。随后，英国人约翰·罗宾逊和休·贝利也先后来到焦吉科巴镇从事贸易。阿萨姆地区南部的戈瓦尔巴拉镇、布拉马普特拉河北岸的焦吉科巴镇和兰伽马提镇是当时欧洲人和英国人与阿萨姆地区进行贸易的主要据点。

罗伯特·布鲁斯被认为是最早进入阿萨姆地区的英国人之一，也许他是获得了东印度公司的同意或者授权才能够进入阿萨姆地区。罗伯特·布鲁斯曾经加入东印度公司的孟加拉炮兵部队任少校，有记录显示他曾在玛哈拉塔（Mahratta）军队服役时领取过政府津贴。这个背景或许可以解释他为什么会出现在遥远偏僻的阿萨姆，为什么他后来利用他的军事经验，卷入了阿洪王国统治者之间的冲突和战争。

1817—1820年，阿洪王国一次又一次地遭受缅甸入侵和残酷的摧毁。阿洪国内部高层之间的权力斗争导致两败俱伤，阿萨姆地区动荡不安，想必罗伯特一定具有勇于冒险的精神，他似乎希望在阿萨姆地区动乱的过程中发战争财。罗伯特有很长一段时间居住在布拉马普特拉河北岸戈瓦尔巴拉的焦吉科巴镇，这个镇距离古瓦哈提约134公里。当时焦吉科巴镇是一个相当重要的贸易中心，罗伯特在那里建立了贸易工厂，据说这家工厂是一个鸦片加工厂。他作为一个英国商人来到这个遥远陌生的地区，利用自己是英国人的优势，混迹在各派别或各部落之中。

经常穿梭在阿萨姆的萨地亚、缅甸和孟加拉的交界区域，从事鸦片贸易，同时携带大量的其他商品到萨地亚地区推销。鸦片可能是当时景颇部落和其他土著部落男人最喜好的特殊商品，或许是因为罗伯特的鸦片买卖，使得他能得到景颇部落首领的友好接待，在首领的茅草屋内举杯相庆，酩酊大醉之时了解到阿萨姆野生茶树的秘密。

罗伯特除了贩卖鸦片和其他商品外，他还深深地卷入末代阿洪王国几个派系之间争权夺利的战争中。他从事军火生意，甚至充当雇佣军。毫无疑问，罗伯特支持任何派系，目的只在于自己的利益，贩卖军火给他们，从而获取财富。最早罗伯特曾与库奇比哈尔贵族博拉纳斯阴谋合作，极力支持博拉纳斯竞争阿洪国王的宝座。1814年，博拉纳斯被英国人拘留，当博拉纳斯被押送出现在英属印度总督的政治代表戴维·斯科特面前时，罗伯特作为他的同伙之一也被逮捕，罗伯特承认他曾用金钱支持博拉纳斯，并认为这是商人的习惯，但后来罗伯特被保释。

1823年，当英缅战争爆发前，罗伯特·布鲁斯几次冒险来到了阿萨姆地区。罗伯特首先支持第38任国王普朗达·辛哈，在东印度公司的许可下从加尔各答运载枪械和弹药给国王，并担任国王军队的总指挥。1821年5月，罗伯特率领军队进攻杜阿尔斯地区的昌德拉坎塔·辛哈国王，但被击败，罗伯特也被俘虏，后来罗伯特答应帮助昌德拉坎塔·辛哈国王而被释放，他又从加尔各答获得300支滑膛枪和9莫恩德（Maund，一种容积或重量单位。1莫恩德约合82.28磅，大约37.32公斤。）弹药支持昌德拉坎塔·辛哈国王。

1822年，昌德拉坎塔·辛哈国王在罗伯特的援助下，小规模地几次打败缅甸人，一段时间重新占领古瓦哈蒂。1823年罗伯特再次冒险来到了阿萨姆的古尔加翁、朗普尔、锡布萨格尔以及阿萨姆东北部与中国、缅甸交界之地——萨地亚——从事鸦片贸易生意。他是第一个穿越了阿萨姆地区边境的英国商人，当时该地区还在缅甸人控制之中，罗伯特访问当时的阿洪王国的首府朗普尔期间，认识了当地土著景颇族部落首领比萨甘姆，得知大批野生茶树的存在。他发现景颇族人经常饮用一种类似"茶"植物的叶子，而且他发现在萨地亚及周边山上生长大量的类似茶树的植物。具有精明商业头脑罗伯特明白，如果这些植物是真正的茶树，并将之开发，那将是可能改变历史和获得无尽财富的产业。于是他与首领商量并达成协议，交换给他一些这种"茶"植物的种子。1824年罗伯特却莫名其妙地突然去世，留下了一丝悬念。据说罗伯特去世后被葬在布拉马普特拉河北岸的焦吉科巴镇。许多年后，有人寻找他的墓地或工厂，但浩荡的布拉马普特拉河水已将所有的遗迹冲刷得荡然无存。然而在去世之前，罗伯特把景颇部落使用茶叶的信息传达给他的弟弟查尔斯·亚历山大·布鲁斯。

出生于1793年1月10日的查尔斯·亚历山大·布鲁斯也是一个经历丰富的人物。他的冒险生涯开始于16岁，他在1836年12月20日写给阿萨姆地区行政长官弗朗西斯·詹金斯上尉的信中披露了他早期的生涯。"我1809年离开英格兰，参加英国海军，在'温德姆'舰的斯图尔特船长手下当海军见习军官，在与法国的两次艰难的战争中两次被俘，被关押在法国伊勒岛用一艘船做的监狱里，直至英国占领该岛……我受了很多苦难，两次失去了我所有的财产，没有得到任何的赔偿。我随后作为海军运兵舰的军官参加了爪哇战争。"

1823 年，布鲁斯辞去军职到达印度，可能受到了他的哥哥罗伯特的影响，他转而服务于英国东印度公司。1824 年第一次英缅战争爆发，查尔斯跟随阿萨姆地区行政长官戴维·斯科特参加了英缅战争，当时戴维·斯科特被任命为东印度公司海军炮艇舰的指挥官，开拔前往萨地亚参加战斗。查尔斯当时的职位是"戴安娜号"炮艇的指挥官，他指挥的炮艇航行至萨地亚的上游，参加镇压当地部落的战斗，炮艇曾经航行进入过许多接近山脚下的支流。当时景颇部落和那加部落抗议英国东印度公司侵入部落的领土，布鲁斯奉命向村庄投掷几发炮弹，威胁恐吓当地部落。他说："去年，我幸运地参加了抗击景颇部落首领杜发及同伙的战斗，他威胁和蹂躏我们的边境，我很幸运地两次将他们驱逐出去。"而他哥哥也恰巧在该地区进行鸦片贸易等活动，也许这仅仅是巧合，两兄弟能在这遥远的地区见面，查尔斯也可能协助或参与他哥哥的鸦片贸易活动。萨地亚是阿萨姆东北部拥有最多大片野生茶叶生长的地区，毫无疑问，布鲁斯一定对萨地亚地区进行过探险，比较熟悉当地的情况，这为他今后为东印度公司在萨地亚拓展种植茶叶提供了基础。

战争结束后，布鲁斯获得景颇族部落首领给予的茶树种子，布鲁斯非常敏锐地看到阿萨姆未来可能成为"帝国茶园"茶叶出口地的前景。他将茶树种子转交给了当时阿萨姆地区的行政长官戴维·斯科特上尉，斯科特上尉最后又送给在加尔各答植物园园长瓦里奇博士。

1835 年，布鲁斯被东印度公司任命为萨地亚茶叶试验场的助理，协助查尔顿中尉开始在萨地亚试验种植茶树。在此期间，布鲁斯做了广泛的研究，考察发现了许多大片野生茶树林。1836 年

1月，他被正式任命为阿萨姆茶叶试验站主管，月薪400卢比。关于他的委任，当时"茶叶委员会"内部对他的任命还颇有争议，支持任命的一个成员声称布鲁斯"非常胜任该职责"；另一个反对的委员则认为"布鲁斯来自于航海的生活，在阿萨姆时期一直忙于贸易和指挥炮船"。茶叶委员会委员、植物学家瓦里奇博士虽然曾对罗伯特1824年发现野生茶树做出过错误的鉴定，但现在极力支持布鲁斯作为试验场的主管，他说："至关重要的是，应该提名一个值得信赖和合格的人，负责茶树和实施上述职责，以及后续的行动；他的职责应该是经常巡视茶树，并报告它们的生长进展情况。相信不可能找到比布鲁斯先生在经验、热情和身体方面更合格的人，我强烈地向茶叶委员会推荐这位绅士负责阿萨姆茶树的管理，我完全有理由相信在这件事上你们完全同意我的意见……在我们所有人之中，他优秀的性格和强壮的身体，使他能够抵抗一年四季最恶劣的丛林环境，而这些丛林环境对任何走进森林的人来说都是致命，所有这些因素结合在一起，使他非常胜任这个职务。"格里菲思博士没有完全同意瓦里奇博士对布鲁斯的高度评价，他认为："从我已经提出的改善阿萨姆植物的重要性的言论中，很明确这个人将来是整个计划的总负责人，某些资格要求是必要的。作为一个植物方面的负责人，至少需要一定的实践知识，如果结合一些理论知识，成功的机会将增加。现在，公正地问一声，上述对茶叶主管的资格要求，当前布鲁斯先生满足吗？"相反，他极力推荐詹金斯上尉担任试验场的主管。

尽管茶叶委员会内部存在争议，最终茶叶委员会还是决定任命布鲁斯担任阿萨姆茶叶试验站主管。意志坚定的布鲁斯没有受到任何怀疑和批评的影响，他随即辞去炮艇舰队的军职，也停止了他自己的一些其他生意。长期在异国他乡征战的经历，使他拥有在恶劣环境下极强的生存技能，强壮的身体帮助他抵抗了丛林瘴气蔓延的侵袭。在资源有限的条件下，尽管面对阿萨姆地区动荡政治形势和部落军事冲突，但他矢志不移地相信帝国的茶产业一定会成功。于是，他招募大批的当地人，安营扎寨，开始建立茶叶试验场。在当地部落的帮助下，他结交了许多新朋友，骗取了山地部落的信任。他克服潮湿炎热的气候、深入遮天蔽日的森林、穿越荆棘丛生的丛林、战胜肆孽的瘟疫等许多困难，不断发现大面积的野生茶树。他雇当地部落人采摘野生茶叶加工成茶叶。收购野生小茶树，并将其移植到茶场的茶园中种植，加快了茶园发展。

东印度公司茶叶委员会最初要求他在萨地亚的茶叶试验场试种和繁殖中国茶树品种，但布鲁斯却有自己主张和试验计划。他建立茶叶试验场后，除了按照东印度公司的要求繁殖中国茶树品种外，也繁殖和种植阿萨姆土生的茶树。刚开始几年里，试验工作进展非常不顺利。1836 年，当东印度公司派出科学考察团到达萨地亚茶叶试验场时，考察团队对布鲁斯的工作非常不满意。尽管布鲁斯受到了科学家的批评和指责，但他还是全身心投入到茶树的种植试验中。布鲁斯还是一位善于观察和研究的人，在他的《在上阿萨姆萨地亚试制红茶的报告：中国人到这里的目的》一书中，他详细地描述了当地土著人的制茶过程：

"景颇族部落很早就已经很清楚地认识了茶叶，但他们制作茶叶的方法与中国的方法非常不同。他们采摘幼嫩的茶叶，在阳光下晒一会儿；有的先放在露水下再在太阳下连续晒三天，当茶叶有一点干燥时，放进热锅炒，茶叶热气腾腾，然后将茶叶放进一个竹筒内，连同竹筒一起烘烤，直到茶叶塞满了为止，并用树叶封口，最后把竹筒挂在烟雾弥漫的小屋内；由此制备的茶可以保存好多年。另一个更好的方式是在地下挖洞，用大树叶铺成行，将煮后的茶叶和汤一起倒进洞中，并用树叶和泥土覆盖密封，让茶叶整个发酵，最后取出茶叶装入竹筒中；采用这种方式制作的茶叶可以直接拿到市场销售。这些景颇族自称是真正的茶鉴赏家。"

在中国制茶工的指导帮助下，布鲁斯不断地改进种植技术和茶叶加工技术，试验制作了一批又一批茶叶，不断地提高茶叶品质。1836年，他第一次送了一些中国制茶工生产的茶叶样品给东印度公司的茶叶委员会品尝，英属印度总督奥克兰勋爵和许多茶叶专家经鉴定认为，"茶叶品质非常好"。1837年，布鲁斯又送了46箱用土生的阿萨姆茶树制作的茶叶给东印度公司茶叶委员会，其中12箱共456磅重的阿萨姆茶叶被转送往伦敦，并在1839年1月10日成功举行了拍卖会。

1838年，布鲁斯根据他在阿萨姆萨地亚种植园制作红茶的技术和经验，写下了最早的茶专业书《在上阿萨姆萨地亚试制红茶的报告：中国人到这里的目的》，这本书后来也成为了英国人制作茶叶的最重要的技术指导教程。他最早发现茶树喜欢在阴暗环境中生长的特性，他研究了树荫下的茶树扦插栽植技术，他和中国制茶工一起研究茶树的采摘技术。他也研究鲜叶的阳光萎凋技术、手工揉捻技术和炭烘焙技术。

1839年6月，布鲁斯在阿萨姆斋普尔茶叶种植园向茶叶委员会提交了一份《阿萨姆地区茶园拓展、生产、扩种和茶叶制作的报告》，报告中写道："我怀着非常复杂的心情提交这个关于阿萨姆茶的报告，因已不幸卷入这边境地区的动乱，比茶叶更多的额外事务占据了我的心，因此这一次没能把我所有的想法报告给你们。显而易见，这个项目对英属印度和英国广大公众的重要性，我的报告将呈现我的新观点，我相信这是可以接受的……在写这个报告时，它给了我很多快乐，关于茶叶和茶园的信息和知识，我们比我上次汇报时已经了解得更加广泛，茶园的数量现在总计达到 120 个，其中一些分布在丘陵和平原非常广阔的地区。从我对整个地区的多次考察调查来看，除了一个非常小的区域尚未清楚外，我充分相信，从这些大片茶园中可以收集到充足的茶籽和幼苗，可能几年内可以拓展种植至整个阿萨姆地区。"

在这份报告中，布鲁斯也提及当地缺乏劳动力的问题以及吸食鸦片对土著人的影响，他建议政府能够禁止种植和贩卖鸦片："如果问我，茶叶种植试验何时能够进行商业性开发？我的回答是，当有足够数量的经过培训能够制作红茶和绿茶的本土人时；如果少于一百个能够制茶的人，就不值得私人投资者大规模投资这个项目。在 2—3 年内，我们应该不具有这个数量。阿萨姆必须引进新的劳动力，以增加该地区嗜好鸦片的土著人的活力，但最担心的是这些新来者又被当地人腐蚀了。如果鼓励种植茶叶而禁止阿萨姆地区种植罂粟，阿萨姆人会成为极好的制茶和种植能手。"阿萨姆地区原本是一块净土，17 世纪莫卧儿王朝入侵阿萨姆期间，引入了罂粟种植和吸食。直到 18 世纪中期，吸食鸦片仍然只限于阿洪国少数富人阶层。在第 30 任阿洪王国国王拉什米·辛格统治时期，拉吉普特人巴肯达兹首先在古瓦哈蒂附近的巴尔托拉种植罂粟。正是通过富人和贵族的带动，吸食鸦片的恶习才传播开来。1792 年 11 月至 1794 年 5 月期间，托马斯·威尔士上尉率领英国东印度公司 550 名武装军队进入阿萨姆，帮助阿洪王国平息了摩亚马里亚教派的叛乱。他观察到阿萨姆地区的罂粟"在大部分地势较低的省份大量生长"。当时的国王高利纳特·辛格是鸦片成瘾者，托马斯·威尔士上尉则发现了商机，他指挥士兵从孟加拉运来"几船鸦片"在阿萨姆地区销售，促使阿萨姆人逐渐地沾染上了吸食鸦片的习惯。

"我在这里观察到，如果（政府）立刻采取积极的措施禁止阿萨姆种植鸦片，然后对鸦片进口征收高额关税，英国政府将给阿萨姆新移民带来持久的幸福。如果不采取措施，成千上万从平原移民到阿萨姆的人将很快沾染上鸦片嗜好，这可怕的恶习瘟疫将摧毁这个美丽国家的人们，使之变成野兽的乐园；退化的阿萨姆人，从一个优良的种族变成印度一个奴颜婢膝、诡计多端、道德败坏的可怜种族。那些居住在这个不幸土地上的人很少知道在阿萨姆生产鸦片导致的可怕和残酷的后果。吸食鸦片者会盗窃、变卖家产和孩子，甚至谋杀。如果我们仁慈和开明的政府用一支笔制止这些罪恶，拯救阿萨姆和所有移民，让他们去进行茶叶耕种，摆脱可怕的嗜好鸦片的恶习，这将是最好的祝福！"

布鲁斯在他的报告结尾处，表达了他强烈的爱国热情，因为他认为他的发现最终会给大英帝国带来规模效益。"展望未来，这个植物的发现将给英国、印度和数以百万计人民带来无限的利益。我情不自禁地感谢上帝给了我们国家如此丰厚的祝福。大约 14 年前，当我第一次在阿萨姆发现茶树时，我没想到它最终可能成为中国茶的竞争对手，我所做出的贡献，有一部分是将茶树种植带向成功阶段，我已经记录了这个新项目所有的过程，包括对国家以及人民的利益，通过推动茶叶种植使我们的领土更加富足，并打击傲慢的中国。虽然我为了英国的印度茶经历了无数的艰难和危险，但我觉得完全值得。"

英国植物学家罗伊尔博士对布鲁斯的贡献也是称赞有加，他1839年发表在《亚洲季刊》第29卷（1839年）上的一文中称赞道："布鲁斯先生，一位长期居住在该地并且经习惯于当地气候和熟悉当地居民的先生，被任命为茶叶种植的主管……他似乎没有任何植物学或园艺的知识，或确实没有任何胜任该职位的特殊资质，但他的才智和热情弥补了他的不足之处，使他能够提供非常有价值的服务。他大面积地发现茶树，而不只局限于几个零星的区域；虽然一开始他的研究引起当地土著酋长的嫉妒，但他不仅成功地消除了当地人的偏见，而且说服了他们热情地帮助他工作。"

1839年，印度历史上第一家茶叶公司——"阿萨姆公司"成立。1840年3月，英国东印度公司将阿萨姆三分之二的试验茶场资产及管理人员和工人转让给了阿萨姆公司，布鲁斯也作为管理人员加入了阿萨姆公司，他被阿萨姆公司聘为负责总部在斋浦尔地区的北部茶叶种植园的主管。在布鲁斯管理的北部茶叶种植园，包括卡汉、廷格拉、胡格里简种植园和巴扎洛尼茶叶种子园等，其中最后一个种植园是完全采用中国茶籽播种的茶园。另外，廷格拉种植园又包括巴里简和提卜林种植园。

1844年，51岁的布鲁斯最终离开阿萨姆公司，黯然离开了他为之奋斗的茶叶种植园。经历了在阿萨姆21年的风雨岁月，他此后几乎在帝国茶产业高速发展过程中销声匿迹。据说后来他涉足一些贸易生意，也有记载说他在提斯浦尔以北地区至不丹国山麓地区发展茶园，但都似乎没有取得很大的成功。晚年他定居在阿萨姆地区索尼特普尔的提斯浦尔镇，成为一个虔诚的基督教徒。
1848年，他和另外一名英国军官戈登上尉在提斯浦尔的一个小山丘建立了一个小教堂，他和妻子伊丽莎白晚年从事传教和慈善工作，厮守一生。布鲁斯建议英国茶叶种植园主引进更多信仰基督教的工人，建议把基督教普及最好的比哈尔、焦达那格浦尔地区部落的人引进阿萨姆茶叶种植园。

布鲁斯家族中有多位成员早期也加入了茶产业，除了哥哥罗伯特少校，还有C.A.布鲁斯（罗伯特少校的儿子）、威廉·布鲁斯、R.布鲁斯和D.布鲁斯。C.A.布鲁斯和D.布鲁斯曾同时期与查尔斯在阿萨姆公司任职。罗伯特的女儿梅布尔后来嫁给了约翰·麦克纳马拉，他也是一位茶叶种植园主。他们的女儿嫁给了阿希尔，阿希尔的父辈来自法国，在19世纪阿萨姆茶叶大开发时期来到阿萨姆创业，在坎如普地区购买土地，在那里建立了几个茶园，他们后代也在阿萨姆从事茶叶种植工作。

布鲁斯1871年4月23日在阿萨姆去世，享年78岁，他被安葬在提斯浦尔镇市场旁边的基督教墓地。他的妻子伊丽莎白1885年逝世。1844年，为表彰布鲁斯在阿萨姆发现野生阿萨姆茶树以及栽培和加工茶叶所做出的贡献，英国皇家艺术协会授予他金质奖章。后人评价布鲁斯是印度茶产业的杰出先驱人物，他的伟大发现彻底地改变了阿萨姆地区的经济面貌。

另外一位为英国东印度公司发现阿萨姆野生茶树做出重要贡献的人物——景颇部落首领比萨的命运，却不免让人感叹嘘唏。1823年，比萨首领不仅仅告诉了罗伯特·布鲁斯野生阿萨姆茶的秘密，还告诉了罗伯特·布鲁斯景颇部落是如何利用和饮用茶叶的。随后的1834年，阿萨姆地区行政长官斯科特上尉和阿萨姆轻骑兵

查尔斯·布鲁斯在阿萨姆提斯浦尔的墓地

比萨首领的曾孙，景颇部落现首领拉杰库马尔·比萨·弄（2008年）

部队的查尔顿中尉从比萨首领中获得了大量的茶树样本。1835 年
2 月，当布鲁斯担任阿萨姆茶叶试验场主管时，比萨首领引导他再
次考察了景颇族部落领地，发现了大片大片茶树，并接待和安排
了茶叶委员会派出的科学考察队的萨地亚地区考察。景颇人再次
告诉英国人关于景颇族发现和使用茶叶的故事。传说景颇族的两
兄弟在森林里打猎，又累又饿，于是他们坐在一棵大树下休息，
随即顺手采摘树上的几片叶子送进嘴里咀嚼，令他们吃惊的是，
不一会儿他们开始感觉精神振奋，既不渴也不饿了，因此发现了
这种植物的神奇功能。从此景颇人就一直食用和饮用这种树的叶
子。景颇部落的人自豪地说，中世纪时期，景颇族首领曾给到达
景颇部落领地的荷兰和葡萄牙旅行者提供"当地野生茶树酿造的
黑色液体药用饮料"。这些传说证明景颇部落利用茶叶的历史相
当悠久，茶叶不仅仅是作为一种饮料，而且数百年来被景颇部落
作为药用饮料。他们每年还在"坡龙"生产数千莫恩德茶叶出口
至中国。不过，英国人也弄不明白"坡龙"在哪里。

　　英国人占领萨地亚后，阿萨姆地区居住的景颇部落分为 12 分
支部落，除了 1—2 个部落外，其余部落的首领都已请求东印度公
司的保护。在众多景颇部落首领之中，告诉罗伯特·布鲁斯野生
茶树秘密的比萨首领被英国人认为是"十分明白"的人，他赢得
阿萨姆行政长官斯科特的信任，而且达成一个秘密交易，东印度
公司每月发给首领 50 卢比，作为探听各景颇部落内部情报的报酬。
后来比萨首领也获得政治代理人约翰·布莱恩·纽夫维尔上尉的
信任，纽夫维尔上尉建议他率领他的部落离开荒芜的原领地，前
往封给部落聚居的波哈斯（Barhath）和斋浦尔（Jaipur）区域。
比萨首领的部落当时有 9 千至 1 万人口，不包括妇女和儿童。他

拥有一支 100 人左右的军队，配备了枪支和弹药。而另外一个部落首领杜发被英国人认为是一个极其不友好的首领，他憎恨英国人占领了他部落的领地，也十分仇恨与英国人合作的比萨首领部落。因此，比萨首领和杜发首领之间长期充满猜忌和仇恨。杜发首领曾率部入侵比萨首领的领地，残酷杀害比萨首领部落的男人、女人和儿童，比萨首领侥幸逃脱，他的几个家人惨遭杀害。后在驻萨地亚英军军队的帮助下，经过几次战斗，比萨首领将杜发首领的部落驱赶回他们的领地。杜发首领不甘心，发誓随时准备再次报复那些与英国人勾结的部落，这使得该地区景颇部落内部一直处于自相残杀的紧张状态。1843 年，阿萨姆轻步兵营一个小分队的驻守营地被杜发首领率领景颇部落围困。当营地食物和淡水耗光后，杜发首领口头承诺保证守军安全，要求守军离开营地，守军信以为真，跑了出来，结果全部被景颇部落消灭。东印度公司闻讯大怒，指示阿萨姆轻步兵营采取了严厉的报复行动，杜发首领的景颇部落再次被屠戮。事件发生之后，英国人对景颇部落一直怀有强烈的戒心，阿萨姆轻骑兵部队不断地调动，防备部落的袭击。

当英国东印度公司在景颇部落的土地上计划开垦种植茶叶时，东印度公司强迫景颇部落将土地租赁给东印度公司，并秘密收买了比萨首领，与景颇部落达成租赁协议，支付一定的土地租金给景颇族比萨首领。但由于东印度公司经常延迟和拖欠租金，令比萨首领恼怒不已，对英国人的不满情绪开始在比萨首领心中积聚。一次，愤怒的比萨首领拿起砍刀将东印度公司茶园的一些茶树砍去新枝，不曾想这些被砍去新枝的茶树在第二年长出更旺盛的新枝条，茶树的生长更为茂密，而且加工的茶叶品质更好。英国人认为这是一种极好的栽培技术，后来被英国茶叶种植园主广泛地推广应用，这就是后来茶树种植时需要采用的"修剪"技术。而比萨首领砍掉茶树的茶园，被英国人戏称"比萨砍茶园"，这个词来自于景颇语"Besaikubua"，即"比萨砍掉的"意思。

比萨首领不仅对英国支付微薄的租金心怀不满，而且对英国种植园主不断地蚕食周边景颇部落土地的霸道行为极为愤怒。荷枪实弹、腰缠子弹带的英国种植园主不满足从殖民政府那里租赁到的土地，还贪婪地窥视着周边当地部落最肥沃的土地，英国种植园主频繁地通过地界延伸等手段，蚕食周边部落土地，也激起了周边部落民众的仇恨。比萨首领幡然醒悟，认清了英国人险恶、贪婪的真实面目。1857 年，印度大起义爆发，偏居一隅的阿萨姆地区也酝酿着反抗英国殖民者的运动，由于比萨首领坚决支持起义，恰巧英国东印度公司驻守阿萨姆地区的政治代表怀特上校在景颇族部落的领地被杀死，东印度公司乘机逮捕了比萨首领，将其关进了焦尔哈德监狱，最后判处比萨首领无期徒刑，送往孟加拉湾与缅甸海之间的安达曼群岛监狱关押。这位为东印度公司提供了重要的阿萨姆茶叶信息的部落首领，最后被当作囚犯悲惨地死在东印度公司的监狱。上天赐给了景颇部落神奇的礼物——茶叶，却被英国人开发利用。于比萨首领而言是一时迷失，但于景颇部落而言，则是一代人至几代人的灾难，历史的面貌可能全然不同。英国人大规模在萨地亚地区开垦种植园后，景颇部落依然过着原先贫困和原始的丛林生活。

无论是英国人查尔斯·布鲁斯，还是景颇部落比萨首领，他们个人的际遇和命运起伏，始终系于英国东印度公司殖民地扩张时代的进程。他们原本名不见经传，因发现野生茶树而声名鹊起。

东印度公司在阿萨姆地区开发茶产业，改变了他们的命运轨迹，然而无法改变他们小人物的地位，他们未能突破大英帝国体制下壁垒森严的等级制度，未能在千载难逢的茶叶商业冒险中改变自己的命运。事实上，他们只不过是在东印度公司追逐财富的路上被先行吞噬的牺牲品。

四、萨地亚镇和茶布瓦茶园

萨地亚镇现位于阿萨姆邦丁苏吉亚县西北部，这是一个具有悠久历史的重要边境古镇，也是 19 世纪英国东印度公司在印度最东北部边界的贸易站，毗邻中国和缅甸两国交界处的多部落民族集居地。萨地亚曾是 1248 年苏提亚王国第二任国王拉特纳德瓦帕建立的第三个首府所在地，一直持续至 1524 年。1187 年苏提亚王国建立，据说苏提亚王国的民众最初来自中国西藏和四川的藏族，历经长途跋涉，迁移至此地后建立了王国。苏提亚王国建立后与阿洪王国之间经常发生领土纠纷和战争。1673 年，苏提亚王国最终被阿洪王国吞并。在萨地亚周边区域世代居住着许多土著部落，位于现印度控制的藏南地区内阿波部落山，原来是由独立的阿波族部落占领。与阿波山脉东部接壤的是米什米部落居住的米什米山脉；阿波山的西边与米里部落的米里山接壤。苏提亚人、米什米人、米里人、景颇人、阿波人、姆塔克人和坎姆提（缅甸掸族）等部落人民经常在萨地亚集市用野兽、蜡、象牙、麝香等特产换取棉布、盐和金属制品等日常用品。

萨地亚镇是一个河流纵横交错、海拔仅 100 多米的丘陵山地，该镇是雄伟壮丽的布拉马普特拉河的起点，发源于中国西藏的雅鲁藏布江，浩浩荡荡地经过喜马拉雅山脉最东端的西藏林芝地区墨脱县奔腾咆哮 220 公里流经藏南地区东桑朗县的巴昔卡镇峡谷后被称为迪汉河。迪汉河在巴昔卡镇流入萨地亚镇城的西面后，转向西南与另外两条河流——迪班河和洛希特河汇合，合流后形成宽阔壮丽的布拉马普特拉河，然后自东向西略偏南流趟，一直流经穿过阿萨姆平原。布拉马普特拉河全长约 1000 多公里，其中阿萨姆邦内约 725 公里。雅鲁藏布江出中国国境后海拔已下降了 5000 多米，在萨地亚布拉马普特拉河起点海拔只有 134 米，阿萨姆平原平均海拔约 123 米。

　　1823 年，英国布鲁斯兄弟在萨地亚地区发现景颇部落的野生茶树；1834 年，查尔顿中尉和詹金斯上尉在萨地亚收集茶树叶片和果实样品；特别是 1835 年英属印度政府派遣科学考察团来到萨地亚考察后，这个 19 世纪英国东印度公司在印度最东北部边界的贸易站所在地，成为了当时英国官员、商人和植物学家聚焦的中心。1834 年，东印度公司决定由查尔顿中尉和布鲁斯负责在萨地亚建立了第一个萨地亚茶叶试验场。1837 年，东印度公司布鲁斯在萨地亚建立了帝国第一个茶叶种植园——"茶布瓦"茶叶种植园。

　　茶布瓦种植园在帝国茶叶发展历史中占有独特的地位，它是东印度公司建立第一个商业化茶叶种植园的茶园，也是东印度公司第一个商业化种植中国茶树品种的茶叶种植园，这个已经有 170 多年历史的茶园至今依然被保留下来。茶布瓦茶园现位于迪布鲁格尔县茶布瓦镇，距离迪布鲁格尔县 30 公里，距离丁苏吉亚

县 20 公里，迪布鲁格尔县和丁苏吉亚县之间的 NH—37 公路穿城而过。"茶布瓦"名字来源于当地方言"Chah—Buwa"，即"茶园"的意思。

1835 年，布鲁斯第一次在迪布鲁河和布拉马普特拉河流的汇合处区域试验种植茶树。据布鲁斯 1839 年的报告《阿萨姆地区茶园拓展、生产和茶叶制作》中记载：茶布瓦茶园的茶树是 1837 年从萨地亚的茶树苗圃中移栽在茶布瓦种植园的。当时中国的茶树还移栽到廷格拉、卡汉、斋浦尔等其他区域的种植园。茶布瓦茶园状况是：每块茶园约 2.2756 公顷；每块茶园种植的茶树是 8200株；1838 年茶叶产量是 410 西尔（约等于 843.37 磅）。

据 1935 年威廉·乌克斯的《茶叶全书》一书记载，1849 年，东印度公司将茶布瓦茶园以 900 卢比卖给了一个中国制茶工"阿蒙"。两年后，由于中国制茶工阿蒙无法维持茶园运转，又将该茶园以 475 卢比的价格转让给了英国人詹姆斯·沃伦，沃伦的后代一直经营这个茶场至 20 世纪 30 年代，后来成立"茶布瓦茶叶有限公司"。1871 年，茶布瓦种植园拥有茶园 713 英亩，年产茶 8.5775 万磅。1887 年，种植园开始种植中国与阿萨姆的杂交茶树品种。直到 1910 年，才开始种植阿萨姆品种。1935 年，茶布瓦种植园拥有茶园 1548 英亩，年产茶约 112 万磅，而最早种植的中国茶树实际上在 1934 年就已经被抛弃了。

《茶——时间之旅》的作者、英国人约翰·韦瑟斯通曾于 1985 年专门到茶布瓦茶叶种植园考察，试图寻找当年布鲁斯种植的中国茶树。他在书中描述：在印度托柯莱茶叶研究所专家的帮助下，他们来到了茶布瓦茶园附近的一个村庄，询问当地人是否知道或了解当年种植的中国茶树。在当地的一个老人的指引下，他们最终在一个杂草丛生、荒废的树林中发现了这片布鲁斯当年种植的中国品种的茶树，面积仅残留约 6 英尺 × 6 英尺，这让约翰·韦瑟斯通先生非常兴奋，又感到万分地惋惜。当地人说这块种植中国茶树的土地，按照印度的土地法，已经不属于茶布瓦茶场，早已移交给当地的村民。而当地村民接受这些土地后，并没有把这些茶树当作经济作物管理，而是随意抛弃了，仅仅把这些茶树当作柴火燃料，每几年砍一次当柴烧。

另外一个主要种植中国茶树品种的种植园是斋浦尔种植园，至 20 世纪 70 年代，斋浦尔种植园的中国茶园依然还存在。1976 年到 1984 年担任杜尔兰茶叶种植园经理的帕撒克先生依然保留了一张当年他与中国茶园中一块 1937 年竖立的石碑合影。在石碑上的铭文标记着：

最早种植在茶布瓦茶园的中国茶树
（威廉·乌克斯，1935 年）

茶布瓦茶园附近村庄发现幸存的中国茶树（约翰.韦瑟斯通，1985 年）

斋浦尔茶园竖立的种植中国茶树纪念碑（1937 年）

1835 年种植在斋浦尔茶园的中国茶树（威廉·乌克斯，1935 年）

乔安斯茶叶协会有限公司斋浦尔分公司

这块地上种植的茶树是约 1834 年从中国进口的种子繁殖的

阿萨姆茶树是瓦里奇博士和布鲁斯 1836 年在南桑发现的土著茶树种子培育或繁殖

秘书：亚历克斯——劳里公司伦敦

代理：巴尔默——劳里有限公司

据他回忆，1972 年度尔兰茶叶种植园从乔安斯茶叶协会有限公司购买了这个斋浦尔茶叶种植园，在移交种植园时，乔安斯公司的最后一位总监罗宾逊向新的业主指出：种植园的 1 号地块中，现在依然还有 256 株茶树是 1834 年布鲁斯种植的中国茶树，并要求好好地保存。这说明在 20 世纪 70 年代，布鲁斯种植的中国茶树依然生长在阿萨姆地区最古老的茶园中。

茶布瓦茶叶种植园在此后的岁月中，产权几经转手。1983 年 3 月，茶布瓦种植园被印度塔塔芬利公司并购；2007 年 7 月由"联合种植园有限公司"并购接管。英国东印度公司曾经无限钟情的中国茶树品种，由戈登经历千难万险从中国盗窃带回后种植在阿萨姆地区，在异国他乡的阿萨姆地区经历了跌宕起伏的生涯后，最终被无情地抛弃。如今，中国茶树是否还依然幸存在阿萨姆地区？

第五章　阿萨姆茶叶商业大开发

一、第一家茶叶种植公司——阿萨姆公司

　　阿萨姆公司不仅是当年大英帝国在印度殖民地的第一家茶叶种植公司，也是 19 世纪中国之外茶行业第一家茶叶上市公司。阿萨姆公司的历史不仅仅是大英帝国茶产业的历史，也是阿萨姆地区社会和经济发展史的重要组成部分。从 18 世纪开始，英国东印度公司进口中国茶叶在英国和欧洲销售，东印度公司在茶叶采购、运输、拍卖、分销和市场推广等方面已经积累了相当丰富的经验，而在茶叶品种、种植、制作和管理技术等方面基本上一无所知。从 1835 年至 1839 年，在英国东印度公司的直接领导下，阿萨姆茶叶试验场主管布鲁斯在中国制茶工的指导下，经过几年艰难的

开拓，砍伐丛林中的原始森林、清除土地的杂草，在上阿萨姆地区的萨地亚、迪布鲁格尔、锡布萨格尔以及阿萨姆东南部区域那加山脉山麓下，开垦建立了许多新的茶叶种植园，种植土生的阿萨姆茶树品种和从中国盗取来的中国茶树品种。1839年1月10日，第一批阿萨姆红茶在伦敦拍卖成功。

阿萨姆茶树试验种植的成功以及阿萨姆茶叶在伦敦拍卖取得的效益，引起了众多英国商人和资本家的无限联想和蠢蠢欲动。英国东印度公司对发展印度茶产业的战略规划是首先由东印度公司主导进行茶叶种植试验，以证明在阿萨姆地区和其他地区种植茶叶是可以商业化的。然后，将阿萨姆地区的土地及茶产业开发交给股份制公司或私人企业去开发。这也是英国东印度公司在其殖民地运用得非常熟练的"种植园经济"发展模式，即单一经济作物的大规模密集型商品农业。同英国东印度公司17世纪中叶在加勒比海地区建立甘蔗种植园的模式一样，这种模式也奠定了印度和后来的锡兰（现斯里兰卡）、肯尼亚茶产业的发展模式。当然这与当时英国议会对印度殖民政策已经发生了重大的调整有密切关系。

19世纪初，随着英国国内工业革命的高速发展，英国对印度殖民地的新殖民政策重心是把印度大陆变成英国商品的市场和原料产地。1833年，英国议会终止了东印度公司在印度的贸易垄断权，完全开放印度市场，印度丰富的原料资源和巨大的市场空间吸引了无数垂涎欲滴的英国商人。1834年，在英国东印度公司和英属印度政府的双重体制下组建的茶叶委员会担负起发展帝国茶产业的重任，领导了窃取中国茶叶品种、技术及建立阿萨姆茶叶试验场工作。1838年末，东印度公司认为由公司主导的阿萨姆地区茶树种植试验已经初步取得了成功。同年，东印度公司废黜了阿洪王国最后一任国王普朗达·辛哈，阿萨姆地区完全被东印度公司控制，阿萨姆地区成为英国殖民地。1838年，东印度公司颁布《阿萨姆荒地法1838》，将阿萨姆地区所谓的"荒地"全部收归东印度公司所有，为英国股份公司或者私人公司进入和开发阿萨姆茶叶种植园提供了充足的土地条件。1839年1月10日，伦敦茶叶拍卖大厅首次阿萨姆红茶拍卖会取得成功，使得阿萨姆茶叶名声大振。东印度公司认为，将茶叶种植商业化交给企业去开拓发展的条件已经成熟，东印度公司愿意将在阿萨姆的茶叶试验场和种植园转卖给私人公司。

1839年，英国东印度公司拟将阿萨姆茶叶试验场和种植园"留给私人企业去投资和经营"的消息一经传出，引起了一批与东印度公司业务关系密切和长期从事中国贸易的知名茶叶批发商、贸易商的极大兴趣，他们敏锐的商业嗅觉和精确判断，促使他们立刻意识到茶产业未来盈利的前景。随即，就有英国伦敦4家公司、加尔各答1家公司迫不及待地向东印度公司提出申请，要求将东印度公司现有在阿萨姆的试验茶园转让给他们垄断经营。英国东印度公司董事会保持着冷静的态度，董事会认为，"已有恰当的政策鼓励和支持所有受人尊敬的资本家，他们渴望进行高效率和大规模的茶叶种植，这符合个体的权利、防止垄断、保护当地的利益。"东印度公司的这个政策，奠定了未来印度殖民地茶产业开发的战略方向，也就是完全开放茶产业，由企业自由竞争。

1839年2月4日，伦敦的科侯公司、邓尼尔公司和图洛克公司首先向东印度公司董事会提出了转让茶园的申请。2月12日，由金史密斯公司律师兼秘书沃尔特·普里多和以拉彭特为首的一些与东印度公司业务和利益有关联的 13 家公司代表和 3 名商人行动更为迅速，他们立刻聚集在伦敦大温彻斯特街 6 号大楼召集会议，英国著名的"川宁"茶叶公司的理查德·川宁也参加了本次会议。会议提出，"（我们）应当立刻成立一个临时委员会，目的是获得更多有关阿萨姆茶叶品质、生产成本和其他相关的信息（如果有的话）。同时，也应该与东印度公司和政府管理委员会沟通，以确定我们组织种植和生产这样的茶叶，他们会给予我们什么样支持。如果东印度公司转让他们在阿萨姆建立的茶叶试验场，他们有什么条款要求。"2 月 14 日，"临时委员会"再次开会正式决定立刻成立英国第一家茶叶种植股份有限公司——"阿萨姆股份有限公司（Assam Company）"，选举拉彭特为主席，沃尔特·普里多为秘书。新成立的阿萨姆股份有限公司将通过股份制公司模式，向社会发行股票的形式募集资金，进行印度茶产业开发，用公司雄心勃勃的扩张为英国创造滚滚的财富。这种模式后来被英国人不断演进，开启了国际茶叶大规模商业化生产、贸易和财富的新时代。新公司成立的消息马上引起了英国媒体的关注，1839 年 4 月，《泰晤士报》报道：一群伦敦商人发起成立了"阿萨姆股份有限公司"。总资本 50 万英镑，分成 1 万股，每股 50 英镑，其中计划留下 2 千股在印度集资。伦敦另外一家报纸报道说："一家联合股份公司在本市成立，该公司是为了在阿萨姆种植新发现的茶树而成立。他们计划首先与印度最高政府达成协议，购买东印度公司在阿萨姆的种植园；然后进行茶树种植生产，并将茶叶进口到英国。该投资项目已经进行了多次的磋商，主要由与印度有贸易关系的商业公司和茶叶贸易龙头公司参与。在发布正式公告之前，合适的股份比例将被商定，筹集资金 50 万英镑。而且表明，

164

已经与贸易委员会和东印度公司建立了联系，准备谈判购买阿萨姆茶园事宜。"

巧合的是，1839 年 2 月 12 日，一家英国人和孟加拉人合资的公司"孟加拉茶叶协会"也在加尔各答正式成立，总投资 100 万卢比。孟加拉茶叶协会主要股东包括：茶叶委员会主席詹姆斯·帕特，加尔各答"卡尔—泰戈尔公司"的合伙人威廉·卡尔、威廉·普林瑟普，孟加拉人德瓦尔卡纳特·泰戈尔，另外还有 3 名印度人——珀罗索诺·泰戈尔、拉斯托姆吉·科瓦尔杰和莫逊拉尔·希尔。孟加拉茶叶协会也立刻向东印度公司提出申请，要求开发阿萨姆的茶产业。

股东之一的德瓦尔卡纳特·泰戈尔是 19 世纪 30—40 年代孟加拉最著名的实业家和企业家之一，他的孙子就是后来大名鼎鼎的印度著名诗人、文学家和诺贝尔文学奖得主——罗宾德拉纳特·泰戈尔。德瓦尔卡纳特·泰戈尔出身于西孟加拉邦显赫的柴明达尔家族，他从小受过良好的英式教育，1810 年，16 岁时前往加尔各答跟随著名的英国律师罗伯特·弗格森实习。德瓦尔卡纳特后来加入东印度公司，为英国东印度公司效劳多年。他精明聪慧、善于社交，他深深地意识到，要想事业飞黄腾达，必须依靠英国人。因此在东印度公司工作期间，他与英国人建立了良好的关系。1834 年 6 月，他辞去在东印度公司的职位，继承了他父亲巨额的财产，开始创立自己的事业。他紧密地与英国商人合作，创立合资的银行、保险公司和航运公司。1828 年，他成为第一个孟加拉籍银行董事。1829 年，他在加尔各答成立了联合银行。他与英国人威廉·卡尔、威廉·普林瑟普合作创立了经营黄麻、靛蓝、煤矿、盐业工厂和鸦片等商品贸易的"卡尔—泰戈尔公司"。卡尔—泰戈尔公司也是与中国进行鸦片贸易的公司之一，是东印度公司特别选定的印度鸦片代理公司，这使得德瓦尔卡纳特成为当时加尔各答最富有的实业家和资本家之一。德瓦尔卡纳特通过他的老朋友，东印度公司茶叶委员会秘书戈登了解到东印度公司有意转让在阿萨姆的茶叶试验场和种植园，商业敏锐的德瓦尔卡纳特预测到了茶产业的发展潜力和光明的前景。因此在卡尔—泰戈尔公司合伙人威廉·普林瑟普的组织下，成立了"孟加拉茶叶协会"，孟加拉茶叶协会成为卡尔—泰戈尔公司旗下的联合股份公司。威廉·普林瑟普为了拉拢茶叶委员会的戈登秘书，还把戈登的亲戚唐纳德·戈登拉入卡尔—泰戈尔公司担任助理。唐纳德·戈登 1840 年 5 月也成为卡尔—泰戈尔公司合伙人。戈登秘书是鸦片贸易公司麦金托什公司的合伙人，早就与威廉·普林瑟普和德瓦尔卡纳特·泰戈尔有紧密的鸦片贸易合作，三人关系十分密切。1836 年，唐纳德·戈登在担任卡尔—泰戈尔公司的助理期间，他帮助戈登秘书从卡尔—泰戈尔公司合伙人威廉·卡尔处借到贷款，支持戈登秘书从印度贩卖、运输鸦片到中国广东。

普林瑟普代表孟加拉茶叶协会向英属印度总督奥克兰提出申请，并不断地探听和了解殖民政府的真正意图。此时此刻，伦敦的阿萨姆公司和加尔各答的孟加拉茶叶协会这两家公司都向英属印度政府提出要求，都希望能独自垄断印度大陆的茶叶种植业。其实在当时的政治形势下，两家公司都心照不宣，明白垄断经营几乎不太可能。很明显，两家公司都认为，与其两家相争，不如加尔各答公司和伦敦公司立即联合起来，共同购买东印度公司在阿萨姆的茶园，就可以达到垄断的目的。5 月 1 日，孟加拉茶叶协会收到伦敦阿萨姆公司的来信，提出了建立合资公司的设想，提请普林瑟普召集认股人开会商议。1839 年 5 月 30 日，在普林瑟普的召集下，两家公司在加尔各答卡尔—泰戈尔公司召开第一次全体大会，63 名认股人参加了会议。双方经过商讨一致同意联合成立股份公司，即"阿萨姆公司"。他们一致认为："这样联合的利益，可以使得东印度公司建立起重要的（茶叶）贸易，在胆量上和措施上是对孟加拉政府有更好的保证。"在该次会议上通过了一项决议："孟加拉茶叶协会与伦敦公司合作的形式与条件，由印度当地的孟加拉茶叶协会选举的董事组成董事会，管理在印度的业务。"也就是说，新联合成立的阿萨姆公司是具有双重董事会的奇怪机构。一个董事会设立在伦敦，另一个董事会设立在加尔各答，加尔各答公司办公地点设立在萨默塞特街 3 号。伦敦董事会权力高于加尔各答董事会。伦敦董事会由 16 名董事组成，主席乔治·拉彭特爵士。加尔各答董事会由 9 名董事组成，董事

1839 年阿萨姆公司第一份股权证书

167

会主席由西奥多·狄更斯担任，普林瑟普担任秘书。1840 年 8 月，西奥多·狄更斯辞去主席职务，普林瑟普担任加尔各答董事会第二任主席。在这次会议上，阿萨姆公司董事会确定了股份比例，伦敦公司占 8 千股份，加尔各答公司占 2 千股份；其中，加尔各答公司分配给了德瓦尔卡纳特·泰戈尔和莫逊拉尔·希尔个人股份各 100 股、卡尔—泰戈尔公司股份 400 股。另外，威廉·卡尔、威廉·普林瑟普和泰勒个人各 100 股，帕拉桑纳·泰戈尔 30 股，拉曼斯·泰戈尔 20 股，约翰·卡尔和唐纳德·戈登各 25 股。这样，大英帝国第一家茶叶种植公司——阿萨姆公司终于诞生了。

一方面，伦敦公司指示加尔各答公司立即开始进行茶叶种植商业化开发的准备，开始从中国招聘技术工人、建造运输船、招聘茶园工人和任命经纪人等工作；另一方面，普林瑟普秘书代表阿萨姆公司与东印度公司谈判转让阿萨姆茶叶种植园事宜。东印度公司在 1839 年 6 月 19 日的股东会议上研究决定，同意将在阿萨姆地区现有茶叶种植园卖给阿萨姆公司。1840 年，阿萨姆公司召开会议，双重董事会的权力和职责被进一步分工明确如下：伦敦董事会主要负责资金的筹措和市场开拓；加尔各答本地董事会的职责是，"管理在印度本地的事务，如采购、改进，开垦阿萨姆地区及其他印度区域的土地；在印度购买、租赁或建立必要的仓库、办公室和其他建筑；招聘、雇用和解除官员、经理、职员、公务员、劳工；监督、执行公司所有的业务和事务，履行合同"。正如合作合同中所规定的："（加尔各答本地公司）必须在各个方面完全按照董事会规定的现有所有规章制度和总公司制定的管理指南和指导方向行事。"

经过公司秘书普林瑟普与英属印度总督奥克兰及东印度公司

的多次谈判，1840 年 3 月，东印度公司最终将阿萨姆地区试验茶园的三分之二资产转让给了阿萨姆公司。当时，布鲁斯主管已经在上阿萨姆地区建立了廷格拉、卡汉、茶布瓦、定宅（汀江）、瑙侯利、提普姆、居姆多和尼格如 8 个茶园。其中廷格拉、卡汉、瑙侯利和提普姆茶叶种植园的土地、茶叶苗圃场、茶园、工厂及设备以及华裔鲁华博士、试验场主管布鲁斯在内的所有管理人员、中国制茶工、翻译等 64 人全部转给阿萨姆公司。除此之外，东印度公司继续保留茶布瓦、定宅（汀江）、居姆多和尼格如 4 个小茶叶种植园。据 1839 年底统计，转让的阿萨姆茶叶试验场和种植园茶树总数约 16 万株，年生产茶叶约 5274 磅。除此之外，根据《阿萨姆荒地法 1838》，在英属印度总督奥克兰和阿萨姆地区行政长

官詹金斯上尉的支持下，1838 年 11 月 18 日，阿萨姆公司还从阿萨姆地方殖民政府低价租赁获得了约 3 万多英亩的阿萨姆土地。阿萨姆地方政府也给予了极其优惠的政策，租赁的土地第一个十年周期免租金，十年结束后再进行评估，确定租金一般不高于当时的水稻田的租金，但英属印度政府规定转让的土地严厉禁止种植罂粟。英国东印度公司在办理资产转让的过程中，东印度公司已经采购的 1.2 万株中国茶苗也正从澳门运输至印度，计划种植在公司保留的定宅茶叶种植园内。茶布瓦和定宅茶叶种植园种植了较大面积的中国茶树品种，并且专门建立了繁殖中国茶品种的苗圃园。东印度公司为什么继续保留这 4 个茶叶种植园？这引起了阿萨姆公司的怀疑，认为政府依然企图与阿萨姆公司竞争。但东印度公司保证，留下的茶园仅仅作为繁殖茶树品种和培训技术人才的基地。实际上，东印度公司依然留有一手，公司还另外保留了喜马拉雅西部山麓库马盎和台拉登两个茶叶试验场。转让交割完成之后，1840 年 10 月 20 日，东印度公司将阿萨姆茶叶试验场英国管理人员达菲尔德、沃特金斯及相关管理人员从斋浦尔撤走，搬迁至茶布瓦和定宅茶叶种植园，其中，达菲尔德曾担任布鲁斯的助手。

1840 年 3 月 7 日，阿萨姆公司半年股东会议公布，至 1839 年 2 月，阿萨姆公司为进入阿萨姆地区的茶叶种植业，前期实际已经投入了将近 1.5 万卢比的资金。

至此，踌躇满志的阿萨姆公司开始正式进军阿萨姆地区的茶叶种植。阿萨姆公司将种植园总部设立在上阿萨姆地区迪科浩河畔南部的纳兹拉（今锡布萨格尔县纳兹拉镇），地处斋浦尔（今迪布鲁格尔县斋浦尔镇）、迪布鲁加尔、萨地亚三角地区。布拉马普特拉河的支流迪科浩河从该区域穿流而过,当地的乡村木船可以通航至该区域。阿萨姆公司将上阿萨姆地区的茶园划分成两个种植园部门:即纳兹拉南部种植园和斋浦尔北部种植园。南部种植园部设立在纳兹拉镇。1839 年 6 月,拥有一定的农业和植物种植经验的英国人马斯特斯被任命为南部种植园的主管。1840 年 3 月 1 日,原东印度公司阿萨姆茶叶试验场的主管布鲁斯被聘为北部种植园的主管,北部种植园总部设立在斋浦尔,包括瑙侯利 13 英亩、廷格拉 13 英亩、卡汉 30 英亩和提普姆 15 英亩,合计约 71 英亩茶园,茶园全部位于布拉马普特拉河的支流伯希迪亨河及廷格拉河两岸的姆塔克地区。

纳兹拉是一个历史悠久的迪科浩河南部古城镇,今位于阿萨姆锡布萨格尔县境内,北部与锡布萨格尔县城接壤,距离县城约 18 公里;南部与那加山脉交界;东部与查莱德奥镇相邻;西部与焦尔哈德镇毗连。当时锡布萨格尔称为朗普尔,1540 年,阿洪王国苏科蒙国王曾在此建立首府。1752 年,阿洪王国拉杰什瓦尔·辛哈国王(苏姆法)重新在朗普尔的加冈建造了富丽堂皇的"卡仁加尔"宫殿,该宫殿位于迪科浩河北岸。纳兹拉的名字来源于阿萨姆语"Now-Jeera",意思是船舶停靠的地方。纳兹拉平均海拔 132 米,布拉马普特拉河的支流迪科浩河及小河流纳姆丹河、德里卡河、密通河从该区域穿流而过,形成河流纵横、森林、湿地、丘陵相间的低洼区域。纳兹拉像阿萨姆其他地区一样,是典型的亚热带湿润季风气候。每年四月开始了漫长的雨季,6 月季风雨季来临时,经常遭受暴雨洪水侵袭,一直持续到九月。春天和夏天重叠,最高气温达到 35℃左右。冬季从 11 月开始一直到次年 2 月,最低气温很少在 10℃以下。

茶叶种植园经济的发展模式，不仅需要专业的茶叶种植和加工技术，也需要大量的廉价劳动力。阿萨姆公司从一进入阿萨姆地区开始就遭遇到劳动力不足的严重问题，同时也遭遇阿萨姆地区恶劣气候和严重的霍乱疾病的沉重打击。阿萨姆地区被缅甸入侵之后，经历了缅甸人血雨腥风的屠杀，阿萨姆人口数量大幅度减少。因此，仅依靠当地部落人显然是不够的，需要从外地招聘大量的劳工。布鲁斯负责的北部种植园分场情况稍微好些，早期东印度公司戈登秘书从中国招聘的中国制茶工依然在布鲁斯的领导下在种植园工作。在中国茶工的帮助下，布鲁斯雇佣了一部分当地阿萨姆人和那加部落人继续砍伐丛林、清理土地，拓展茶园。但负责南部种植园的马斯特斯从第一天开始就遇到劳动力短缺的困难，他向公司董事会报告说，"当地很缺乏劳动力，经过不断地说服和招聘，招聘了一些当地阿萨姆人。现在阿萨姆人开始工作了，对于茶叶生产非常重要的制作技术，他们似乎特别适应，并有可能提供更多所需的劳动力。"但实际情况是，随着茶叶种植园的拓展，劳动力不足问题越来越严重。布鲁斯和马斯特斯也雇了几百名当地那加部落人从事丛林砍伐和清理，这些部落最擅长于森林的清理，阿萨姆公司不需要支付现金，而是采取以物易物的方式，即用大米、贝壳等交换他们的劳动，但这些部落人也不愿意长期在种植园工作，长期游猎形成的桀骜不驯的性格导致他们说走就走，特别是在发工资后，劳工成群结队地离开。由于恶劣的气候和丛林环境，以及极低的报酬，其他茶园劳工也经常开小差或者逃走。因此，从外部招募茶园劳工成为唯一的选择。

招募劳工对于英国东印度公司来说早已轻车熟路。从 17 世纪中叶开始，英国东印度公司就在加勒比海地区建立甘蔗种植园。

英国或欧洲的奴隶贩子把大量非洲黑人贩卖、海运至加勒比海，卖给北美的种植园主。虽然1833年英国废除了殖民地的奴隶制度，但随后英国人改用契约制的方式雇用劳工。阿萨姆公司首先把他们招募劳工的目标地指向了中国。英国东印度公司将阿萨姆的试验场转让阿萨姆公司时，阿萨姆茶叶试验场仅剩下的18名中国茶工也一起被转让给了阿萨姆公司。阿萨姆公司自认为，这些头上留着辫子的中国人都应该具有茶叶种植、管理和加工的技能。因此，从一开始，阿萨姆公司就千方百计地试图再次引进和招募更多的中国茶工。1839—1840年，阿萨姆公司通过英国东印度公司的招聘经纪公司、东南亚的英国公司从中国、新加坡、马来西亚、印度尼西亚、泰国，甚至企图从阿萨姆穿越缅甸进入中国云南招募中国茶工。经历了千辛万苦分几批次招募了几百名中国茶工。据阿萨姆公司加尔各答董事会1841年8月11日股东大会报告记载：1840年5月至1841年4月期间，阿萨姆公司实际聘用在阿萨姆地区的中国人仅有70名。大规模招募中国茶工几经挫折和打击，导致阿萨姆公司损失了3万多卢比，阿萨姆公司从此彻底断绝了招募中国茶工的念头。

　　1839年下半年，阿萨姆公司在阿萨姆行政长官詹金斯上尉的指导下，转向从印度大陆其他地区大量招募茶园劳工。1839年年底，阿萨姆公司派出8位欧洲籍雇员前往孟加拉达卡、吉大港，中东部的焦达讷格布尔、朗普尔、赫扎里巴克高原招募当地劳工。1840年，最初几批招聘的印度劳工陆续到达了阿萨姆的纳兹拉地区。不幸的是，后来几次大规模招聘的劳工在前往阿萨姆途中爆发严重的霍乱，1840年就有652名劳工在路途中死亡，剩余的幸存者也在一个晚上全部偷跑消失，再也没有发现他们的踪迹。另外从孟加拉吉大港招募的劳工在前往阿萨姆的途中也发生严重的霍乱,大量劳工死亡,导致阿萨姆公司经济损失严重。

已经到达阿萨姆茶叶种植园的劳工,由于生存条件极为恶劣,猖獗的霍乱病导致劳工接二连三地死亡。当然在阿萨姆的茶叶种植园负责管理工作的欧洲人发生死亡的频率也很高。第一年,阿萨姆公司就失去了3名欧洲管理人员和原东印度公司"茶叶委员会"的委员、华裔鲁华医生,他是一位在加尔各答居住了很长时间的中国医生。东印度公司将阿萨姆的资产转让给阿萨姆公司时,也将鲁华医生一同转入阿萨姆公司。1840年,他与四名欧洲人组成一个小组前往阿萨姆地区帮助阿萨姆公司种植园解决霍乱问题,居住在斋浦尔茶叶种植园,但是不幸最终也患病去世。布鲁斯主管和马斯特主管在那年也几次患病,几乎失去生命,还有一部分英国管理人员因患病返回加尔各答。

与此同时,上阿萨姆地区的社会依然处于动乱之中。1839年,萨地亚的英国东印度公司驻军与坎姆提部落发生严重的冲突。东印度公司政府政治代表、驻军指挥官怀特上校在冲突中被杀死,大部分驻军被坎姆提部落消灭,促使英国军队实施报复和严酷的镇压,上阿萨姆地区形势极为严峻和动荡,也影响了阿萨姆公司种植园的正常运转。

阿萨姆公司经过千辛万苦,在布鲁斯主管和马斯特主管的努力下,1840年年底,茶叶种植面积取得明显的拓展。阿萨姆行政长官弗朗西斯·詹金斯对在他管辖范围内阿萨姆地区茶产业商业开发充满强烈的兴趣。他给阿萨姆公司献计献策,建议阿萨姆公司加尔各答董事会主席威廉·普林瑟普在阿萨姆的种植园设立一个"总监",统一管理阿萨姆公司整个地区的种植园。1840年12

月15日，阿萨姆公司将提普姆和胡坎乔里茶叶种植园合并组成东部种植园，任命帕克为东部种植园主管，总部设立在斋浦尔种植园。帕克1841年2月5日到达斋浦尔种植园任职，阿萨姆公司同时要求布鲁斯主管协助兼管理。而布鲁斯负责的北部种植园总部则从斋浦尔搬迁至12英里外的廷格拉种植园。在北部和东部种植园部，已经建立起斋浦尔、南桑、瑙侯利、胡坎乔里、卡汉、廷格拉和廷格拉姆科等8个茶叶种植园，英国人称为"站"（Station）。在南部种植园，建立起了查莱德奥、加布罗普布特、纳兹拉、迪科浩姆科、迪波洛古尔和拉科尔等16个茶叶种植园。东部种植园部还建立起提普姆煤矿和木材加工厂。北部种植园主管布鲁斯和东部种植园主管帕克为了加快茶园拓展进度，采取从丛林中挖掘野生阿萨姆小茶移植种植在新开垦的茶园中的办法，他们雇当地景颇人、那加人从丛林中挖掘小茶树，1卢比可以收购几百株小茶树，迅速地扩大了种植面积，这个措施获得了董事会的高度赞赏。布鲁斯也同时投机取巧地雇当地部落人采摘野生茶叶，运送到他指定的廷格拉和卡汉茶叶加工厂集中加工。他已经在这两个种植园建立了茶叶加工厂，在繁忙的茶叶采摘季节，布鲁斯带领着2个中国红茶制茶工和2个中国绿茶制茶工奔波在这两个茶厂制作茶叶。

1841年2月21日，阿萨姆公司的董事会主席威廉·普林瑟普、秘书汉普尔顿和W. J. 斯科特博士从加尔各答乘坐英国东印度公司的"亚穆纳号"船前往阿萨姆种植园视察，这也是公司主席第一次视察阿萨姆地区的茶园。他考察了南部种植园的每一个茶园，对他所看到的茶园拓展成果非常满意。6月9日，他撰写了报告专门向总督奥克兰伯爵做了汇报。同时，请求总督奥克兰伯爵能够给予更多的土地用于拓展茶园面积。6 月 15 日，政府秘书代表总督回信，"鉴于你公司已经拥有大面积的土地，应该有保留地谨慎拓展。"婉言拒绝了阿萨姆公司的要求。

1841 年 8 月 12 日，在加尔各答公司董事会的年会上，董事会主席威廉·普林瑟普宣布，至 1840 年 12 月，阿萨姆公司实际茶叶种植面积已经达到 2638 英亩。大部分的茶园是在丛林中清除了丛林灌木后种植的茶树，平均每英亩种植茶树 457 株。1840 年，阿萨姆公司茶叶的产量达到 171 箱，合计重量 1.0212 万磅。其中北方部生产的红茶和绿茶各 6657 磅和 2510 磅；红茶产品有"拣焙""工夫""包种""武夷"和"小种"；绿茶产品有"贡珠茶""细贡珠茶""熙春茶""雨茶""细珠茶""小珠茶""大珠茶""级外茶"；南方部生产的红茶 1034 磅，分为"小种"和"大种"两个等级。这些产品的命名都采用了当时中国红茶和绿茶的名称。

1841 年 6 月，阿萨姆公司生产的第一批茶叶从种植园总部纳兹拉装载在木船上，经迪科浩河进入布拉马普特拉河运至加尔各答。对于阿萨姆公司而言，第一批生产的阿萨姆茶叶显得格外珍贵，专门安排公司秘书给予特别的关照，这批茶叶经小心翼翼地包装后，通过"海伦玛丽号"帆船发送伦敦，12 月 17 日到达伦敦。

这批充满着阿萨姆公司希望的茶叶，由伦敦公司的董事川宁、福克斯、特拉弗斯三人负责与伦敦汤普森经纪公司联系落实拍卖。1842 年 1 月 26 日，在汤普森的主持下，阿萨姆公司生产的第一批茶叶在伦敦茶叶拍卖行举行公开拍卖。然而，拍卖结果令阿萨姆公司大失所望，市场反应平平，拍卖价格在每磅 1 先令 10 便士至 4 先令 3 便士，远远没有阿萨姆茶叶第一次在伦敦拍卖时空前绝后的轰动场面。当时最高档的中国白毫茶价格可以达到 11 先令，低档的武夷红茶价格也可以达到约 3 先令。伦敦董事会在年度股东大会上忧心忡忡道："（阿萨姆）茶叶没有虚高的价值，这是经过了专家仔细评估的，他们认为其品质完全基于伦敦市场，已经不再是作为一个稀奇的产品。"阿萨姆公司生产茶叶的低品质和低价格为后来公司的财务危机埋下了隐患，但公司董事会当时并没有真正意识到这一点。此后，伦敦汤普森经纪公司一直作为阿萨姆公司在伦敦的茶叶经纪公司。后来，还委托理查德·吉布斯公司作为经纪人。

阿萨姆公司在加尔各答购买的一艘 50 马力的蒸汽船和木船运输队也正在建造之中，预计 1841 年 11 月可建成。计划建立一个茶箱制造厂的锯木设备已送往阿萨姆的斋浦尔。阿萨姆公司同时投入大量的资金建造种植园区域之间的道路、桥梁，以及用茅草和竹子搭建管理人员的茅草屋宿舍和劳工的临时小屋；种植园还投入资金和劳力种植小麦、水稻等粮食作物，以解决种植园粮食供应短缺问题。至 1840 年底，公司报表显示，当时种植园茶叶生产成本是巨大的，从伦敦董事会汇到加尔各答的投资款已经达到6.5457 万英镑。加尔各答公司董事会报告说，"由于劳工和非生产性的经济损失达到 12.3275 万卢比（约 1.2 万英镑）。"

在这个阶段，尽管茶叶种植园投入巨大，加尔各答董事会对前景仍然非常乐观。1841 年 8 月 11 日，阿萨姆公司总部在加尔各答黑斯廷大街 15 号召开的股东会议，董事会主席威廉·普林瑟普报告了 1840—1841 年度的公司业绩进展，他乐观地估计 1841 年茶叶产量将达到 4 万磅，1845 年茶叶产量可以达到 32 万磅。参会的董事们也无比乐观地认为："阿萨姆公司的繁荣将被视为国家的主要利益。"德瓦尔卡纳特·泰戈尔赞赏股东们的合作是"最诚挚的合作"。但伦敦董事会事后披露，实际上这些数据都是种植园主管随意编造的。

虽然许多当地部落人被安排跟随中国茶工学习制茶技术，但那时期整个阿萨姆公司种植园的茶叶栽培和制作的核心技术依然掌握在中国茶工手中。中国红茶和绿茶制作工、包装工、造纸工、铅罐工、木匠、油漆工、铁匠、苦力等共计 70 人被分散在瑙侯利、提普姆、廷格拉和斋浦尔等种植园。中国制茶工的每月报酬为 26 — 30 卢比，如在提普姆种植园，9 名中国制茶工的每月报酬共 236 卢比，约等于每人 26.2 卢比，中国翻译约 50 卢比，中国木匠约 24 卢比，中国油漆工约 22 卢比，中国铁匠约 25 卢比，阿萨姆人茶园监工约 30 卢比，阿萨姆人茶园劳力约 4 卢比。

阿萨姆种植园也聘用了 20 多名英国或欧洲的管理人员作为助理或者学徒，助理分为 4 等级，每月的薪酬为 100 —300 卢比，学徒的月薪酬约 35 卢比。而像布鲁斯主管和马斯特斯主管的月薪可高达 800 卢比，帕克主管的月薪约 600 卢比。关于已被派到阿萨姆种植园的欧洲人助理，马斯特斯在给董事会的一封信中抱怨道："迄今为止，我已经不知所措，许多欧洲来的助理，他们不懂农业技术，但最大的问题是健康，不适应这里的气候。经常发生的情况是，当助理克服了许多困难，逐渐熟悉自己的职责，并与当地人关系也开始理顺后，这时助理就生病，被迫离开自己的岗位。如果另外派遣一批新手过来，又面临同样的问题，这很显然是董事会对当地情况的一无所知导致的。"年轻的英国人怀揣抱负和梦想被阿萨姆公司招募，漂洋过海 5—6 个月，从英国奔赴来到阿萨姆丛林中，他们既不懂技术，又要单调乏味地持续监督苦力工作，居住在没有卫生设施的简陋草屋中。水土不服的欧洲人在这瘟疫蔓延的地区住下来，没几天就可能发烧，最有可能的是一直无法摆脱它，绝望和烦躁不安，病情加重后往往迅速死亡。

在布鲁斯和马斯特斯的艰苦努力下，阿萨姆公司在这段时间里的茶园面积又有新的拓展，然而，大肆扩张带来一系列隐藏的致命恶果，投入的代价是巨大的。1842 年，马斯特斯管理的 5 家种植园的茶园面积达到 787 英亩，茶园中一些是新茶园，一些茶园的茶树已经长成较大的茶树。他确定茶苗种植距离是五英尺，他计算每英亩茶园的开垦成本和每年的维护成本分别约 83.3 卢比和 41.7 卢比。种植 1 普拉斯（Poorah，当时的面积单位，约等于 1.21 英亩）茶园的成本高达 100 卢比，而每英亩每年度的维持成本约 50 卢比。布鲁斯管理的 8 个种植园茶园面积合计达到 220 多英亩。其中，1841 年新开垦的茶叶种子园"巴扎洛尼"，这是完全采用中国种子的播种的茶园。除了茶园开垦和种植成本巨大外，茶叶的加工成本也巨大。布鲁斯管理下的茶叶加工效率极低，30个采茶工，11 个制茶工，一天仅生产 2 箱约 40 磅红茶，16 个制茶工一天仅生产绿茶 2 箱约 92 磅茶叶。

加尔各答董事会在 1841 年 11 月 26 日的股东大会上总结道：1841 年实际的茶叶产量仅 2.9267 万磅，而生产成本则达到令人瞠目结舌的 1.6 万英镑。1841 年加尔各答董事会上，受到质疑的普林瑟普被迫无奈辞去了主席职务，次年回到英国。他后被选为阿萨姆公司伦敦董事会董事，直到 1874 年去世。普林瑟普辞去了主席职务，也意味着孟加拉人德瓦尔卡纳特·泰戈尔个人对阿萨姆公司的影响力下降。普林瑟普卸任前推荐亨德森作为新主席，但董事会最后选举了拉彭特作为新一届主席。

1842 年，阿萨姆公司的经营业绩一直没有明显的起色，质疑声随之而来。对于种植园的经营问题，马斯特斯一针见血地指出是"在茶叶种植和采摘方法上有问题"。不幸的是，他的话一语成谶。但不懂技术和管理的加尔各答董事会依然对前景保持乐观的态度。加尔各答董事亨利·查普曼在 1842 年 10 月的股东大会上报告："本地的董事们对已经在进行的业务最终取得成功充满信心和满意。回顾过去 12 个月的运行，朝着许多有利的方面发展，而公司早期的那些困难和挫折已经大幅减少。"1842 年，阿萨姆茶叶实际生产量远小于预期，仅 3 万磅左右，而公司净成本已经高达 16 万英镑，但阿萨姆公司打肿脸充胖子，还是在 1843 年支付 3%的第一次股利。

　　遥远的伦敦董事会只能听从加尔各答董事会的报告，实际并不了解阿萨姆种植园的真实情况。19 世纪 40 年代，从伦敦经好望角至加尔各答的信件通常需要 4—5 个月。从阿萨姆纳兹拉种植园总部寄往加尔各答的信件最少需要三周或一个月时间。漫长的信息传递使得伦敦、加尔各答和纳兹拉之间的信息获得非常困难。特殊的两个董事会模式开始暴露出越来越多的弊病，相互间误解、猜测和怀疑。1842 年 11 月，伦敦董事会曾决定派一个调查组到加尔各答调查了解阿萨姆公司的实际经营状况，但被加尔各答董事会婉言谢绝。伦敦董事会秘书普里多则指责加尔各答董事们个个都是典型的精明生意人，"他们只顾忙于自己的生意，没有时间和精力投入到阿萨姆公司的业务中"。两个董事会相互指责的同时，英国和加尔各答的媒体也特别关注着帝国第一家茶叶种植公司的商业化进展，阿萨姆公司公开的年度报告引起了加尔各答主要报纸的评论，帝国第一家茶叶种植公司的命运必然被赋予更多意义。各种有关阿萨姆种植园管理不善、气氛悲观等不利的消息早已传得沸沸扬扬，各种负面的消息接踵而来，一股悲哀的气氛弥漫在社会舆论中。雪上加霜的是，阿萨姆公司定制的用于茶叶运输的蒸汽轮船在第一次试航时就出事故。1842 年 5 月 19 日的一份报纸说："阿萨姆公司的新船在布拉马普特拉河第一次航行之后，船回来就卖掉了，原因不知道，可能是船无法在布拉马普特拉河航行。"

1841 年，阿萨姆公司生产的第二批 421 箱红茶和绿茶，共 3 万磅茶叶，经"南京号"和"拉拉罗克号"帆船发往伦敦。北部种植园生产 236 箱红茶和 16 箱绿茶；东部种植园生产了 17 箱红茶和 24 箱绿茶；南部种植园生产了 128 箱红茶。1843 年 5 月的伦敦董事会报告称：这批茶叶的平均拍卖价仅 2 先令。1842 年—1843 年阿萨姆公司生产的茶叶质量更差，曾经一批 289 箱在伦敦拍卖，"武夷红茶"价格每磅仅 1.5 便士，"拣焙"绿茶每磅仅 3 便士。如此低的品质和卖价，让伦敦董事会忍无可忍。

而更让阿萨姆公司董事们难堪的是，1841 年 5 月 26 日，东印度公司竟然在加尔各答商品交易销售大楼举行第一次本土的茶叶公开拍卖会，拍卖 95 箱产自东印度公司原斋浦尔茶园的红茶和绿茶，这批茶叶是 1841 年 3 月 5 日送到加尔各答的。拍卖活动由英属印度政府组织，拍卖通告由政府阿萨姆种植园主管托马斯·瓦特金斯和加尔各答植物园园长瓦里奇博士 1841 年 3 月 5 日共同签发，由麦肯齐氏·莱尔经纪公司主持拍卖。通告的最显著位置标示"新颖和令人关注的阿萨姆茶出售——加尔各答市场的首次进口品（Novel and Interesting Sale of Assam Teas—First Importation for the Calcutta Market）"。而非常有意思的是，通告中宣布即将拍卖销售的 35 箱茶叶是由"景颇族首领宁格洛拉"（后面加了括号"政府种植园帮助"）制作的，茶叶包括了红茶

ASSAM TEAS,

AT THE EXCHANGE

TO BE SOLD BY PUBLIC AUCTION,

BY MACKENZIE, LYALL & COMPANY,

AT THE EXCHANGE COMMERCIAL SALE ROOMS,

On WEDNESDAY next, the 26th MAY 1841,

AT NOON PRECISELY,

BY ORDER OF GOVERNMENT.

The first Importation for the Calcutta Market,

OF

ASSAM TEAS,

These Teas were manufactured by the Singhds, Chief Niegronle of this Province, (aided by the Government Establishment,) with the greatest possible care, and will be disposed of by Auction for his benefit. This Sale offers the first opportunity to the people of this Country, of obtaining samples of Assam Tea, and will no doubt prove interesting to the Mercantile Community.

THE CONSIGNMENT CONSISTS OF THIRTY FIVE CHESTS;

COMPRISING

PEKOE.	GUNPOWDER.	HYSON SKIN.
CONGO.	HYSON.	AND
IMPERIAL.	YOUNG HYSON.	GREEN TEA DUST.

IMMEDIATELY AFTER ON ACCOUNT OF GOVERNMENT,

Will be brought forward and likewise Sold by Auction, at same place,

THE ENTIRE CONSIGNMENT; CONSISTING OF NINETY-FIVE (95) CHESTS OF

ASSAM TEAS,

the produce of Government Tea Plantation in Assam, for season 1840.

AS PER INVOICE BELOW;

Marks & Name bers	Quantity	Name of the Tea	Estimated Average wt. pr Package	Estimated Total Weight	Marks & Numbers	Quantity	Name of the Tea	Estimated Average wt. pr Package	Estimated Total Weight
		CHOWA.		Rs. 1,683			**Dust.**	Brought forward	Rs. 1,163
	13 chests	Souchong Congo			Pekoe	6 chests	Pekoe		80
	2 ditto					1 ditto	Woohee Choon Tippee		60
	1 ditto				Imperial	2 packs	Choo Choon		40
	4 ditto	Sempoy		380					
	1 qr chest	Pekoe		10		6 ditto	Yow Choon		120
	1 chest				Hyson				
	2 ditto			120		4 ditto	Hysen Tit		50
	1 ditto	Woohee Choon Bari		30	Young Hysen	3 chests	Tone Teent		60
	1 ditto	Pekoe Dust		45		7 ditto			
	9 ditto	Souchong Congo		800		10 ditto	Pel Tehn		480
	1 ditto					1 ditto			20
	4 ditto	Sempoy		302					
	or chs			10			**Total** Rs.	4,632

Govt. Tea Superintendent's Office, Jaipur Upper Assam, The 5th March, 1841.

(Signed) THOS WATKINS,

Supt. Govt. Tea Plantations.

(A true Copy)

N. WALLICE, M.D.

Experimental, H. C. Botanic Garden.

1841 年 5 月 26 日，东印度公司在加尔各答第一次拍卖茶叶的通告和绿茶两类，红茶包括白毫、工夫和贡珠茶；绿茶包括珠茶、熙春、雨茶、皮茶和绿茶末。这次拍卖表明了东印度公司虽然将三分之二的种植园转让给了阿萨姆公司，而实际上东印度公司依然对茶叶种植情有独钟，念念不舍。东印度公司保留的茶布瓦、定宅和提普姆茶园继续在种植和制作茶叶，而打着景颇首领的旗号可能是希望拉拢景颇部落或者纯粹为了噱头。这次拍卖开创了印度本土拍卖的先河，为未来印度本土茶叶拍卖打下了基础。

阿萨姆公司获知此事后，异常气愤，指责东印度公司依然试图与阿萨姆公司竞争市场。加尔各答的个别董事曾经建议以私人公司的名义将拍卖的茶叶全部买下，最后董事会否决了这个建议。东印度公司阿萨姆试验场最后一批生产和送往伦敦的茶叶，包括了 70 箱熙春、雨茶、贡熙等级绿茶和 120 箱包种和小种红茶等。

至 1843 年，虽然新的茶季即将来临，加尔各答董事会却开始涌现悲观的情绪，种植园一直处于亏损状态，依然看不到在印度大陆茶叶种植能够商业化的希望。1843 年，伦敦董事会向股东提交的报告中公开对种植茶叶能否成功表示怀疑和不确定。伦敦和加尔各答董事会则把矛头指向阿萨姆种植园主管，认为种植园的管理者在用一些虚假的报告和数据来欺骗董事会。

加尔各答董事会也极力想了解第一手资料，想知道到底发生了什么问题？因此，董事会给南部主管马斯特斯、北部主管布鲁斯和东部主管帕克分别发出了详细的调查问卷。三位主管在阿萨姆闷热的高温下，借着微弱的煤油灯光，一边手摇蒲葵扇驱赶蚊虫，一边绞尽脑汁地回答董事会提出的种种问题。7—9 月份，他们分别提交了一份长篇的书面报告给董事会，然而董事会并不满意三位主管的报告。由于生产的茶叶质量极差，导致销售收入减少，阿萨姆公司的财务陷入危机状态，因此董事会进一步要求三位主管必须削减种植园的开支。此时正巧发生一件事，东部主管帕克曾向公司董事会建议，各部种植园每月减少 5000 卢比支出。南部主管马斯特斯口头上同意，但他又新建立了一个设施，设施的费用超出了实际需求。马斯特斯主管竟胆敢未经同意随意开支，让董事会非常愤怒，马上吩咐马斯特斯主管赶赴加尔各答接受质询。马斯特斯主管则强硬地对抗董事会的命令，并提出辞职。1843 年 7 月 15 日的加尔各答备忘录中记载着他的答复："拒绝赴加尔各答，除非支付他的全部薪水、所有旅费，不能有任何的紧缩开支，拒绝任何与阿萨姆公司的进一步沟通，将不理会董事会给予他的任何指示。他已经交出本部门负责的所有账户、财产等给第一助理格罗斯先生……"对于马斯特斯辞职，公司的会议记录记载的是"公司接受了他的辞职"。实际上，7 月 1 日，桀骜不驯的马斯特斯就已经写信指责加尔各答董事会："就南部种植园而言，你们只是武断指责，在这种管理体制下是不可能恢复生机的。"

马斯特斯辞职后，东部种植园主管帕克暂时接替马斯特斯的职位。帕克也因不满公司的指责，随即提出辞职，他告诉董事会，"他只会继续留任一段时间，直到一个更有能力的人来接替为止"。1843 年底，帕克辞职离开了阿萨姆公司种植园。接任者是伦敦董事会派遣的麦凯，他被伦敦董事会认为是一位"高品位和性格的绅士，他的判断和品德是完全可以令人放心的"。加尔各答董事会同意任命麦凯为阿萨姆种植园主管，而伦敦董事会则要求麦凯直接向伦敦董事会汇报，伦敦董事会要求 1844 年 4 月前收到"关于种植园的现状及减少开支和管理的建议"报告。麦凯 1843 年 10

月底才到达纳兹拉总部，接手了南部种植园，而将东部种植园交给布鲁斯负责，不幸的是他一到任就一病不起，无法开展工作，让本来就一堆烂泥的经营状况，变得更加艰难。跟随他到任的公司会计霍奇斯不得不接手种植园的管理工作，伦敦董事会望眼欲穿，却迟迟未收到麦凯的报告，让伦敦董事会更加担忧。

布鲁斯主管也遭受同样的责难，虽然阿萨姆的夏天酷暑难熬，而布鲁斯感受到的却是董事会居高临下、武断指责的阵阵寒风，他的内心一定十分恼火，但他的反应不像马斯特斯主管那么激烈。他回答说："反对这样的指责，（我们）所有的服务都是冒着自己的生命危险在履行职责。非常沮丧，这种责难不会让助手们更积极……"收到布鲁斯的信后，董事会秘书被指示，告知布鲁斯已收到他递交的抗议和其他报告，"暗示布鲁斯先生，在与董事会沟通时，他会看到更尊重礼节的语气"。这令布鲁斯这样为建立帝国茶园投入巨大热情的先驱者感到非常失落、沮丧，想必心里一定五味杂陈。1844 年，布鲁斯正式离开阿萨姆公司，那一年他 51 岁。阿萨姆公司会议记录中，没有布鲁斯被解雇或者辞职的记录。阿萨姆公司档案记录中最后提及了布鲁斯离开一年后北部种植园的财务支出记录。1845 年间，北部种植园的经费支出已经超过 2000 英镑，记录中显示当时管理者的解释是"部分原因是布鲁斯先生留下的欠款"。伦敦董事会中最后记录着布鲁斯拙劣管理表现的简短文字，搞得布鲁斯灰头土脸，大英帝国茶产业种植历史中最伟大的发现者和先驱者，随着阿萨姆公司最后的记录，其光辉已经悄然褪色。

阿萨姆种植园的经营情况依然没有起色，财务状况继续恶化。1843 年的冬天，对阿萨姆公司来说格外寒冷。这一年加尔各答董事会的9名董事有6名董事辞职，1844年5月6日的加尔各答股东大会只剩下3名董事。加尔各答董事会的威信严重下降，既得不到种植园主管的信任，也被伦敦董事会责备。伦敦董事会和加尔各答董事会之间为此关系极度紧张，伦敦董事会认为被加尔各答董事会欺骗了。由于麦凯因健康的原因不能履行他的职责，1844年6月，加尔各答董事会解除了麦凯的主管职务，任命原会计霍奇斯担任种植园主管一直到1847年。当年由伦敦董事会送给加尔各答董事会的年度报告中显示有些悲哀，报告说，"在上次会议上，基于在该地区我们正在进行的业务现状和结果，董事们对于公司能最终取得成功已经失去了信心。这些数据已经被负责业务的人在许多方面严重地修改了，年产量也比预计的下降1/3；同时，目前公司的支出费用似乎并没有减少。"报告强调指出："我们已明确要求禁止加尔各答董事会再支付资金给种植园，并要求他们减少支出，提高管理水平和手段。因此，我们可以负责任地说，在这一情况下，股东将不再有进一步的指示，除非你们董事们有足够的理由继续从事我们曾经开创的事业。"

对阿萨姆公司的股东们来说，当时的财务状况已处于破产的边缘，但幸运的是，当时公司还没有受到"有限责任公司"法律的限制。1845年英国议会通过了一个"第十九特别法案"，该法案实施后立刻解决了阿萨姆公司的资金问题，阿萨姆公司突然绝处逢生，可以继续募集资金投入到阿萨姆地区的茶叶种植中。

实际上，阿萨姆公司在阿萨姆地区的茶叶种植面积和茶叶产量还是在逐年增加，1841—1844年，茶叶产量分别达到1.0505万磅、3.1398万磅、8.7705万磅和12.0422万磅，而总支出最终趋于减少，1841—1844年，年支出分别为1.2984万英镑、1.6560万英镑、

1.3146 万英镑和 7284 英镑，显示出经营状况总体趋势向好的方向发展。尽管阿萨姆公司在印度大陆的茶叶种植园经营陷入困境，但作为英国第一家茶叶种植公司，1845 年英国议会授予阿萨姆公司"英国议会土地契据书"（Deed of British Parliament），同时被英国维多利亚女王授予"皇家特许证"（Royal Charter），以表彰其在殖民地卓越的开拓进取。

尽管阿萨姆公司经营遇到了极大的困难，但随着阿萨姆公司不断地将阿萨姆生产的红茶输入伦敦销售，英国媒体对阿萨姆公司又开始充满信心和希望。1844 年 3 月 2 日《格拉斯哥公民报》认为，阿萨姆红茶比从中国进口的安溪茶、屯溪茶、熙春茶、珠茶等拥有更丰富微妙的味道。1844 年 8 月 24 日《格拉斯哥公民报》再次认为，"迄今为止，阿萨姆茶的品质风味和味道要比从中国进口的茶叶更优越。"1845 年 3 月 8 日英格兰《布里斯托尔时代和镜像》认为："自 1839 年进口阿萨姆茶叶以来，他们的种植技术有了巨大的改善。非常明显，人们对新产地茶叶的到来拥有相当大的兴趣和期待，几年后英属印度将变得更加强大。"

当然，在经历了前期管理不善和浪费大量资金之后，阿萨姆茶产业的前景似乎开始出现曙光。伦敦董事会仍然对加尔各答董事会不信任。他们认为，报告中预计的产量明显是伪造的，茶园面积比往年增加而茶叶产量反而更少。除了管理不善外，更糟糕的是没人知道如何种植茶树以及如何保持茶叶的产量，更别说如何提高制茶的品质。经过多年的种植，现在新茶园已经到种植和采摘的关键阶段，从中国制茶工教导和学到的方法很明显是不行的。除非找到能使茶叶产量更高的新方法，否则，茶叶种植业就必须关闭。伦敦的董事们认为首先应该压缩茶园面积，减少开支，集中在小区域继续试验直到最后证明是成功的。

伦敦董事会也一直质询加尔各答董事会，并多次派遣代表前往加尔各答调查，渴望了解真实状况和改进经营。1845年，加尔各答董事会委任副秘书亨利·莫尔奈前往阿萨姆对种植园现行的管理制度、运作、茶叶种植和加工技术存在的问题进行调查，以期进一步降低成本，提高茶叶品质。亨利·莫尔奈担任公司秘书多年，对公司相当了解。1846年6月，他提交了1845—1846年两次考察阿萨姆种植园的报告，报告中提出了许多改进种植园经营的意见。

1846年5月1日，伦敦董事会在股东会议上再次强烈地表现出对加尔各答董事会的不信任，伦敦董事会曾经试图解散加尔各答董事会，转而通过"代理经纪公司"直接管理种植园。1846年12月2日，伦敦股东会任命了一个独立的特别委员会，再次调查加尔各答公司的财务、管理状况，以及如何能够盈利。特别委员会经过调查认为，管理不善的主要原因是阿萨姆种植园管理人员无知的粗放管理和欺骗。因此，提出的改进意见是：决定完全关闭北方部门和东方部门的种植园（廷格拉和斋浦尔），集中管理好南方部门的6个种植园；将停航的"阿萨姆号"蒸汽船卖掉；鼓励当地部落种植茶叶，将鲜叶卖给阿萨姆公司加工；伦敦董事会通过加尔各答的"管理代理公司"直接管理种植园。伦敦董事会完全赞同这些意见，加尔各答董事会除了接受完全关闭公司北方部门和东方部门种植园的建议外，其他建议都被拒绝，最终也无法实施执行。

1846—1847年，处于风雨飘摇之中的阿萨姆公司徘徊在破产的边缘，公司原值20英镑的股票价格直线暴跌至每股1卢比以下。

伦敦的董事们似乎已经承认在阿萨姆茶叶种植商业化的失败，并把责任推给加尔各答董事会，指责说是他们管理不善造成的。伦敦的董事们已经怀疑公司是否值得继续经营下去。"太渺茫的成功希望和太有限的利润，使得我们怀疑是否必要继续这项业务"。董事们束手无策，同时又依然忧心忡忡地关注着不停地投入和投资的损失，似乎不相信印度大陆种植茶叶在未来有盈利能力。伦敦公司董事会曾经考虑将其持有的阿萨姆公司股份卖给加尔各答公司。伦敦董事会后来要求加尔各答董事会向董事会提供一个报价，并表示他们"会倾向于股东建议，接受任何将付给他们适当的每股价格，而不是依赖于遥远有更大利益的未来"。也就是说伦敦董事们已经倾向于可以以任何价格出售阿萨姆的股份。当然加尔各答董事会最终没有提供报价，最后伦敦和加尔各答董事会的董事们决定再冒险继续经营一年至1848年。

1847年，阿萨姆茶叶种植园茶叶产量达到16.0334万磅，但公司的资金资源已经枯竭，伦敦公司已负债7000英镑，而加尔各答公司已负债4万卢比。承载着大英帝国的伟大梦想，似乎即将成功的帝国茶产业公司几乎破灭了。

为了拯救阿萨姆公司，1847年，加尔各答董事会秘书亨利·莫尔奈推荐他的兄弟斯蒂芬·莫尔奈接手管理阿萨姆种植园。8月28日，斯蒂芬·莫尔奈被加尔各答董事会任命为种植园主管，月薪200卢比。9月28日，斯蒂芬·莫尔奈到达纳兹拉总部。1848年1月4日，临危受命的加尔各答董事会董事亨利·伯京杨出任加尔各答公司总经理（Managing Director），拯救处于破产漩涡的阿萨姆公司，月薪500卢比。在亨利·莫尔奈前往阿萨姆考察期间，亨利·伯京杨曾代理公司秘书一职。但伦敦董事会坚决反对聘任亨利·伯京杨和斯蒂芬·莫尔奈，他们只想降低开支，而加尔各答股东会坚持批准了任命。后来事实证明，这两个伟大的人物最终将阿萨姆公司从灾难中解救了出来。

亨利·伯京杨1841年就担任公司董事，他担任总经理后承受着巨大的压力，如何恢复信心、重振阿萨姆茶产业的希望？伯京杨不得不从自己的口袋里掏出一部分资金，同时与公司董事、银行家坎贝尔合作，以未来茶园的收获为抵押获得贷款。获得这些资金后即用于公司周转，临时解决了部分资金问题，暂时稳住了局面。他采取了许多极为有效的管理措施，例如，提出将各地种植园生产的茶叶集中在纳拉兹总部中心工厂集中精制、风筛、包装，使得茶叶品质得到大幅度的提高。而另外一位做出了重大贡献的种植园主管斯蒂芬·莫尔奈，他与种植园助理小乔治·威廉姆森一起，认真改进茶叶的种植技术，通过研究茶树的生理规律后认识到，在茶树幼年期被过分采摘是非常错误的，因为此做法没有让茶树生长至合适的正常叶层。他们意识到，即使是中国的茶树品种，也首先必须让茶树正常发芽生长；第二年3—4月份时才能开始采摘，如果无知地过早采摘或过分采摘，将严重损害茶树的生长，甚至导致其死亡。实践证明，他们的研究结果可以使得茶叶产量得到显著的提高，技术应用后每英亩茶叶产量达到196磅，而且能降低茶叶生产成本。他同时大幅度消减欧洲管理人员和劳工的工资，劳工的工资从3.8卢比降至3卢比。他禁止劳工种植水稻，认为劳工花费大多时间，从而影响公司的利益。他也改进制茶技术，严格要求劳工挑选采摘的鲜叶，必须将红变的鲜叶重量扣除，从而提高了制茶率，但也减少了劳工的收入。虽然他的许多管理方法非常残酷，但效果却是显著的。

峰回路转，幸运之神开始眷顾阿萨姆公司种植园。1848年，阿萨姆公司全年茶叶产量突破20.1652万磅，比1844年增加约40%，每英亩产量最高达到275磅。由于加强了茶叶种植园的经营管理，管理费用也大幅度减少。1848年，阿萨姆公司终于实现盈利，获得了3千英镑利润，当年伦敦公司7千英镑的债务已经偿还了2千英镑。

加尔各答董事们面对阿萨姆茶叶生产形势开始逐渐好转的局面，希望继续进一步拓展茶园面积，而伦敦的董事会这时则缄口不语。1849年，北方部门和东方部门的茶叶种植园被重新启动，伦敦董事会又表示了他们的"恐惧和不满"。阿萨姆种植园茶叶产量进一步提高，而且令人欣慰的是盈利开始大幅度增加。1849年茶叶产量达到21.4817万磅，收入1.6628万英镑。1850年茶叶产量达到25.1633万磅，收入1.8153万英镑，公司获纯利润5025英镑，加尔各答公司的债务全部还清。1849年的股东会议报告似乎充满了新希望和信心，伦敦董事会的态度开始发生变化。阿萨姆公司又提出了新的增资扩股募集资金方案，每股1英镑，共筹集了1万英镑，募集资金用于扩大茶园面积。

1850年4月，伦敦公司的债务减少至2500英镑。阿萨姆公司1852年5月7日的报告显示，1852年公司第一次发放了1851年的2.5%红利。取得如此业绩，连伦敦董事会也不得不赞赏斯蒂芬·莫尔奈主管"不懈的努力"。

阿萨姆公司生产的茶叶在伦敦市场也获得了较好的价格，其中花白毫红茶价格达到每磅4先令6便士，二等白毫红茶2先令6便士，小种红茶2先令3便士，工夫红茶1先令6便士，武夷茶1先令3便士，阿萨姆茶叶的平均价格甚至高于中国茶叶每磅3—

6便士。1850年12月，阿萨姆公司选送24盒阿萨姆茶叶参加了1851年5月1日在伦敦举行的第一届世界博览会，并且荣幸地全部获得了金奖。

1853年5月6日的阿萨姆公司年报显示：1852年，公司生产茶叶达到27万多磅，茶叶销售额达到3万英镑，红利达到了3%。为此，阿萨姆公司隆重地向英国公众宣布，阿萨姆公司终于盈利了。从1848年开始取得微薄的利润，至1852年已经取得了持续的盈利，阿萨姆公司众多股东们终于看到希望，预示着在印度大陆茶叶商业化种植已经取得成功。英属印度政府也宣布：伟大的茶叶商业化和产业化已经获得了成功。

阿萨姆公司能够在濒临破产的严峻形势下走出来，应该感谢加尔各答公司董事、总经理亨利·伯京杨强大的创业信心和业务能力，5年内他将阿萨姆公司和未来的茶产业从绝望的边缘拉了回来。1851年2—4月，他再次考察阿萨姆种植园，对茶园管理取得的进步感到欢欣鼓舞。阿萨姆公司种植园的成功在很大程度上也得益于种植园主管斯蒂芬·莫尔奈和助理小乔治·威廉姆森改进茶叶种植和加工技术，以及改善种植园管理。1853年，在纳兹拉基地建立了锯木工厂，茶箱的制作也在纳兹拉基地生产。

1852年，斯蒂芬·莫尔奈主管退休。他离开的原因是董事会认为他是一个脾气暴躁、对下属严厉和草率的人。总经理伯京杨极力推荐种植园主管助理小乔治·威廉姆森接替斯蒂芬·莫尔奈担任阿萨姆种植园主管，但当时董事会主席约翰·詹金斯极力反对，他认为亨利·莫尔奈更合适，众多董事则支持伯京杨的意见。同年，小乔治·威廉姆森正式担任阿萨姆种植园主管。1853年，亨利·伯京杨也退休，威廉·罗伯特担任总经理。小乔治·威廉姆森拥有较丰富的农业技术，1849 年他曾经在比哈尔种植甘蔗。1849 年 4 月，他加入阿萨姆公司，担任种植园主管斯蒂芬·莫尔奈助理，月薪 100 卢比。他也许是在阿萨姆茶产业发展中另外一个重要人物之一，他曾经与主管斯蒂芬·莫尔奈一起大胆地改进茶叶种植技术，降低茶叶种植成本，极大地提高了茶叶产量。他较早意识到了中国茶树品种不适合在阿萨姆地区种植。他指出，在没有种植中国茶树品种的卡查里坡克里茶园，其茶叶产量非常高。中国人传授的茶叶采摘方法也不适合阿萨姆种植园，过分的采摘消耗了茶树的养分，导致茶树早衰。小乔治·威廉姆森在阿萨姆茶园进行种植技术和方法的改进，使阿萨姆茶叶种植园的效益进一步提高。

经过十年艰苦的探索，在多次惊涛骇浪的危机中，阿萨姆公司最终发展成为一个盈利的茶叶种植公司，证明了阿萨姆茶叶种植商业化取得了成功，为帝国茶产业迅速发展建立了坚实基础，探索出一条成功的道路。阿萨姆公司早期种植茶树的失败，除了商业方面的原因之外，最关键的是没有完全掌握茶叶种植和制作技术。许多英国人事后认为：当初英国东印度公司太早放弃茶叶种植试验，在尚未完全掌握茶树种植技术之前，阿萨姆公司就投资和进行大规模的种植，没有成熟的技术支持，又管理不善，导致了阿萨姆公司陷入经营危机，甚至面临破产。

1853 年，阿萨姆公司旗下种植园的茶园面积已增加至 2000 多英亩，茶叶产量达到 36.668 万磅，平均单产 180 磅 / 英亩，销售额 3.9 万英镑，利润 1.3262 万英镑。阿萨姆公司已经对茶产业充满了信心，这个信心也扩散影响了英国东印度公司。印度殖民政府认为阿萨姆地区茶叶的商业化种植已经成功地取得了预期目标，因此决定英国东印度公司全部放弃与茶相关的产业，要求他们原先保留的 4 个茶叶种植园全部出售。1854 年 4 月 30 日，阿萨姆公司再次募集资金，法定资本增加至 500 万卢比，当然募集的资金被严格禁止种植鸦片、糖和咖啡。此后，阿萨姆公司的每年红利不断增加，至 1856 年，红利达到 8%。

1854 年 2 月 16 日，小乔治·威廉姆森向董事会提交一份经济研究报告，他从技术与经济的角度分析和计算，指出了现行主要的目标是必须提高茶叶的单产。1854 年，阿萨姆公司种植园拥有总茶园面积 3309 英亩，南部种植园有 7 个种植园，面积 2454 英亩；东部有 2 个种植园，面积 160 英亩；北部有 4 个种植园，面积 261 英亩；罗坎种植园部有 6 个种植园，面积 434 英亩。1854 年全年茶叶产量达到 47.824 万磅，单产提高至 260 磅 / 英亩。英国伦敦市场上，阿萨姆公司生产的茶叶品质获得了一致的认可，价格也随之提高。阿萨姆公司自己建立的船队源源不断地从纳兹拉总部运送茶叶至加尔各答。每艘铁船通常装载 600 箱茶叶。在加尔各答，通常用帆船装载运到伦敦，每艘船可装载 1000—1500 箱茶叶。1855—1856 年间发送往伦敦的 3462 箱茶叶，1857 年全部拍卖销售，茶叶平均价约 2 先令 5.5 便士 / 磅。

1856—1860 年阿萨姆公司经营盈利继续上升，支付的股息从 7% 增长至 12%，茶叶产量从 60 万磅增长至 80 万磅。1860 年，阿萨姆公司拥有 25 个种植园，茶园面积达到 4725 英亩，茶叶销售额达到 7.68 万英镑。在茶叶加工厂中，茶叶加工机械也开始被应用于茶叶加工生产过程。同年，阿萨姆公司将茶叶种植园业务拓展进一步至孟加拉东北部的察查地区，种植面积达到 900 英亩。阿萨姆公司种植园的茶园劳工已经达到 5200 多名，其中 1965 人是察查地区人。

随着 1839 年东印度公司放弃茶叶种植园业务，英属印度政府全面向公众开放茶叶种植园，阿萨姆地方殖民政府开始少量地出售阿萨姆的土地，支持、鼓励英国人投资茶产业。一些敢于冒险的英国人，甚至本土阿萨姆人从 40 年代后期开始小规模地进入阿萨姆地区开荒种茶。1845 年，阿萨姆土著人玛尼拉姆建立了第一家土著阿萨姆人的辛纳玛拉茶叶种植园。

1859 年，整个阿萨姆地区茶叶种植业已经发展至 68 个茶叶种植园，茶园总面积达到 7600 英亩。据文献记载，1860 年，阿萨姆地区已经有 110 个茶叶种植园，茶园面积或者计划种植茶叶的面积达到 2.1 万英亩，茶叶总生产量达到 170 万磅，其中阿萨姆公司的生产量就超过 80 万磅，占阿萨姆地区总产量的一半。在阿萨姆殖民政府的支持下，阿萨姆公司充分利用购买土地抵扣税收的政策，公司可以随意购买他们今后可能需要的任何土地。政府只是象征性地收取极低的土地租金，阿萨姆公司租用土地几乎是免费的，每英亩租金仅从 4.5 便士到 9 便士，每年支付的地租几乎对茶叶成本没有影响。同时，政府保证购买者拥有种植园土地的绝对所有权，从而增加了阿萨姆公司的信心，也促使更多的英国人投资进入阿萨姆地区的茶叶种植业。

19 世纪 60 年代开始，阿萨姆地区涌起"茶叶狂热"。1859—1865 年间，仅伦敦注册的茶叶公司就有 11 家，加尔各答注册公司 9 家，还有许多没有注册的公司，与阿萨姆公司形成了激烈的竞争格局。不过，阿萨姆公司充分利用这投机时机，将察查地区和阿萨姆北部门的部分种植园出售，同时大量出售茶籽。1862—1864 年，阿萨姆公司年盈利分别为 6.493 万、4.4512 万、3.2324 万英镑，仅 1862 年茶籽的销售收入就达到 1.2787 万英镑。阿萨姆在加尔各答的股票价格暴涨，1846 年伦敦的阿萨姆公司股票仅 2 先令 6 便士，1853 年涨价至 120 卢比，1856 年达到 320 卢比，1858 年微涨至 325 卢比，1862 年暴涨到 465 卢比（当时汇率 1 卢比约 2 先令）。阿萨姆"茶叶狂热"最疯狂之后的"茶叶危机"时期，阿萨姆公司也遭受沉重的打击，1865—1867 年，分别年亏损 1.3525 万英镑、7.6797 万英镑、1.5448 万英镑，至 1868 年才扭亏为盈，盈利 528 英镑。

1865 年，英国和印度大陆之间建立电报电缆，伦敦和加尔各答之间的通信更加方便和快速。1866 年，阿萨姆公司重组，伦敦董事会成功地废除了加尔各答董事会，加尔各答董事会被解散，阿萨姆公司从一个卢比公司变成了英国的英镑公司。1867 年 7 月 1 日，阿萨姆公司聘请"管理代理公司"舍尼·基尔伯恩公司作为加尔各答代理公司，负责阿萨姆茶叶种植园管理，每年费用 2500 卢比。从那时至 1877 年（除了 1867 至 1869 年），每年股息支付从 6% 到 35% 不等。1869 年苏伊士运河通航，大大缩短了英国和印度大陆的航程和运输时间。19 世纪 70 年代至 80 年代，阿萨姆公司经营稳步发展，虽然经历了伦敦市场茶叶价格的波动，但公司每股分红依然达到 7% 至 35%。1876 年，公司有 250 个股东，1897 年股东数达到 750 个。

19 世纪 80 年代至 20 世纪初，阿萨姆公司继续保持稳定的盈利，公司每股分红达到 2.5% 至 25%。1900 年，阿萨姆公司茶园面积达到 1.1 万英亩，茶叶产量首次突破 400 万磅。虽然由于印度大陆其他地区和新兴产茶国锡兰茶的大量供应，伦敦市场的茶叶价格激烈波动，1890 年阿萨姆公司的茶叶甚至跌至每磅 11 便士，但阿萨姆公司依然保持每年几万英镑的盈利。公司一共拥有 15 个种植园,每个种植园的茶园面积从 404 英亩到 1488 英亩不等,茶园全部位于阿萨姆的锡布萨格尔区,而且公司还拥有大量的适合种植的储备土地。

在茶叶种植和制作技术方面,至 1860 年左右,阿萨姆公司的茶叶种植和红茶、绿茶生产技术已经基本成形。阿萨姆公司已经基本倾向于选用阿萨姆茶树品种作为发展方向,全部的茶叶均采摘统一品种制作,销往伦敦的茶叶大部分采用阿萨姆本地品种制作,中国茶树品种开始被冷落。英国人已经研究、摸索出一套茶叶种植的技术,茶籽首先被播种在苗圃园中,当生长到一定成熟度后被移植到茶园中种植,每 6 英尺距离种植。茶园必须预先开垦和清理,特别是杂草必须清理干净。栽培管理中,英国人采用了修剪技术,认识到必须抑制茶树的顶端生长,才能获得高产。茶苗种植 3 年后即可采摘,7 年可以达到产量的高峰。

在茶叶制作技术上,基本继承了布鲁斯从中国制茶工手中学习到的技术,但增加了一道被称为"发酵"的工序,即揉捻后的茶叶混合后堆积在车间 2—3 天,让茶叶缓慢地发酵。然后,将茶叶放在铁锅中炒至干燥。各个茶叶种植园初制加工好的茶叶最后全部运往公司总部所在地纳兹拉,然后进行精制和包装。筛分采用不同规格孔径的筛子,茶叶等级的命名是根据筛孔的大小来确定。如通过最小筛孔的茶叶,就被命名为"花白毫"。最后一道工序是将茶叶再次炒干,然后装入茶箱中,每箱 70—100 磅。

当时,阿萨姆公司主要生产以下几种规格的红茶:花白毫、橙白毫、白毫、一级和二级小种、一级和二级工夫、武夷茶和末茶。

其中，花白毫的品质最优，其余依次降低，武夷茶的叶片最粗大和粗糙。阿萨姆公司曾生产绿茶，最后完全放弃。公司把有限的资源全部投入生产英国市场畅销的红茶。

阿萨姆公司发展过程中，也为帝国茶产业培育了不少茶叶企业家。阿萨姆公司的董事会成员中，曾担任伦敦董事的李察德·川宁、詹姆斯·沃伦、威廉·邓肯、威廉·罗伯茨、小乔治·威廉姆森等，他们后来在英国和印度大陆都创办了茶叶公司或管理代理公司。1859 年，小乔治·威廉姆森卸任后，与他的兄弟詹姆斯·海·威廉姆森在伦敦和加尔各答分别创办了管理代理公司——乔治·威廉姆森公司，后来创立印度最著名的茶叶集团公司之一——威廉姆森·马戈尔公司。加尔各答公司总经理威廉·罗伯茨在加入阿萨姆公司之前，曾经创办著名的管理代理公司——贝格·邓禄普公司。威廉·罗伯茨和小乔治·威廉姆森分别辞去总经理和主管的职务后，1859 年 6 月 29 日，两人联合创办印度大陆第二家茶叶种植公司——乔哈特茶叶有限公司，资本金为 6 万英镑，它是英国历史上成立的第二家公众茶叶股份公司，小乔治·威廉姆森担任种植园主管。乔哈特茶叶公司成立不久即在阿萨姆锡布萨格尔区收购了奥廷、蔻莱伯、努马利格尔和辛纳玛拉种植园等几个小型茶叶种植园，拥有茶园总面积 731 英亩。随后，继续购买附近 5620 英亩土地，以扩大种植面积，使得公司的土地面积总计达到 8539 英亩。为了购买这些土地和扩大种植，乔哈特茶叶有限公司 1862 年增资至 8 万英镑，1866 年资本金增加到 10 万英镑。1863 年和 1864 年，公司取得非常好的效益，公司的股息分别为 36％和 34％。公司每年都继续开垦、拓展新茶园，1877 年，茶园面积达到 3506 英亩。1894 年和 1895 年，公司茶叶面积分别达到 4680 英亩和 4744 英亩，茶叶产量达到 162.9740 万磅和 171.4689 万磅，股息达到 20%。1897 年，公司拥有土地总面积 1.5597 万英亩，其中茶园 5224 英亩，4813 英亩是可以采摘茶园，成为与阿萨姆公司并驾齐驱的两家最大先驱茶叶公司。

阿萨姆公司早期专注茶叶种植外，从 19 世纪末开始进入多元化发展，投资涉及印度铁路、公路建筑、煤炭开采、石油开采和内河航运业等领域，阿萨姆公司是最早开拓阿萨姆得天独厚自然资源和矿产资源的公司。1840 年，阿萨姆公司种植园主管马斯特斯与波尔斯在那加山考察，发现迪科浩河南岸地区、斋浦尔地区的煤矿资源。1842 年 2 月，马斯特斯已经挖出一船煤送往加尔各答。1847 年，阿萨姆公司开始进入上阿萨姆地区开采煤炭。

1881 年 7 月 30 日，阿萨姆公司投资成立了"阿萨姆铁路和贸易公司"，开始进入阿萨姆地区开发铁路。这家公司由英国外科医生约翰·怀特博士和英国土木工程师、铁路建设专家本杰明·皮尔斯二人负责。怀特博士早期在阿萨姆的矿产资源"玛库姆煤田"的开发和发展中起到非常重要作用。阿萨姆铁路和贸易公司铺设了第一条经下阿萨姆至上阿萨姆的铁路轨道。在铁路施工建设期间，1889 年，阿萨姆铁路贸易公司的工程师在带领工人采伐铁路所需的木材时意外地发现了石油痕迹。他们搜寻到油迹的地点，最终惊奇地发现了阿萨姆的油田。10 年后，阿萨姆公司创立了印度大陆第一家石油公司——阿萨姆石油公司，进入阿萨姆地区的石油勘探、开采业务。除此之外，阿萨姆铁路贸易有限公司还创立了从事布拉马普特拉河水路运输的航运公司，拥有 5 条蒸汽船和 16 艘平底船。

与此同时，由于当时茶叶种植园、铁路、桥梁、煤矿建设的大发展，迫切需要大量的优质木材，阿萨姆公司即在迪亨河南岸的玛格丽塔镇建立锯木厂和在莱多镇建立砖瓦厂。1892年和1916年，阿萨姆公司分别创立了玛库姆（阿萨姆）茶叶公司和纳姆丹茶叶公司。几年后，又创立了波伽帕尼茶叶种植园。1922年，阿萨姆铁路贸易有限公司创立了玛格丽塔胶合板厂，从德国、意大利进口木材加工设备。1924年，工厂正式投产，可以制造生产"玛格丽特牌"茶叶包装的三层胶合板箱，使得阿萨姆铁路贸易有限公司成为印度胶合板箱行业的开拓者。胶合板箱彻底地改变了过去笨重的木板茶箱，在市场上取得了巨大的成功，生产持续扩大，年总产量达到了500万平方英尺，曾经是亚洲最大的胶合板箱工厂。

阿萨姆公司平稳地经历了第二次世界大战和1947年印度独立运动。1947年，阿萨姆公司的茶园面积达到1.1298万英亩，茶叶产量1044.619万磅。茶叶平均单产938磅/英亩，年利润44.5万英镑。1978年，阿萨姆公司的印度企业与其他五家英镑公司合并组成阿萨姆（印度）有限公司，一年后，这家新公司在印度上市。今天的阿萨姆公司在阿萨姆地区拥有14个茶叶种植园，每个种植园茶园面积280公顷至800多公顷不等，合计面积1.5万公顷。公司拥有14家茶叶工厂，年生产茶叶1.5万吨，为3.2万多人提供就业机会，茶叶种植园的账面价值达21.30亿卢比。阿萨姆公司市场价值32.1亿卢比。今天的阿萨姆公司是英国邓肯·麦克尼尔集团公司的成员，领先的印度优质茶制造商之一，也是印度最古老的茶叶公司。

二、第一个种植茶树的阿萨姆人

1852 年，阿萨姆公司终于扭亏为盈。当时阿萨姆公司还是印度大陆唯一的茶叶生产和出口商。如此丰厚的利润，立刻吸引了众多的英国投资者加入。一些英国人纷纷模仿阿萨姆公司的模式建立小型茶叶种植园。事实上，这些英国人许多是阿萨姆公司的雇员，他们在为阿萨姆公司管理种植园，同时也在阿萨姆公司茶园的附近购买一块土地，这样可以在为公司工作的同时照料自己的茶园。1859 年，帝国第二家茶叶种植公司——乔哈特茶叶有限公司成立，该公司收购了几个已有的小型茶叶种植园，然后经过扩展而成为另一家大型茶叶公司。至 1859 年，除了阿萨姆公司和乔哈特茶叶有限公司外，阿萨姆地区已经发展了 68 个茶叶种植园。

玛尼拉姆

在阿萨姆地区茶叶开发的大浪潮中，茶叶种植完全被英国人和英国资本垄断经营。印度人或者阿萨姆当地人只能作为雇佣劳力在种植园干活。唯一的例外是在 1845 年，土著阿萨姆人玛尼拉姆·杜塔突破英国人的垄断，在焦尔哈德区域创立了阿萨姆人第一家私人辛纳玛拉茶叶种植园。

玛尼拉姆 1806 年 4 月 17 日出生于印度北方邦卡瑙兹镇的印度教"卡里塔"（属于刹帝利种姓）家庭，16 世纪时期家族迁移至阿萨姆地区。他的祖先曾在阿洪王国宫廷内担任高级职务。玛尼拉姆从小生活在优越的贵族家庭环境中，但家族的命运也随着阿洪王国不断遭受外来入侵和内部权力斗争而衰落。

1769—1806 年，阿洪王国发生了"摩亚马里亚"叛乱，信奉印度毗湿奴的阿萨姆原住民摩兰人与阿洪王国之间发生了激烈的政治和宗教冲突。在长达 37 年的冲突战乱中，阿洪王国逐渐失去了首府及其周边大片的土地，以及大约一半的人口，地区经济也遭受摧毁，阿洪王国元气大伤。1817 年，虚弱的阿洪王国又遭到缅甸的入侵和占领。玛尼拉姆家族为了生存，1817 年跟随阿洪王国国王及皇室成员逃难到当时东印度公司占领下的孟加拉，寻求英国人的庇护。在孟加拉，玛尼拉姆第一次与英国人相识。

1824 年英缅战争后，玛尼拉姆全家重返阿萨姆，玛尼拉姆投奔了英国东印度公司，成为阿萨姆行政长官戴维·斯科特的翻译。跟随斯科特期间，他显露出独特的才智和忠诚，深得英国人的赏识。1828 年，22 岁的玛尼拉姆被委任为朗普尔地区收税官和档案保管员，在行政长官助理、政治代理人约翰·纽夫维尔上尉手下工作。

第一次英缅战争后，东印度公司接手阿萨姆地区，发现很难管理战后已成废墟的地区，而且当地土著部落人明显不满英国人的统治，东印度公司决定恢复阿洪王国在上阿萨姆地区的统治。1833 年 4 月，东印度公司重新启用阿洪王国破落无靠的王子普兰达·辛哈为阿洪王国的国王，除了萨地亚和姆塔克区域外，整个上阿萨姆正式交给了阿洪王国，条件是每年进贡给东印度公司5万卢比。

普兰达·辛哈国王将首府定在焦尔哈德。普兰达·辛哈任命了许多皇室成员和亲戚为他的王国官员，头脑灵活、与英国人关系良好的玛尼拉姆获得了国王的赏识，他被任命为首席部长。在所有任命的官员中，玛尼拉姆拥有的权力最大，尽管高参鲁钦斯·博哈高汉为王国的总理，但实际总理的权力落在玛尼拉姆的手中，他全权负责管理王国的行政事务和财政税收。玛尼拉姆辞去东印度公司档案保管员和收税官的职务，成为普兰达·辛哈国王忠实的追随者。据说，在1835年东印度公司科学考察队前往阿萨姆考察期间，玛尼拉姆曾作为普兰达·辛哈国王的代表会见瓦里奇博士一行，并提供了在阿萨姆区域种植茶叶的可行性意见和建议。

普兰达·辛哈国王开始正常缴纳进贡，但三年后，他开始拖欠付款。他辩解说，由于国家遭受了缅甸侵略者严重的破坏，影响了当地的社会和经济发展，人民生活非常艰难，征税也很困难，要求东印度公司降低进贡的金额。而此时，东印度公司阿萨姆茶叶试验场的茶园已拓展至阿洪王国领土焦尔哈德区域和锡布萨格尔区域，东印度公司又计划将新茶园进一步拓展至阿洪王国领土——加布罗丘陵地区，阿洪国王心中对东印度公司强行霸占土地的行为愤愤不平，可表面上强装笑脸表示欢迎。普兰达·辛哈国王向东印度公司提出请求，表达非常渴望参与茶叶种植业开发的心情，他请求东印度公司保留一半的土地给王国，并希望东印度公司提供指导，支持、帮助他的人民开垦种植茶叶。曼尼普尔部落首领闻讯也乘机提出请求，希望参与开垦种植茶叶。普兰达·辛哈国王拒绝上交进贡和要求进入茶产业开发的举动，惹恼了英国东印度公司。1838 年，阿萨姆地区行政长官弗朗西斯·詹金斯上尉经过调查发现，阿洪王国政府滥用职权、贪污腐败、管理无能和欺压百姓，国王只顾自己收敛钱财，而无暇管理国家，几年间阿洪王国的国库已经空虚，阿洪人民不断地反抗国王的苛捐杂税和残酷的压榨。1838 年 9 月，东印度公司以治国无方的名义废黜了普兰达·辛哈国王，英国正式吞并阿洪王国及其领土，从而正式结束了阿洪王朝 600 年的统治。英国正式宣布将阿萨姆纳入英国殖民地，划归孟加拉殖民地版图。随后，阿洪王国的领土被分为两个区，即锡布萨格尔区和勒金普尔区。一年后，曼尼普尔部落首领宣布放弃进入茶叶种植业，他害怕遭遇与普兰达·辛哈国王同样的命运。

而此时的玛尼拉姆眼看着阿洪王朝倒塌，只好自谋生路。1839 年，玛尼拉姆被阿萨姆公司聘为纳兹拉茶叶种植园的"德万"，即土地经纪人和执行者，每月薪水 200 卢比。他利用对当地环境熟悉的优势，为阿萨姆公司提出了许多有益的意见，如他建议在当地建立农贸市场，帮助解决了茶叶种植园大米供应紧缺的问题。他还建议茶叶种植园将部分荒地转让给当地的地主，换取茶叶种植园急需的食品。针对长期存在的劳动力短缺问题，玛尼拉姆还大胆地建议公司将茶园承包给当地人管理，后者每个月向英国主管汇报。阿萨姆公司董事威廉·普林瑟普从加尔各答前往阿萨姆考察时，对玛尼拉姆的做法也赞赏有加，"我发现在玛尼拉姆的指引下，公司本土部门的工作非常有益，他的聪明和活动对我们的基地非常有价值。"尽管玛尼拉姆死心塌地地为阿萨姆公司工作，但在 1841 年后，阿萨姆公司的文件或会议记录就再也没有出现他的名字，民间传说他受到阿萨姆公司英国人的侮辱后愤然辞职；

另一种传说他盗取公司的茶树种子，自己开垦了新茶园，冒犯了阿萨姆公司而被开除。

事实上，经过在阿萨姆公司多年的学习，玛尼拉姆已经初步掌握了茶叶的栽培技术，他感觉自己大展宏图的时机已到。1845年，玛尼拉姆独立在焦尔哈德地区的臣尼莫拉建立了第一个自己的辛纳玛拉茶叶种植园，后来还在锡布萨格尔地区建立了第二个茶叶种植园——森朗种植园。除了开拓茶产业外，头脑聪明、灵活的玛尼拉姆还广泛涉足黄金采炼和盐业，他还涉及火绳枪、锄头、餐具、手摇纺织机的制造及造船、制砖，以及染料、象牙、陶瓷、煤炭、大象、农产品等贸易和军营建筑等生意，生意做得红红火火，成为一个成功的阿萨姆商人。

玛尼拉姆离开阿萨姆公司后，经常严厉地批评英国的殖民剥削政策，一心想恢复曾经荣耀的阿洪王朝。19世纪50年代，由于开垦茶叶种植园，与英国人存在竞争关系，英国茶叶种植园主强

年轻时期的玛尼拉姆（中）

烈反对和排挤他，设置了种种障碍限制他的发展。1851年，发生茶园纠纷，一名英国官员强行占领了他的茶园和茶园的所有设施，导致他及家族陷入了经济危机。英国人的歧视和强盗行为，加重了玛尼拉姆心中对英国人的仇恨。

1853年，英属印度政府负责改善殖民地政策的米尔斯法官曾经找玛尼拉姆询问和调查，毫无顾忌的玛尼拉姆写了一份长信控诉英国殖民政策给阿萨姆民众带来的苦难。他写道："阿萨姆人正遭受着名声、荣誉、地位、阶层、种姓和就业的歧视和迫害，已经到最痛苦、绝望的状态。"他指出，英国殖民政策的主要目的是剥削当地的经济，以补偿在征服阿萨姆时和与缅甸战争期间花费的费用。他抗议法庭把资金浪费在毫无意义的案件审理上。抗议英国人不公平的税收制度、不公平的社会制度，以及实行鸦片种植。他还批评殖民地当局禁止在卡玛赫尔寺举行印度教礼拜活动所造成的伤害。玛尼拉姆进一步写道，山地部落（如那加部落）的"有异议处理"政策是导致发生战争、生命和金钱损失的主要原因。他抗议阿洪王国的皇家陵墓遭到亵渎，陵墓内的文物和财富遭受掠夺。他还表示，他不赞成英属印度地方政府聘用马尔瓦尔人和孟加拉人作为公务员，而一些阿萨姆人却仍然失业。为此，玛尼拉姆提出要求重新恢复阿洪国王时期的行政管理制度。这封愤怒的回信再次惹恼了英国人，米尔斯法官评价玛尼拉姆是个"聪明和有迷惑力，但不可信赖的人"。他的请愿被法官米尔斯驳回。玛尼拉姆随即被英国人监控和软禁。为了获得更多的支持，1857年4月，玛尼拉姆聚集阿萨姆地区几个有影响力的人一起抵达英属印度的首都加尔各答，5月6日，代表阿洪国王普兰达·辛哈国王向英属印度殖民政府递交了恢复阿洪国王的请愿书。

正在此时，5月10日，印度大陆各地发生了轰轰烈烈的反抗英国殖民统治的印度士兵大起义，玛尼拉姆敏锐地觉察到这是恢复阿洪王国统治的良机。在一名伪装成苦行僧的使者的帮助下，他送了一封密信给国王代理首席顾问皮尧里巴鲁。信件中，他敦促国王的孙子坎达披斯瓦策划、鼓动在迪布鲁格尔地区和戈拉加特地区的印度士兵发动反英起义。收到玛尼拉姆信后，坎达披斯瓦和他的亲信及有影响力的地方首领开始秘密策划反英活动，并收集武器装备。坎达披斯瓦答应印度士兵，如果他们成功地击败了英国人将给予双倍的工资奖励。1857年8月29日，印度士兵起义军聚集在一首领住所秘密开会，他们计划行军奔赴焦尔哈德，在印度教"杜嘉女神节"这一天，推举坎达披斯瓦正式就任阿洪国王，然后攻打、占领锡布萨格尔和迪布鲁格尔。但是，当晚的密谋起义被告发，坎达披斯瓦、皮尧里巴鲁和其他首领都被英国人逮捕。

玛尼拉姆在加尔各答被捕，在阿里布尔关押几周后被英国人带回阿萨姆焦尔哈德关押。阿萨姆地方法院开庭审理玛尼拉姆，查尔斯·霍尔罗德上尉作为审判的法官。根据审判，玛尼拉姆被认定是当地起义的主谋。1858年2月26日，他和皮尧里巴鲁被公开吊死在焦尔哈德监狱。得知玛尼拉姆牺牲消息后，阿萨姆几个茶园劳工举行罢工活动，沉重地哀悼反抗英国殖民统治的玛尼拉姆，后者被称为"阿萨姆自由战士"。抗议和罢工活动当时就遭到英国军队的镇压。玛尼拉姆锒铛入狱后，他的家道也开始中落，他的茶叶种植园和其他财产都被东印度公司没收拍卖，两个茶叶种植园被分别拍卖给了英国人小乔治·威廉姆森和乔哈特茶叶公司。

三、阿萨姆地区茶叶开发狂热

　　1823 年至 1834 年期间是阿萨姆野生茶树被发现、鉴定、考察和证实的阶段。1834 年至 1839 年期间是阿萨姆地区茶叶试验种植阶段，东印度公司主导在阿萨姆建立茶叶试验场，窃取中国茶树品种和引进中国制茶工，开展茶籽、茶苗的繁育、种植和茶叶制作试验，证实在阿萨姆土地上完全可以种植茶叶。1839 年至 1852年，阿萨姆地区茶产业进入小规模种植和制作的初期阶段。以阿萨姆公司为主体的开拓者们在上阿萨姆地区热带丛林中经过 13 年的艰难困苦的开拓，逐渐扩大规模，探索出一条茶叶商业化的道路。至此，阿萨姆地区茶产业走过了漫长曲折的 30 年的探索发展过程，证明在阿萨姆地区种植茶叶是一个有利可图的新产业。这一重大的突破振奋和鼓舞了英国政府和英属印度政府，以及英国投资者、商人、贸易者和各式各样的英国人，特别是英国和印度大陆媒体的宣传报道，让偏据一隅的阿萨姆地区如同一块蕴含着丰富宝藏的土地，吸引了伦敦明辛街和加尔各答所有英国商人敏锐的目光，一举成为英国人投资最疯狂的地区。1853 年至 1860 年期间，除了阿萨姆公司继续在阿萨姆拓展茶叶种植园外，众多英国茶叶开拓者前赴后继地开赴遥远、偏僻的阿萨姆地区，安营扎寨。开拓者们逢山开路、遇水搭桥，没有什么困难能阻挡着他们为财富而奋斗的野心，茶叶种植园如同星火燎原般地在阿萨姆大地四处蔓延。1853 年，维根崔博·米勒斯法官在锡布萨格尔和勒金布尔地区分别建立 3 个和 6 个小茶园。1857 年，哈内上校在迪布鲁格尔附近开垦建立了查沃豪瓦茶叶种植园，并且在莫瑟拉和巴扎拉尼建立了茶叶加工厂。次年，沃伦·詹金斯创立了麦詹公司，在勒金布尔区开垦建立了博卡帕拉、巴巴鲁尔、纳格福里和迪萨尔茶叶种植园。从阿萨姆公司退休的原总经理亨利·伯京杨也在阿萨姆建立了努马利格尔茶叶种植园。1859年从阿萨姆公司退休的原总经理小乔治·威廉姆森与詹姆斯·海·威廉姆森船长合资在阿萨姆收购了几个英国人的小茶园和土著阿萨姆人玛尼拉姆的辛纳玛拉茶叶种植园，拥有茶园731英亩。1859年6月29日，英国第二家茶叶种植公司、投资达6万英镑的乔哈特茶叶公司也在阿萨姆成立，其资金全部用于收购小乔治·威廉姆森的辛纳玛拉、奥廷、蔻莱伯茶叶种植园和亨利·伯京杨的努马利格尔茶叶种植园。次年，威廉姆森·罗伯特成为乔哈特茶叶公司主席，亨利·伯京杨和小乔治·威廉姆森成为公司的董事。小乔治·威廉姆森继续负责茶叶种植园，随后，他又在阿萨姆继续购置土地开垦种植茶叶。1861年，他创立了后来著名的"东印度茶叶公司"。

阿萨姆茶叶种植区域从上阿萨姆的萨地亚沿着布拉马普特拉河一直延伸拓展至重镇古瓦哈蒂的西部和北部。1854年，位于阿萨姆中西部的瑙贡地区开始小面积地开垦种植茶叶。1855年5月，野生茶树再次在阿萨姆南部的察查和锡尔杰尔区被首次发现，阿萨姆公司闻讯，次年就抢先进入察查地区建立了茶叶种植园。1857年，锡莱特地区第一个商业化"玛尔尼奇拉"茶叶种植园建立，茶叶种植业也进入了至锡尔杰尔地区。随后，又进一步往南部扩展至特里普拉部落王国和现属于孟加拉国的吉大港地区。

据文献记载，至1859年，阿萨姆地区已经拥有私人企业或私人公司的68个茶叶种植园，茶园总面积达到7600英亩，茶叶产量达到120万磅。1860年，阿萨姆地区已经有110个茶叶种植园，种植区域已拓展至勒金布尔、锡布萨格尔、瑙贡、达让（Darrang）和坎如普（Kamrup）区域，茶园面积或者计划种植茶叶的面积达到2.1万英亩，茶叶总生产量达到170万磅，其中仅阿萨姆公司茶叶生产量就达到100万磅，占阿萨姆地区茶叶总产量的58.8%。

19世纪50年代，阿萨姆茶产业的发展奠定了帝国在印度殖民地茶产业发展的基础，早期在阿萨姆投资的英国人都获得了丰厚的利润。1860年9月，一个在阿萨姆和察查地区拥有茶园的英国茶叶种植者在《加尔各答评论》中写道："我们肯定认为，扣除前期种植园和工厂的建立投资，以及支付土地税、锄地、鲜叶收购、制造、运费和管理费用，在阿萨姆或察查种植茶叶的净收益率达到百分之一百。"种植茶叶诱人的前景酝酿着一场投资开发茶叶种植业的疯狂投机热潮，茶叶被称作"绿色黄金"。英属印度政府也鼓励有资本的英国人进入阿萨姆地区投资开发，阿萨姆行政长官詹金斯说："在这个混乱、愚昧的土著人居住区，采取任何措施，没有比引进有资本的欧洲人定居在这个荒凉的边境地区能更好地加快实现光明的未来。"英属印度政府虽然已经不参与阿萨姆茶叶开发，却控制着殖民地的土地资源。在原阿洪王国的统治下，除了国王赐封给贵族、高官、寺院的土地之外，国王拥有所有的土地，民众无权拥有土地。东印度公司占领阿萨姆后，将所有的所谓无人耕种的荒地全部收为殖民政府所有，并在1838年颁布了《阿萨姆荒地法》，东印度公司成为最大的地主。阿萨姆开发茶叶种植的初期，英属印度政府为了培育尚未开发的茶产业，在土地的租赁和出让政策上，采取较为严格和谨慎的政策控制阿萨姆的土地出售，根据1838年和1854年《阿萨姆荒地法》规定，政府只将完全清理了丛林或灌木后的、并且适合茶叶种植的荒地租赁出售给英国茶叶种植业主，租赁期为99年。此外制定了一些严格的条件：即申请人必须存足资金以证明其资产能力；保证土地用于茶叶种植；并有义务在规定的时间内按一定比例在租赁的土地上种植茶树。该法案避免了随意购置土地和土地转手投机，确保了阿萨姆茶叶种植初期的稳定发展。随后的十多年，印度大陆各地的茶叶种植业以几乎不可思议的速度发展，英资公司和私人企业对茶叶种植业开发的愿望越来越强烈，也对原《阿萨姆荒地法》的规定越来越不满，这些规定限制了土地的快速投机。因为更多的投资者希望尽快获得更多的土地，随意种植几行茶树装点，然后高价转手倒卖。1861年10月，英属印度总督查尔斯·坎宁为满足英国人投资茶叶种植园的需求和加快阿萨姆等地的茶产业发展，于1862年修订颁布了《阿萨姆荒地法》。新颁布的法案对阿萨姆荒地出让和赎回条件给予了宽松的条件和更优惠价格，核心是"土地拥有者可自由处置土地"（Fee Simple Rules），购买土地没有面积限制，政府从当地人手中以每英亩4安那的价格租赁30年的土地，然后转手以每英亩2.5—5卢比的底价公开拍卖，而且土地款可以在购买完成后的十年内分期付款等。英属印度政府非常慷慨地提供低价的阿萨姆土地给茶叶种植公司和私人公司，这个法案也被称为"坎宁法案"。这种"过于自由"和"不干涉"的政策法案的出台，进一步使得"英国种植园主以最低的成本拥有阿萨姆大片的最肥沃的土地"。

从1860年至1867年，伦敦、加尔各答和阿萨姆地区很快刮起了一股"茶叶狂热"（Tea Mania）的投机热潮，这股如同病毒般传播的投机突然疯狂爆发，妄想一夜暴富的投机者疯狂地争相抢购阿萨姆的土地。在加尔各答，蛰伏的资本如同火山似地爆发，投资阿萨姆的茶叶种植公司一夜之间纷纷成立，贪婪的英国资本急速地汇集投入到这片尚未完全开发的绿色黄金宝藏中。在伦敦证券交易所、加尔各答商品交易所、管理代理公司和英国人俱乐部，一时间人人都在谈论茶叶的投资，"茶叶股票"被众多形形色色、妄想一夜致富的人热烈地追捧，正如当时官方报告所描述的："那些年代的茶叶种植园主是一些稀奇古怪的乌合之众，他们包括退伍或被开除的陆军和海军军官、医疗人员、工程师、兽医、蒸汽轮船的船长、化学家、商店店主、马夫、退休警察和其他鬼才知道是什么的人。"英国人贪婪的眼睛注视着茶产业的光明前景，生怕错失发财的机会。1862年，阿萨姆茶叶种植园数量开始爆发式增长。"这是个贪婪的时代，"英国人道林说，"投资者只要抢先购置了土地，雇用当地人将土地上的灌木清理后，随意地种植上茶苗，就可以转手出卖掉茶园，投资者甚至都不需要亲自到达阿萨姆的土地上，只需凭着一张土地契约证，就可以将土地或者还没种植上茶苗的土地直接转手，获得丰厚的回报，赚得盆满钵满。"一位在察查地区的英国茶叶种植者向英属孟加拉财政委员会报告说："今年（1862年）许多土地被易手，无论土地上种植多少茶树，都卖出了高价。我应该说，没有出让的土地也被业主和种植者高价出售，总成本不到1%，有些人甚至以成本的700%和800%的价格卖出。我相信这些结果是最令人满意的，并且政府和委员会也很高兴，作为自由经济政策的成果，察查地区引进那么多欧洲的智力和资本。"当时的投资者都认为："茶园是为了出售的。几乎没有人……期待着从茶叶种植中得到回报。每个人都期待着拥有一块地，种上茶树，然后高价倒卖，一夜暴富。"购买者数量的迅速增加意味着已有的茶园价格飞涨，也开始供不应求。当时由于殖民地政府测量人员严重不足,许多投机者将一块 30 或 40 英亩的土地,谎报成 150 或 200 英亩,以 20 万—30 万卢比的高价出售给后来的公司。在印度的代理人甚至直接将荒地以茶园的价格卖给一些在伦敦的投机者公司。在此期间,阿萨姆 40% 的土地在两年之内就被以茶园的名义转手出售,原先的"种植者"赚了一笔后即"退休",留下的高价茶园给"公司"经营。

据英属孟加拉财政委员会报告,从 1861—1862 年度至 1865—1866 年度的五个财政年度,阿萨姆分别出让土地 1.2443 万英亩、1.9498 万英亩、23.2188 万英亩、18.9390 万英亩和 10.2623 万英亩。苏尔玛山谷出让 1.4026 万英亩、3.4878 万英亩、3.8227 万英亩、15.8954 万英亩和 11.9488 万英亩。更为疯狂的是在察查地区,1862 年至 1863 年期间,177 个英国茶叶种植者或投资者申请购置种植茶叶的土地达到令人瞠目结舌的 55.8078 万英亩。英国人击鼓传花式地炒卖阿萨姆的土地也引起阿萨姆地区土地价格飙升,虽然土地拍卖底价为每英亩 2.5 卢比,后来设定最低拍卖底价有所提高,如阿萨姆地区、察查地区和锡莱特地区的土地拍卖底价为每英亩 8 卢比,吉大港地区的土地拍卖底价为每英亩 6 卢比,但实际最高拍卖价格达到每英亩 35 卢比。阿萨姆殖民地方政府也从土地开发中获得巨额财政收入,1852—1853 年度,阿萨姆地方财政收入约 75 万卢比(约 7.5 万英镑),1864—1865 年度,财政收入暴增达到 263 万卢比(约 26.3 万英镑),而其中 14.35 万英镑的收入是特许销售鸦片给茶园劳工的消费税收。大量外来劳工的涌入,大幅度增加了鸦片的消费。1850—1860 年,阿萨姆的鸦片销售仅 3.272 万磅,税收为 2.14 万英镑,1864 年—1865 年,销售鸦片达到 15.52 万磅，税收为 14.35 万英镑。英国人也感叹道："使用这种有害药物可能使得阿萨姆河谷大部分住民变得越来越懒惰和堕落。"

1862 年，阿萨姆地区正式注册的私人茶叶公司和合资股份茶叶公司有 57 家，公众上市茶叶公司有 5 家，一共建立了 160 茶叶种植园。5 家上市公司是：阿萨姆公司、乔哈特茶叶公司、东印度茶叶公司、下阿萨姆茶叶公司和中部阿萨姆茶叶公司。阿萨姆地区茶叶种植园面积达到 7.1218 万英亩，实际茶园面积 1.3222 万英亩，茶叶产量 178.8737 万磅，雇佣劳工 1.6611 万名。而整个

英国人和当地劳工在阿萨姆开垦茶园

孟加拉管辖区就拥有 250 个茶叶种植园。在加尔各答股票交易所，上市茶叶公司的股票价格暴涨，每股价格飙升至 450 卢比。而在 1846 年至 1847 年，阿萨姆公司经营跌入低谷之时，阿萨姆公司每股 20 英镑的股票暴跌至每股 1 卢比都无人问津。1865 年，苏格兰阿萨姆茶公司在锡布萨格尔创立，通过收购、开垦，建立了希勒科、梅曾格和卡苏里尔三个种植园。1862 年，阿萨姆的瑙贡地区的英国公司和私人也疯狂地抢购尽可能多的土地，但很少注意到这些土地是否适宜茶叶的种植。至 1866 年底，大约 15 万英镑的资金投入到茶叶的种植。但在同年，大约有 1500 英亩的茶园被遗弃了。1871 年，瑙贡地区茶叶产量达 30.3 万磅，1874 年，瑙贡地区茶叶面积达 2878 英亩、茶叶总产量达 38.7085 万磅。在古瓦哈蒂邻近的坎如普地区，1869 年茶叶种植面积达到 2873 英亩，茶叶总产量达到 34.2263 磅，平均每英亩产量 121 磅。

　　1860 年至 1867 年的"茶叶狂热"时期，过度的茶叶种植业投机狂潮导致阿萨姆地区茶叶生产成本大幅度增加。阿萨姆地区茶籽价格也猛涨，招聘劳动力的佣金也水涨船高，茶籽的价格从 1860 年的每磅 8.78 便士，涨至 1864 年的每磅 29.82 便士。招聘劳动力的佣金从 1861 年的每人 16 卢比增长至 1864 年的 51 卢比。由于阿萨姆茶叶种植面积的扩大，茶叶产量和出口量也大幅度增加，1865 年，印度出口茶叶达到 275 万磅，1866 年达到 625 万磅。然而，更为糟糕的是粗放的茶叶种植和粗制滥造的制作，致使阿萨姆茶叶品质大幅度下降，并导致阿萨姆茶在伦敦市场的价格大幅度下降。1865 年，阿萨姆茶叶平均价格为 23 便士，1866 年平均价格跌至 13 便士。对于阿萨姆地区来说，疯狂的巅峰只是茶产业发展轨迹中那条陡峭抛物线的短暂顶点。1866—1868 年，阿萨姆茶产业形势开始急转直下，大量的茶园和土地被荒废，或者被低价甩卖，阿萨姆地区的茶产业几乎无利可图，一路高歌猛进的茶产业轰然崩塌。一个原先价值1万英镑的茶叶种植园，最后仅以14先令卖掉。进入1866年后，许多小茶叶种植园最终没能扛过暴跌冲击，彼时那些资本较雄厚的大种植园享受短暂的资本盛宴之后，最终也没能幸免于这一场产业投机衰败，许多茶叶种植园和茶叶公司倒闭，银行、财团以及个人投资者也损失惨重。甚至连最早的阿萨姆公司在这次危机中也损失惨重，1865—1867年，分别亏损1.3525万英镑、7.6797万英镑和1.5448万英镑，茶叶泡沫重创阿萨姆茶产业经济，帝国茶产业进入了危险的"茶叶恐慌"时期，面临几乎

阿萨姆地区森林砍伐

崩溃的边缘。

　　幸亏英属印度政府及时注意到这次危机，并竭力采取抢救行动。1867 年 11 月，英属印度政府任命了一个特别调查委员会前往阿萨姆、察查和锡莱特地区实地调查"阿萨姆、察查和锡莱特茶叶种植现状和前景"，经过认真的调查研究，委员会认为，"总的来说，就土壤和气候而言，我们相信阿萨姆、察查和锡莱特地区种植茶叶是能够盈利的。最主要是解决劳动力不足问题。如果可以获得足够数量和合理成本的劳动力，茶园合理种植和经济管理应该可以获得相当的利润。"因此，政府认为茶产业发展基本上是健全的，只要抑制过度的投机和炒作，解决劳动力供应和控制成本，茶产业还是可以健康发展。自此，这场危机得到了及时的平息。至 1868 年，印度大陆有 38 家英国公司从事茶叶生产，公司法定资本近 450 万英镑，另外还剩下私人茶叶种植公司约 200 多家。

　　从 19 世纪 70 年代开始，英属印度政府和茶叶种植者真正清醒地意识到茶产业是一项长期的、稳定的、有利可图的投资，而不是疯狂的投机。对于曾经野蛮生长的阿萨姆茶叶种植园公司，最疯狂的时期已经过去了，能够活下去的必然要做出调整和转型。在经过两年短暂的徘徊之后，从 1870 年至 1900 年，阿萨姆茶产业驶入了稳定、兴旺、繁荣的延宕数十年的新一轮高速增长周期。1874 年和 1876 年，英属印度政府再次修订颁布"土地拥有者可自由处置土地"的法案和《新租赁法》（New Lease Rules），再次刺激了英国人大面积购置阿萨姆的土地。

　　阿萨姆地区茶叶种植业经历了大起大落的变迁后，又进入了正常商业发展轨道，茶叶种植园发展迅猛，茶叶产量突飞猛进，利润回报也相当可观。阿萨姆公司 1870 年和 1872 年的红利就分别达到 6% 和 20%，这更加刺激了英国资本流入印度和投资于茶产业，新一轮的投资更多来自于实力雄厚的英国管理代理公司和经纪公司，取代了早期的私人小规模投资，开创了英国资本在印度殖民地投资的新阶段。茶叶种植园扩张的背后是从伦敦和加尔各答的持续资本流入而促进种植业的发展。据学者詹克斯的《1875 年英国资本的迁移》一书记载："在七十年代期间，英国资本继续以每年约 500 万英镑的速度向印度流动……据估计，已有 2000 万英镑投资于茶园、黄麻加工厂和银行等私人企业。"

据文献记载，30 年间阿萨姆地区茶叶投资的资金总额从 1839 年不到 50 万英镑，至 1872 年已达到 1400 万英镑。1881 年英国资本投资在阿萨姆茶产业的资金达到 6380 万卢比。1881—1901 年，投资在阿萨姆茶叶、铁路、煤矿、石油和木材产业的投资达到惊人的 2 亿卢比。在孟加拉管辖区，1870 年在加尔各答注册成立的茶叶公司有 24 家，注册资本 1486 万卢比。至 1879 年，注册的茶叶公司达到 72 家，注册资本达到 2655 万卢比。英国资本的大量进入，许多大型和小型的茶叶公司和茶叶种植园纷纷建立。1870 年，布拉马普特拉茶叶有限公司等大型茶叶公司成立。仅在勒金布尔地区，1871 年，区域内就大约建立了 90 个茶叶种植园，隶属于 10 多个公司和几个私人企业。这些茶叶种植园聘任了 50 多名欧洲的管理者和助理。除了当地劳工和初级管理人员外，还雇了 5000 多名外来移民的劳动力。而在 1860 年，仅有 100 多名欧洲人在阿萨姆的茶叶种植园工作，至 1880 年，欧洲籍茶叶种植者人数上升到 800 多人。

1870 年和 1878 年，阿萨姆的茶叶产量分别达到 1330 万磅和

2850 万磅。1880 年以后至 20 世纪初，阿萨姆茶叶种植业的光明前景，吸引了更多不同背景的欧洲人前来投资茶产业，在资本、技术、人才的合力刺激下，阿萨姆茶产业进入新一轮高速发展阶段。1880 年，印度殖民地茶叶总产量达到 4000 万磅，其中阿萨姆茶叶产量达到 3401 多万磅。至 1900 年阿萨姆茶叶产量达到 14111 万磅，比 1870 年增长了 10 倍多。1880 年阿萨姆茶园面积为 15.3657 万英亩，至 1900 年，阿萨姆茶园面积达到 33.7327 万英亩，种植面积比 1880 年增长 2.2 倍，阿萨姆茶叶种植园占有阿萨姆四分之一的土地，约 64.2418 万英亩。随着种植面积的增加，茶籽需求随之大量增加，也产生了一些茶叶种植园开始专门从事茶籽收集和出售。中国茶树品种由于产量低于阿萨姆品种，因而被种植园逐

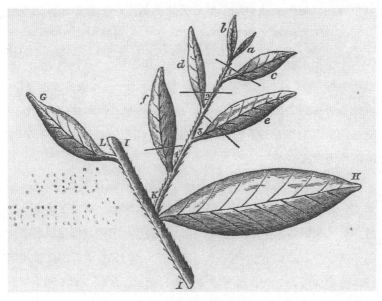

英国茶叶种植者莫尼绘制的茶叶采摘示意图（1872 年）

步地放弃，种植园大量地选择种植阿萨姆的茶树品种。土生的阿萨姆茶树品种比中国茶树品种更受欢迎，阿萨姆茶树种子和茶苗被广泛扩散种植到印度西北部地区，如库马盎、台拉登、冈格拉、古卢和加瓦尔地区。

随着茶叶种植技术的改进和应用，阿萨姆地区茶叶单产量叶大幅度增加，1880年阿萨姆地区茶叶平均单产仅282磅／英亩，至1900年单产达到468磅／英亩。茶叶种植和加工成本也大幅度下降，1890年至1894年茶叶公司纷纷发放盈利股息，被认为"（股息）高于自1860年代以来的任何时期"。

此时阿萨姆地区茶叶加工技术已经趋于完善，各种加工和制作设备及设施也被发明和应用。曾在印度许多地区从事茶叶种植园的种植者爱德华·莫尼在1872年出版的《茶叶种植和制造》一书中介绍，英国人认定的茶鲜叶采摘的标准，以及芽叶各部位可以制成的红茶等级：a芽可制作"花白毫"；b叶可制作"橙白毫"；c叶可制作"白毫"；d叶可制作"第一轮小种"；e叶可制作"第二轮小种"；f叶可制作"工夫"。如果a、b、c叶混合一起制作，成品也可称为"白毫"；如果a、b、c、d和e叶混合一起制作，成品称为"白毫小种"。如果有其他低于f的叶子混入制作，成品就称为"武夷茶"。

红茶的加工技术也得到了改进，原来红茶制作工艺需要经历3天12道的复杂繁琐的工序：萎凋、第一次揉捻、第二次揉捻、发酵、第一次锅炒、第三次揉捻、第二次锅炒、第四次揉捻、晒干、第一次烘干、冷却和切碎、第二次烘干。至1870年后，红茶加工技术逐步改进为2天5道工序（萎凋、揉捻、发酵、晒干和烘干）即可完成。

初制后的红茶经过风选和中国式的筛孔分级等精制后，成品茶分为花白毫、橙白毫、白毫、白毫小种、小种、工夫和武夷茶 7 个等级；另外一些加工厂还会进一步分出一些新的等级，如碎白毫、白毫末、混合碎茶、小种碎、碎叶、片茶和末茶。在伦敦市场，花白毫是最高等级的红茶，可以卖到每磅 4 先令 6 便士至 6 先令 6 便士的价格。白毫小种 2 先令 3 便士至 2 先令 10 便士；小种、工夫和武夷茶分别为每磅 1 先令 10 便士至 2 先令 8 便士、3 先令至 6 先令 6 便士和 3 便士至 1 先令 2 便士。武夷茶是由比较粗老的叶子制作，品质和价格也是最低的。

此外，印度红茶中还有一个类似于武夷茶的特殊等级，被称为"那姆纳茶（Namuna）"，据说它源自一个种植园主送到英格兰的一些样品盒子上的茶叶标签，标示"Namuna"，即印度语"样品"。伦敦经纪人此后一直应用该名称命名这类特殊的茶。茶叶外形色泽呈现灰褐带绿的色调。在茶壶中冲泡时茶汤色泽非常淡，品尝时滋味非常强烈，甚至超过普通白毫茶滋味，味道处于花白毫红茶和绿茶之间，与花白毫红茶味道截然不同，如果这类茶叶味道纯正，它们的可能价格大约在每磅 4 便士至 10 便士之间。

绿茶的工艺技术： 锅杀青、第一次揉捻、晒干、第二次揉捻、锅炒干、包装储存过夜、再炒干。"包装储存过夜"是英国人采用的一种特殊的工艺，将初步干燥的茶叶趁热装入袋中，尽可能多地充实塞满，然后捆绑紧实、储存留过夜。第二天早上取出茶叶，倒入 160℃ 锅中连续不间断地用棍棒炒制 9 个小时，当茶叶外形色泽形成"灰绿色"后，最后温度降低至 120℃ 后出锅，即完成了绿茶初制。

绿茶的等级主要分为：芽尖、雨茶、熙春茶、贡熙（珠茶）、末茶和贡珠茶，价格依次下降。贡熙的价格一般在 2 先令 8 便士至 3 先令 8 便士；贡珠茶的价格 10 便士至 2 先令 6 便士；熙春茶的价格 1 先令 2 便士至 3 先令 6 便士；雨茶的价格 7 便士至 2 先令 6 便士；皮茶，这是一类各种碎茶的混合茶，价格一般在 7 便士至 1 先令。

生产的茶叶大包装都采用木箱包装，当时认为最好的茶箱是来自缅甸仰光的柚木制作的茶箱，也被称为"仰光茶箱"，这种茶箱可以防止各种各样的昆虫，甚至白蚂蚁的侵蚀。木板厚度约半英寸，内部尺寸 23 英寸 ×18 英寸 ×18.5 英寸，外部尺寸 24 英寸 ×19 英寸 ×19.5 英寸，四角用铅皮包封，每箱容积 7659 立方英寸，可以装 82.28 磅茶叶。这种片材从缅甸成捆直接运输至加尔各答，然后再运往阿萨姆茶区加工成茶箱。当然，也有许多种植园采用当地的木材加工制作成茶箱。

1881 年，代表东北印度茶叶种植者的机构"印度茶叶协会"成立。1900 年，印度茶叶协会在加尔各答成立世界上最早的茶叶研究机构——"茶叶研究实验室"。1904 年，实验室在锡布萨格尔的默里亚尼镇附近的"希勒科茶叶种植园"成立了"茶叶研究中心"。1912 年，"茶叶研究中心"转移到焦尔哈德的托克莱，并更名为"托克莱茶叶试验站"。1964 年，"托克莱茶叶试验站"成为"印度茶叶研究协会"旗下成员。

在英国殖民地政策下，阿萨姆茶产业的发展，彻底地改变了阿萨姆地区的经济模式，以"管理代理公司"为主导的大规模英国资本投入茶叶种植园，生产以出口英国为导向的经济模式，将阿萨姆地区从传统的种植水稻为主的农耕经济转变成为高度单一化的种植园经济。此外，阿萨姆煤矿和石油的发现，更吸引了实力雄厚的"管理代理公司"的资本投入，阿萨姆的工业化也初见端倪。至 20 世纪初，阿萨姆地区形成了茶叶、煤矿和石油三大产业。由于引进大量的外来劳动力，致使阿萨姆的人口结构组成也发生了根本的变化，本土原住民人口比例大幅度减少，产生了大规模为茶叶种植园、煤矿、铁路和油田工作的"奴隶"。财富集中在英国殖民政府和少数英国人手中，而数十万的茶园工人和数百万的阿萨姆人变成最贫困的被剥削阶层。"对于大多数当地阿萨姆人来说，茶叶最终成为失职上帝（Tea eventually became the god that failed）"。19 世纪末，英属印度茶产业已经巩固成为以英国人和欧洲人企业为主的产业。英国资本和管理领域的霸权地位，使得帝国茶产业延续了大英帝国时代的辉煌进入 20 世纪初，并一直延续至 20 世纪 50 年代。

四、察查和锡莱特地区茶叶种植

19 世纪 50 年代末，茶叶种植业如星火燎原之势开始向阿萨姆南部察查和锡莱特地区拓展。察查地区位于阿萨姆的南部巴拉克河流域，包括了巴拉克山谷区域，这个山谷的名称来自于流经察查县的巴拉克河，这条河发源于曼尼普尔北部曼尼普尔丘陵。整个巴拉克山谷涵盖了阿萨姆南部的察查县、格里姆根杰县和海拉甘迪县。在英国殖民统治时期，察查县和海拉甘迪县属于英属印度的察查区，而格里姆根杰属于锡莱特区。1947 年英属印度解体后，格里姆根杰从锡莱特区中被分离归属印度，而锡莱特归属东巴基斯坦（今孟加拉国）。在地理上，察查地区是一个由丘陵山脉和平原组成的地形，三面环山，唯有西部是一马平川的平原，其边界与孟加拉国接壤。巴拉克山谷延伸至孟加拉国东北部后，在孟加拉国境内被称为苏尔玛山谷，巴拉克河进入孟加拉国后被称为苏尔玛河。苏尔玛山谷也是孟加拉国主要的产茶区，主要城市即位于苏尔玛河右岸的锡莱特市。巴拉克河以及其他支流河流经察查地区，该地区的土壤非常肥沃，主要是沙质和沙黏土。巴拉克山谷流域的气候由于北面、东部和南部山脉的阻挡，气候常年潮湿，夏天变得非常炎热，难以忍受。从 5 月至 10 月份的雨季，降雨量大，空气中充满水分。察查地区的南部和北部覆盖大片的热带雨林是老虎、大象、白眉长臂猿、野牛等野生动物的家园。

18 世纪之前，察查地区一直由卡查里部落王国统治，首府位于默胡尔河畔迈邦镇。主要居住着察查部落人，另外还有那加部落人、曼尼普尔部落人。察查人还居住在曼尼普尔西部及锡莱特北部及杰因蒂亚丘陵的东部地带。察查部落是平和、勤劳的农耕部落，信仰印度教。1706 年 2 月，当时强大的阿洪王国打败了卡查里王国，败退的国王塔姆拉德哈扎逃到南部的卡斯普尔后，建筑了新宫殿并在此地定居下来。18 世纪 70 年代，在缅甸人的帮助下，卡查里国王被曼尼普尔国王玛吉特·辛格逐出王位，曼尼普尔国王占领了察查地区。随后，缅甸人又将曼尼普尔国王玛吉特·辛格从察查地区驱赶至苏尔玛山谷，占领了察查地区。此时的英国东印度公司实际上已经统治了整个孟加拉地区，包括锡莱特地区。英国东印度公司不能容忍缅甸人入侵扩张至孟加拉边界，迅速派遣军队将缅甸人从察查地区驱逐出去，收回察查地区后将该领土交还给卡查里王国国王格宾达·钱德拉，条件是卡查里王

察查地区英国茶叶种植者在巴拉池拉（Ballachera）聚会（1868年）

国每年支付1万卢比的年贡。1830年，国王格宾达·钱德拉被曼尼普尔人谋杀，由于国王没有后嗣继承人，东印度公司与卡查里王国双方签订条约，这片领土划归给英国人管理。1830年6月30日，东印度公司军官费舍尔被派往该地区担任地方行政长官，负责税收及司法等具体事务。1832年8月14日，察查地区正式并入东印度公司的领土版图。英属印度政府将察查、海拉甘迪和格里姆根杰三个区域合并成立为察查区。1854年，察查北部地区也被英国占领，并入察查地区。1874年察查被并入英属印度政府的阿萨姆省，英国人斯图尔特被任命为察查地区是第一副专员，首府设立在锡尔杰尔，从此锡尔杰尔成为该地区的政治和经济中心。

1855年，正当上阿萨姆地区的茶叶种植业如火如荼地拓展之时，察查地区的当地土著部落人也在丛林中发现了一些野生的茶树，野生茶树品种与阿萨姆品种非常相似，都是叶片比较大的茶树品种。当地人随即把这一重要的发现告知察查地区警长弗纳。弗纳警长同年 7 月即向英属印度政府报告发现与阿萨姆地区相同的野生茶树。阿萨姆公司获知这一消息后，马上意识到这是一片值得开发的处女地，阿萨姆公司即马上向政府申请租赁察查的森林土地，开垦种植茶叶。

1856 年 1 月，察查地区殖民政府采取了与阿萨姆地区相同的荒地出让和租赁政策。殖民政府开始大量地出售或租赁土地给英国人或者其他欧洲人。1856 年，阿萨姆公司是第一个进入该地区的茶叶公司，第一次仅租赁了 500 英亩，在巴雷尔山脉至巴拉克河区域开垦种植了察查地区第一个茶叶种植园——"毛扎巴桑简"茶叶种植园。考虑到阿萨姆公司的投资热情，殖民政府下令免阿萨姆公司一年租金。1860 年，阿萨姆公司进一步将茶叶种植园拓展至察查地区，种植面积达到 900 英亩。

察查地区的英国茶叶种植者学习了阿萨姆地区茶叶栽培的成功经验，大量的阿萨姆茶籽从阿萨姆的纳兹拉镇被运送到察查地区种植，察查地区的茶叶种植业迅速发展。英国茶园投资者认为，察查地区拥有比阿萨姆地区更方便的地理条件，该地区距离加尔各答更近。从加尔各答乘桨轮船到达察查仅需要 6 周时间，归程航行由于是顺流，仅需要一半时间。便捷的交通吸引了众多英国人投资购置土地开垦茶叶种植园。1862 年，殖民政府出让给茶叶种植者的土地达到 6.8149 万英亩，80 多名英国茶叶种植园主或管理员定居在该地区，建立了 53 个茶叶种植园，茶园面积达到约6077 英亩，茶叶产量约 33.68 万磅，雇佣劳动力约 6700 名。察查地方政府也从出让土地中获得巨额的收入，1857 年，察查地区的财政收入仅 5000 英镑，1862 年的财政收入就达到 2 万英镑。1863

年，从加尔各答至察查的内河航线第一航班正式开航。1869 年察查地区的茶叶种植发展突飞猛进，茶园面积达到了 2.4151 万英亩，茶叶产量达到 423.4794 万磅。1870 年当地殖民政府出让了 171 块森林土地，种植区域面积飞速达到 48.4760 万英亩。1871 年政府又出让土地 71 块，总面积达到了 20.4120 英亩。在随后的几年中，低廉的土地价格，让英国投资者无所顾忌地购置或租赁大片的土地，无论是否适合种植茶叶。1875 年至 1876 年期间，察查地区出让或租赁的土地达 20.8488 万英亩，实际可以种植茶叶的仅 8.2759 万英亩，大量的已出让土地实际上不适合种植茶树，或者种植茶树失败后而荒废。尽管如此，在短短的 10 多年左右，察查地区的茶叶种植园就达到了 150 多个。

1882 年察查地区茶叶种植面积为 4.8873 万英亩，红茶产量

达 1272.1 万磅；1885 年，锡莱特和察查地区的茶叶总产量达到
2099.8978 万磅。察查地区茶园的数量迅速增加，1895 年茶叶种
植园达到 176 个，1915 年和 1928 年茶叶种植园分别达到 159 个和
199 个。19 世纪末，察查地区开始生产绿茶，1903 年 100 万磅察
查绿茶出口至北美和欧洲国家。茶叶种植业的开发使得曾经寂静
荒芜的察查繁荣兴旺，茶产业也成为了察查地区最重要的经济产
业。如今，现代的察查地区拥有的茶园面积达到 61 万多公顷，约
占阿萨姆茶区总面积的 13%；茶叶产量达到 4.4 万吨，约占阿萨
姆茶叶总产量的 9%。

　　锡莱特地区位于阿萨姆西南部和孟加拉东北部，由杰因蒂亚
山、卡西山和特里普拉山组成的郁郁葱葱的丘陵山区，苏尔玛河
从境内川流而过。16 世纪末，锡莱特地区曾经是巴提王国的领土，
随后被莫卧儿帝国征服，成为莫卧儿帝国孟加拉"苏巴"（省）
统治的领土。1765 年，英国东印度公司占领锡莱特地区。1867 年，
锡莱特地区成为英属印度政府的一个独立的行政地区。1947 年 7 月，
印度独立时锡莱特地区划归东巴基斯坦。1971 年，东巴基斯坦独
立为孟加拉国时，锡莱特地区成为孟加拉国领土。

　　1840 年，英国茶叶开拓者就在孟加拉吉大港的"先驱者山"
开始茶叶种植，茶树品种来自中国。而根据更早的资料记载，11
世纪时期，燃灯吉祥智大师从西藏前往亚洲各地传播大乘佛教和
藏传佛教的思想，曾经到过孟加拉，他成为了孟加拉佛教宗教领袖，
也是将喝茶引入孟加拉的第一人。

　　1855 年，东印度公司曾经收到报告说，在锡莱特地区的昌德
汉尼山区发现了野生茶树。1856 年 1 月 4 日当地村民默罕默德·
华里斯报告在卡西山脉和杰因蒂亚山脉也发现野生茶树。英属印

度地方政府对这个发现抱有极大的热情，特别是英国和其他欧洲的商人、投资家和政府官员都设想在锡莱特地区拓展茶叶种植。锡莱特地方长官拉金斯向孟加拉总督报告说，"大量的茶树生长在昌德汉尼山区，这天我已经送标本到印度农业协会进行分析。"他还建议，对于这一重要的发现性，孟加拉总督可以给予50卢比的奖励给幸运的发现者穆罕默德·斯华里斯。1857年在斯威特兰德的指导下，锡莱特的第一个茶叶种植园"玛尔尼奇拉"种植园建立，温斯顿担任经理，一直至1884年。1860年，"拉尔昌德"和"马提拉格"茶叶种植园也相继建立。

19世纪60年代初，锡莱特地区也卷入了阿萨姆地区的"茶叶狂热"浪潮，许多英国私人公司狂热地进入该地区开垦茶叶种植园，早期在锡莱特投资茶园的英国人获得了相当丰厚的回报。由于过度的投资狂潮，60年代末锡莱特茶叶大开发也受到严重的影响，这场危机导致该地区茶产业发展停滞不前。然而19世纪70年代茶叶种植园又变成了商业冒险，更多的英国人和其他欧洲人涌入这个曾经的荒蛮之地。1878年，英国茶叶种植者坎贝尔还建立吉大港俱乐部，供英国和欧洲茶叶种植者聚会之用。19世纪80年代，势力更加雄厚的管理代理公司的投资取代了私人投资。1880年和1910年期间，来自从伦敦、加尔各答和本地的资本大量进入，促进了茶叶种植园的扩张，并一直拓展至孟加拉吉大港地区和特里普拉土邦王国地区。

1882年，苏格兰商人约翰·缪尔的芬利·缪尔公司巨额投资大举进入锡莱特茶叶种植业，创立了"北锡莱特茶叶公司"和"南锡莱特茶叶公司"。芬利·缪尔公司不仅仅从政府那里获得低价的荒地，约翰·缪尔还从特里普拉王国王公手中购买了大约

1.3609 万英亩荒地。1886 年，两家公司分别拥有茶园 7100 英亩和 8040 英亩。1896 年，这 2 家公司合并成"联合茶叶和土地公司"。1890 年收购了"北察查茶叶种植园"。根据 1910 年出版的泰勒茶区地图显示，詹姆斯·芬利公司拥有约 2.7 万英亩茶园。著名的管理经纪公司奥克塔维厄斯·斯蒂尔公司也投资进入苏尔玛山谷、察查东部、锡莱特等地区茶叶种植园，在锡莱特拥有约 1.47 万英亩茶园。此外，19 世纪末，威廉姆森·马戈尔公司、肖·华莱士公司、邓肯兄弟公司、麦克劳德公司、巴里公司、麦克尼尔等加尔各答许多著名的管理代理公司争先恐后地纷纷进入锡莱特等地区茶叶种植业，拥有茶园面积 1000 英亩至 5000 多英亩。英国资本的管理代理公司几乎垄断了该地区的茶产业。

　　19 世纪 90 年代的阿萨姆孟加拉铁路建设通车，方便了锡莱特地区与加尔各答的物资、人员和茶叶的运输，促进了孟加拉北部地区的茶产业发展。1893 年锡莱特茶叶产量达 2062.7 万磅，几乎等于在阿萨姆最大的产茶区锡布萨格尔的产量。孟加拉本土贵族、地主、精英们也被利润丰厚的茶叶种植业吸引。1876 年，来自锡莱特的著名律师穆萨拉胡·阿里在他的私人朋友和高级官僚的支持下，在苏尔玛山谷成立"察查本土联合股份公司"，这是孟加拉第一家本土茶叶种植公司。1880 年，注册资本为 50 万卢比的巴拉特·萨密提有限公司在锡莱特成立，该公司拥有卡利纳加尔茶叶种植园。1896 年，注册资本 10 万卢比的印迪斯瓦茶叶贸易有限公司成立。这些本土人创立的公司，由于资金有限，限制了公司的种植园拓展，他们中的大多数没有自己的茶叶加工厂，只好把鲜叶送到附近欧洲人的茶叶加工厂去加工。锡莱特的地主也积极地投资茶叶种植业，他们不仅出让土地给欧洲的种植者，自己也开垦茶园。19 世纪末，锡莱特地主博拉扎·纳斯·乔杜里按捺不住对财富的欲望，出售他私人森林土地给邓肯兄弟公司，邓肯兄弟公司也大力帮助他开垦茶园。40 年后，博拉扎的孙子在特里普拉地区的卡玛拉普尔开垦了占地 1065 英亩的玛哈伯茶叶种植园。

1900 年锡莱特茶园面积到达 7.149 万英亩，茶叶产量达到 3504.2 万磅。1904—1905 年间，锡莱特茶区拥有 123 个茶叶种植园，其中欧洲人拥有 110 个茶叶种植园。1910 年，欧洲和英国茶叶公司拥有 95% 的茶叶种植土地，而当地人仅拥有 5%。到 20 世纪 20 年代末，当地人仅拥有 10% 的茶园。1921—1922 年，阿萨姆地区有 29 家本土人的茶叶股份公司，这些公司中有 23 家注册在锡莱特，3 家在察查地区，3 家在阿萨姆。

1947 年 7 月印度独立，印度巴基斯坦分区时，锡莱特地区划

锡莱特第一个茶叶种植园——玛尔尼奇拉

归东巴基斯坦，信仰穆斯林的巴基斯坦继承了英国人的茶园，拥有了自己的茶区。当时东巴基斯坦锡莱特地区拥有 103 家茶叶种植园，茶园面积达 2.6734 万公顷，年生产茶叶 1.836 万吨。英国茶叶种植者和贸易商还在吉大港组织吉大港茶叶拍卖行，销售锡莱特地区的茶叶。1971 年，东巴基斯坦独立为孟加拉国时，锡莱特地区成为孟加拉国领土，巴基斯坦则失去了唯一的茶区，嗜好饮茶的巴基斯坦不得不每年花费大量的外汇进口茶叶，而贫穷的孟加拉国则成为了产茶国。政治和经济常常就这样以某种特殊的方式紧密联系在一起，英国人将印度大陆玩弄于股掌之间，就这样有意无意中以茶区的归属形式表达出来。

现代的孟加拉国拥有 162 个茶叶种植园，其中 135 个茶叶种植园分布在锡莱特专区的毛尔维巴扎尔、霍比甘杰、锡莱特三个县，茶园面积约占孟加拉国茶园总面积的 90%，茶叶产量约占 93%；另外 23 个茶叶种植园在吉大港专区，4 个茶叶种植园在朗布尔专区。孟加拉国每年生产茶叶约 5.9 万吨。在 20 世纪 70 年代，锡莱特茶区雇了 12 万男性和 35 万女性固定员工，这些茶园工人都是 19世纪中叶从焦达讷格布尔和恰尔肯德邦等印度其他地区招募的劳动力的后代。

五、阿萨姆地区茶叶的运输

阿萨姆境内的布拉马普特拉河发源于西藏高原的雅鲁藏布江，从藏南地区巴昔卡附近进入阿萨姆地区萨地亚后，与其他两条河汇合后始称布拉马普特拉河，在孟加拉国与恒河相会后进入孟加拉湾。这条全长 2880 公里的河流，在中国西藏境内 1625 公里，在阿萨姆地区 918 公里，在孟加拉国境内 337 公里。从远古时期至阿洪王国时期，再到英国殖民统治阿萨姆地区时期，流淌在广袤阿萨姆平原的布拉马普特拉河是阿萨姆人民的生命之河，她孕育和灌溉了阿萨姆地区肥沃的土地，也曾经无数次在季风暴雨季节摧毁了阿萨姆地区无数的生命和财产。浩瀚的布拉马普特拉河及支流、阿萨姆南部的巴拉克河及支流又是阿萨姆地区与外部世界联系和贸易的重要运输通道，通过布拉马普特拉河进入恒河向西北方向通往印度中部和西北部地区，向阿萨姆南部方向与巴拉克河、苏尔玛河、库斯亚拉河、梅克纳河流域汇合通往印度南部

运输茶叶的小木船

的孟加拉地区。在阿萨姆地区，历史上布拉马普特拉河两岸自然形成了萨地亚、迪布鲁格尔、内阿默蒂、提斯浦尔、古瓦哈蒂、焦吉科巴和图布里等几个主要的河港，此外纵横交错的支流形成河道密布的小渡口供两岸民众渡河及运送货物。阿萨姆南部的巴拉克河也形成格里姆根杰、巴达尔普尔和锡尔杰尔等自然港口。这片流域被作为印度东北部、孟加拉地区和加尔各答地区之间经济和人口流动的交通通道，也成为了19世纪至20世纪阿萨姆地区茶产业开发和繁荣的大动脉。许多英国人怀着发财的梦想，乘坐木船奔赴阿萨姆地区，多年后许多英国茶叶种植者或失魂落魄或兴高采烈地乘坐布拉马普特拉河上木船返回加尔各答，许多英国人也许踏上了永远的不归路。

在布拉马普特拉河航运的是一种"乡村船"，这种乡村木船，依靠人工划船，速度慢、载重量低。在枯水季节，逆流而上需要纤夫或大象在陆地牵引，在季风的雨季，洪水泛滥期间常常导致

大象和牛车驮运茶叶

船毁人亡。布拉马普特拉河的支流河，当地人则依赖独木舟来往或者运输货物。1835 年，加尔各答植物园培育的 2 万株中国茶苗从加尔各答出发，雇当地的乡村木船，沿着布拉马普特拉河逆流而上至上阿萨姆地区最东部的萨地亚镇，航行了 4 个多月时间，成为历史上从加尔各答至阿萨姆最东部萨地亚的最长距离的远程首航。1839 年开始的阿萨姆地区茶叶种植园开发以来，这些河流成为阿萨姆地区茶产业开发所需物资、人员和茶叶的重要通道。1839 年，阿萨姆公司的木船队，满载着开垦茶园所需的物资、制茶工具、农具、餐具、木工工具，甚至准备送给当地部落首领的彩色玻璃珠礼物，从加尔各答启程远航深入至萨地亚，开始了阿萨姆茶叶种植的商业化开发。

阿萨姆地区的内陆陆地运输主要依靠大象和牛车驮运。大象在阿萨姆茶叶开发过程中发挥了巨大的作用，不仅被英国人用于在原始森林中木材拖运，还主要承担了茶叶的运输，早期的茶箱都是采用非常重实的实木板制成，每头大象可以驮运 6 茶箱茶叶。布鲁斯在 1841 年向董事会的报告中提及，种植园向当地部落购买了 4 头大象用于运输。英国人在开垦茶叶种植园时，通常会把连接至支流河码头的道路规划和建设好，大象或牛车将茶叶种植园的茶叶运输到各支流河的小码头，然后用阿萨姆特有的独木舟和乡村木船运送至主航道——布拉马普特拉河的某个码头，再次转载到较大型木船中，沿着布拉马普特拉河运输至古瓦哈蒂的茶叶仓库。

从 1840 年开始，英属印度政府就在沿着布拉马普特拉河两岸的戈瓦尔巴拉、提斯浦尔、比斯纳斯、古瓦哈蒂和迪布鲁格尔等临河城镇陆续建立了码头、货物仓库和临时棚屋，茶叶种植园或

早期投入航运的桨轮船

贸易公司可以租赁这些仓库作为货物中转仓库。古瓦哈蒂镇是许多贸易公司或茶叶种植园仓库的集散地，也是茶叶种植园招募的成千上万劳工进入阿萨姆茶区的中转地。殖民政府在这些码头也建立了一些比较高级的旅馆，供招聘到茶叶种植园作管理的英国人居住和中转。

从古瓦哈蒂镇，茶叶或货物被再次装载在木船，可以直接顺流航行到达加尔各答港口。就这样，阿萨姆茶叶种植园生产的茶叶，通过遍布阿萨姆茶区的支流河，再进入布拉马普特拉河，然后被大型木船运送至加尔各答。阿萨姆种植园需要的成千上万的劳动力、物资和设备等也通过河流从加尔各答或其他地区进入布拉马普特拉河，再通过支流河，运往茶叶种植园。1844年，从阿萨姆重镇古瓦哈蒂至萨地亚的木船航行需要6周时间，从孟加拉的高尔伦多镇港至萨地亚甚至需要 3 个月或更长时间。英殖民政府和英国茶叶种植者深切认识到阿萨姆地区原始和落后的交通运输成为阿萨姆茶叶大开发的主要障碍，不仅仅在阿萨姆地区，整个印度大陆地区的交通状况都如出一辙，这当然阻碍了英国殖民者对印度殖民地资源的掠夺和剥削。早在 1833 年，英属印度总督威廉·班提克爵士就考虑了需要大力发展印度大陆的内河航运，提出在印度殖民地建造蒸汽轮船用于内河运输。1834 年，英国伦敦朗伯斯造船公司制造的第一艘航运蒸汽轮船"威廉·班提克爵士"号正式投入商业航行，开通了加尔各答经阿萨姆西部城市戈瓦尔巴拉至印度北部城市阿拉哈巴德的 1600 英里航线。虽然航行速度极慢，从加尔各答至戈瓦尔巴拉需要 30 天时间，却开启了阿萨姆地区蒸汽轮船航运的先河。这些早期的轮船都是在英国制造好各种组件，然后再运送到加尔各答组装完成下水，后来则完全在加尔各答或者孟买制造。印度殖民地第一家造船公司是英国詹姆斯·基德兄弟公司创立的，该公司在加尔各答建造了柯德坡尔船坞。1836 年，英国东印度公司收购了该造船公司和柯德坡尔船坞。

早期投入内河航运的蒸汽船，被称为"桨轮船（Paddle Steamer）"，长度约 100 英尺，宽度约 22 英尺，吃水 2 英尺 9 英寸，可同时用于货物和旅客运输。1836 年，4 艘桨轮船正式投入了从加尔各答胡格利河至恒河、孟加拉南部孙德尔本斯三角洲、库尔纳、帕德马河以及阿萨姆布拉马普特拉河的航线运行，当时的航运都是不定期的航班。19 世纪末，英国人还建造了一种被称为"明轮船"（Stern-Wheeler）的小型的轮船，非常适合进入支流航行，甚至可以直达当地部落山寨和茶园。

蒸汽船在促进阿萨姆与加尔各答的贸易中发挥了至关重要的

作用。1841年，印度殖民地第一家茶叶公司——阿萨姆公司为了更加方便和快速地运载阿萨姆茶叶种植园所需的物资和茶叶运出，投资1.3万英镑订购了一艘专门用于茶叶和物资运送的商业货船"阿萨姆号"。这艘船重450吨、长140英尺的铁壳轮船，1842年首航到达了阿萨姆的古瓦哈蒂，这也是蒸汽船首次远航在阿萨姆的布拉马普特拉河，但不幸的是首次航行返回时，由于对水文和航路不熟悉，险遭翻船事故，不得不停止了"阿萨姆号"的运行，阿萨姆公司被迫建立自己的木船运输队。实际上，在布拉马普特拉河上航行的英国第一艘船就是1823年东印度公司布鲁斯少尉率领的"戴安娜号"炮艇，这是一艘100吨级的轻量级的桨轮船，沿着布拉马普特拉河逆流而上至上阿萨姆地区的萨地亚镇。

直至1844年，印度殖民地第一家真正的蒸汽船航运公司"印度通用轮船公司"（India General Steam Navigation Company）成立，开通了加尔各答至恒河流域的航线，但一直没有开通至阿萨姆地区的航行。1847年英国东印度公司成立"东印度轮船公司"，首次开通了加尔各答至阿萨姆古瓦哈蒂之间（960公里）的水路货物兼客运运输服务，但是从加尔各答至古瓦哈蒂的货物运输费用非常高，每张船票高达150卢比。由于高昂的运输成本，茶园种植园主根本不可能利用轮船运输茶叶。即使茶园种植园主想利用轮船运输茶叶，但由于当时缺乏轮船数量、航班少、运行时间很不正常，茶叶或货物在古瓦哈蒂必须等待很长的时间才能运送至加尔各答，因此，茶叶种植者的茶叶被迫依然利用木船运输。一个英国茶叶种植者写道："在干燥的冬天，陆路运载似乎容易些，每年仅仅在有限的冬季时间可以用大象运载，后来才普遍采用牛车运输。大多数茶叶种植园必须依赖茶园附近的小河，用小船运载茶叶至布拉马普特拉河。在冬季布拉马普特拉河水干涸季节，蒸汽船的运输也经常停止。"1856 年，上阿萨姆地区的茶叶种植业显露出了初步的繁荣前景，人员和物质的流动量激增，东印度轮船公司随即开通了从古瓦哈蒂至迪布鲁格尔的不定期航班。著名的管理经纪公司威廉姆森·马戈尔公司的创始人之一詹姆斯·威廉姆森船长当时就是第一批英国轮船的船长之一。

1860 年，阿萨姆的茶产业已经开始如火如荼地疯狂发展，水路运输的需求巨大，刺激了轮船公司拓展航线和增加航班次数。1861 年，印度通用轮船公司开通从加尔各答直达阿萨姆地区迪布鲁格尔的航线，两艘轮船每六周往返一次。同时在布拉马普特拉河开通了定向的航线运行，根据茶叶种植园的需求，运送茶园劳工到上阿萨姆地区。1862 年全年从加尔各答至阿萨姆往返了 7 次航班。1863 年航班次增加达至每月一班。1862 年另外一家航运公司——内河轮船公司（River Steam Navigation Company）也组建了三艘轮船和三艘平板船在布拉马普特拉河航运。1863 年，内河轮船公司开通了从加尔各答经孙德尔本斯至阿萨姆的定期轮船航班。印度通用轮船公司也在同年再次扩大轮船规模。至 1869 年，该公司拥有 16 艘轮船、32 个平板船和 5 个驳船；运行的水路航线除了阿萨姆地区的布拉马普特拉河外，还通往恒河、孟加拉地区。

随后，许多英国私人航运公司进入了水路运输业，水路运输公司成为当时最赚钱的公司。经过多年激烈的竞争，最后印度内河运输被印度通用轮船公司和内河轮船公司两家公司垄断经营，这两家公司也开始长达几十年的竞争。19 世纪 60 年代，阿萨姆茶叶种植区内所有茶叶种植和加工有关的物资和茶叶都是通过布拉马普特拉河从加尔各答运送到达阿萨姆地区的茶叶种植园，每艘蒸汽船可装载 150 个茶箱，每箱茶叶重量约 80 磅。在此时期的内河地区，英国东印度公司经营着几百条轮船，总航行达到 5000 多英里。茶园劳工的运送也是当时船运公司的最主要的业务，1863—1866 年有 5 万多劳工自印度东部焦达讷格布尔高原的劳工们，在招聘中介的带领下，拥挤在甲板上进入阿萨姆茶园，他们被船运公司称之为"甲板上的乘客"。

1882 年，内河轮船公司与阿萨姆地方政府达成协议，开通图布里至迪布鲁格尔之间的日常航运服务，称为"阿萨姆邮政服务"航行。在同一年，一种"水路和铁路联合货运服务"由印度通用轮船公司开通了，航线开始于布拉马普特拉河下游孟加拉中部锡拉杰甘杰镇至高尔伦多，然后由铁路运输至加尔各答。1883 年这一运行扩展至纳拉扬甘杰和达卡港。由于水路运输利益丰厚，东孟加拉铁路公司也组建了小型船队投入水路运输业，以低成本吸引茶叶公司，获得了茶叶公司的青睐，但遭到这两家轮船公司的强烈反对，最后交由殖民政府裁决。殖民政府认为，国家补贴的国有铁路公司不应与私人企业竞争，因此东孟加拉铁路公司的船队最后租赁给印度通用轮船公司运行。

阿萨姆地方行政报告显示：1880—1881 年，在布拉马普特拉河流经的阿萨姆六个地区，私人或公共部门拥有多达 275 艘渡船在布拉马普特拉河内运行，开发阿萨姆地区所需的棉花、羊毛、药品、大米、酒水、钢铁等物质都是通过船运进入阿萨姆地区，价值达到 4 亿卢比，通过航运的茶叶价值也达到 4 亿卢比。其中木船运输垄断了盐、木材、石灰和石灰岩的运输。轮船公司降低了在布拉马普特拉河运行的票价，减少中转时间，吸引越来越多的人乘坐船迁移到茶区，也导致在这两个方向的小船运行数量减少。同年该报告还显示，布拉马普特拉河运载的贸易量，平均每个月有8艘轮船，满载着各种各样的商品，离开加尔各答前往阿萨姆的迪布鲁格尔。1880年阿萨姆茶叶产量达到3401多万磅，约等于1.5万吨茶叶运出阿萨姆至加尔各答。每天，慢吞吞的大象队伍、喘着粗气的牛车队满载着一箱箱阿萨姆红茶奔向码头，被瘦骨嶙峋的背夫搬上小船，再转载大木船，辗转千里运送至加尔各答。1899年，这两家轮船公司合作建立了一个联合轮船公司，开通从加尔各答至萨地亚的6条支线航线，经布拉马普特拉河进入支流苏班西里河、滕西里河、格皮利河和科隆河，使得轮船航行可以深入到各条支流河附近的茶叶种植园。

英国殖民者为了继续派遣军队征服印度大陆其他地区和大肆掠夺殖民地的物资和财物，1832年英国东印度公司提出在印度建设铁路的设想，开始设计和规划印度大陆铁路。当时印度大陆的交通运输完全依赖于水路航运和畜力的运输，不能满足英国殖民统治的需求。1837年，印度第一条从马德拉斯的"红山"至钦塔德勒皮特桥的铁路通车，它被称为"红山铁路"。1853年4月16日，印度历史上第一条从孟买至坦纳的21英里的客运铁路开始投入试运行。由从英国进口的三个火车头牵引着满载400名旅客的14节车厢火车，在21响礼炮声中缓缓开出，标志着印度铁路新的路程碑开始。

1857年，伦敦成立东孟加拉铁路公司，计划建设连接从孟加拉达卡至加尔各答的"东孟加拉铁路线"，通向加尔各答北部和东部地区，这些人口密集地区出产丰富的农产品如靛蓝、糖、油料、水稻和其他农作物。这条铁路包括了为阿萨姆地区提供茶叶、物资、人员等运输服务。建设铁路线长度约110英里，起点从加尔各答市胡格利河东岸至孟加拉西北部巴布纳区的库什蒂亚镇。库什蒂亚镇位于恒河的支流帕德马河南岸，是当时孟加拉著名的靛蓝种植区和贸易重镇。1862 年 11 月整条铁路线建成通车。1864 年从库什蒂亚延伸至恒河的支流戈莱河的内河港口的铁路支线建成。1865 年进一步从库什蒂亚至恒河和布拉马普特拉汇合处——孟加拉地区拉杰巴里区的高尔伦多镇的 45 英里延伸铁路线建成。1871 年"东孟加拉铁路"最终开通了从加尔各答至高尔伦多镇，使得该镇成为了孟加拉东部地区与阿萨姆地区的交通重要枢纽。该条铁路线将加尔各答、达卡、阿萨姆、锡莱特和察查等重要城市和产茶区，以及重要的恒河、布拉马普特拉河和孟加拉的帕德马河连接起来。为了使阿萨姆茶叶运输至加尔各答更加方便出口，在印度茶叶协会的要求和压力下，1902 年，"东孟加拉铁路线"继续建设沿布拉马普特拉河向北部延伸至阿萨姆西部大门的重要商业中心和繁忙的河港——图布里镇，图布里镇当时不仅仅是茶叶水路运输的重要内河港口，也曾经是阿萨姆黄麻主产区。铁路延伸至图布里后，在一定程度上有助于阿萨姆地区的茶叶种植园与加尔各答的物资和茶叶运输，但毕竟图布里火车站位于阿萨姆的西部，阿萨姆的茶叶种植中心在东部的上阿萨姆，距离还相当的遥远。

英国茶叶种植园主们和贸易商人一直迫切希望阿萨姆地区建设铁路线来改善运输条件，运送当地茶叶、木材、煤炭等原材料和其他自然资源。他们向殖民政府提出请求，建造原材料产地连接到布拉马普特拉河沿岸港口的铁路线。阿萨姆南部地区的察查茶区和锡莱特茶区，同样也没有铁路线连接印度的其他地区，完全依赖巴拉克河将茶叶、煤炭、木材等商品运往加尔各答或者将商品和劳工运送到茶区。

直到 1881 年，阿萨姆地区的铁路建设才真正开始实施，帝国第一家茶叶公司阿萨姆公司和 1892 年成立的阿萨姆孟加拉铁路公司成为阿萨姆地区铁路的先驱者。为了真正实现铁路完全进入阿萨姆各个茶区，阿萨姆公司与阿萨姆地区的几个英国茶叶种植园主合作，在英国注册成立阿萨姆铁路和贸易公司，成为了阿萨姆地区铁路的开拓者。这是一家野心勃勃的公司，从一开始就瞄准了阿萨姆地区丰富的自然资源，除了茶叶种植外，还进入铁路建设、水路航运、煤矿开采和后来的石油开采等多元化的业务。阿萨姆铁路的建设是该公司最早开拓的业务之一。1881 年 7 月 25 日，阿萨姆铁路和贸易公司与铁路枕木供应商——肖·芬利森公司，合作建设阿萨姆地区历史上的第一条独立的米轨铁路线"迪布鲁—萨地亚铁路"，这条铁路线将附近地区茶叶、木材、煤炭、石油生产地区与迪布鲁格尔内河港口连接。合作公司名称变更为"阿萨姆铁路贸易有限公司"。

1882 年至 1884 年，阿萨姆铁路贸易有限公司分别建设三条窄轨蒸汽火车铁路线，即 1882 年 5 月开通了从布拉马普特拉河岸的迪布鲁—萨地亚的 15 英里窄轨铁路线。主要车站为迪布鲁格尔、莱多和丁苏吉亚。1883 年开通了 25 英里从丁苏吉亚的玛库姆镇至莱多和玛格丽塔煤矿的支线铁路，最初只用于从迪亨河南岸煤矿开采的煤炭运输至迪布鲁—萨地亚铁路。第三条铁路线是 1884 年开通从玛库姆镇经塔拉普至杜姆杜马镇支线铁路，总长达到 23 英里。1910 年，铁路进一步延伸至赛科阿卡德镇。自此，这三条窄轨铁路构成了上阿萨姆茶区、煤矿和石油产区的主干线铁路，线路总长度达到 86 英里；1921 年线路总长度达到 105 英里；1943

年线路总长度达到 112 英里。

1884 年，另外一条重要的地方铁路线在阿萨姆的主要茶区焦尔哈德建设开通，即"焦尔哈德（省）铁路"。正式投入运行的是条 2 英尺宽的窄轨铁路线，起点从焦尔哈德镇布拉马普特拉河岸的格塞冈，主要站点为：焦尔哈德、默里亚尼，最终达到提塔巴，全长 30 英里。这条铁路线将默里亚尼和提塔巴的产茶区与轮船港口蔻基拉姆科连接在一起。该铁路线最早为茶叶种植园主勘探建设的一条独立的 2 英尺窄轨铁路，被称为"阿萨姆蔻基拉姆科铁路"。1884 年 12 月 9 日，当从焦尔哈德至达哈利河段通车时，该铁路线改名为"蔻基拉姆科省级铁路"。这条窄轨火车开通了到达重要产茶区焦尔哈德的铁路，促进了当时茶叶种植园的快速增长。1885 年，该铁路线在焦尔哈德与阿萨姆孟加拉铁路连接，铁路进一步扩展。1894 年，从布拉马普特拉河的北岸索尼特普尔区的提斯浦尔镇至产茶区巴利巴拉的铁路线建设通车。

1892 年，阿萨姆孟加拉铁路公司正式成立，计划建设阿萨姆和孟加拉地区的第一条跨地区铁路线，从孟加拉吉大港至上阿萨姆的玛库姆镇。将有助于阿萨姆生产的茶叶和黄麻通过吉大港出口到海外市场。19 世纪中期，缅甸的勃固地区和下缅甸地区已经成为英属印度的领土，这条铁路也有助于缅甸的原材料通过吉大港出口。

阿萨姆孟加拉铁路线的规划建设分为三个路段：第一路段是从吉大港至巴达尔普尔以及分支线至茶产区锡尔杰尔和拉可萨姆；第二路段从阿萨姆地区格里姆根杰区的巴达尔普尔镇至瑙贡区的卢姆丁镇；第三路段从卢姆丁镇到古瓦哈蒂以及延伸北上进一步到阿萨姆丁苏吉亚的玛库姆镇。从 1892 年至 1903 年，从吉大港

阿萨姆窄轨火车（1920 年）

经锡尔杰尔至卢姆丁镇的铁路线全线贯通。卢姆丁镇成为当时印度东北部阿萨姆地区最大和重要的铁路枢纽铁路站。1900 年连接卢姆丁镇至首府古瓦哈蒂的东部分支线。1902—1903 年铁路线进一步向东延伸至丁苏吉亚的玛库姆；1903 年连接至迪布鲁格尔区的迪布鲁—萨地亚铁路。自此，阿萨姆的铁路线延伸至最东部的茶叶发源地和主产区萨地亚。阿萨姆的铁路系统网络也基本形成，并且与东孟加拉地区紧密连接在一起。

　　1909—1910 年，古瓦哈蒂对岸的布拉马普特拉河北岸，从阿明冈至图布里镇的戈洛克加恩杰的铁路线开通运行，因此阿萨姆地区布拉马普特拉河谷的西部与印度其他地区的铁路线连接在一起。1911 年，从布拉马普特拉河北岸朗吉亚的铁路线向东延伸到达让区的登格拉镇，1932 年进一步扩展延伸到巴利巴拉镇。1917 年连接产茶区的铁路干线由锡默卢吉里经过锡布萨格尔至莫兰镇开工建设。1920 年卡里尔巴茶叶种植区的铁路线从查帕姆克经过瑙贡至港口西尔哈特镇之间铁路干线开工建设。1929 年从阿萨姆地区锡默卢吉里向南至那加兰地区的讷金默拉镇的一条铁路线开始建设，这条铁路线主要是从毗邻地区运输煤和茶。同年经过茶区的巴杜里帕尔、焦尔哈德、福卡廷铁路线建设完成通车。

在 20 世纪 20—30 年代，阿萨姆一些较大型的茶叶种植园，还专门建设了窄轨的"茶园专用铁路线"，将茶园与布拉马普特拉河的码头直接连接，铁路专用线有时被用于从茶园或茶叶集散地中心运输茶叶至布拉马普特拉河的码头，再经船运至吉大港。也有一些大型茶叶种植园在茶园内建设了鲜叶运送火车，采用单缸"克虏伯"柴油机驱动小火车，用于将茶园采摘的鲜叶运送至茶叶加工厂，如格林伍德和姆特拉珀尔茶叶种植园。至今，在阿萨姆的一些大型的种植园，这些铁路线依然保留运行。

自此，从 19 世纪 80 年代至 20 世纪 30 年代，阿萨姆地区与东孟加拉地区和加尔各答之间建立了完整的铁路网线，加强了阿萨姆地区与外部世界紧密联系。1904 年 2 月 16 日，由英属印度总督乔治·寇松勋爵主持的孟加拉至阿萨姆之间 740 英里的铁路线正式开通运行。1904 年后，通过吉大港出口的茶叶和黄麻大幅增长，港口贸易总价值从 1904 年的 3923 万卢比上升到 1928 年的 1.8325 亿卢比。1932 年至 1947 年印度独立期间，铁路线基本没有进一步延伸和拓展。

在阿萨姆地区的铁路建设历史上，最为艰难的铁路工程是巴达尔普尔—卢姆丁镇的 221 公里的米轨铁路线，被称为 19 世纪印度铁路建设的一个奇迹工程。整条铁路线穿越最艰险的曼尼普尔北部的巴莱山脉，弯曲的米轨轨道穿过 37 条隧道和 586 座桥梁。在这条铁路线的建设中，英国工程师带领着来自印度和阿富汗的工

格林伍德种植园运送鲜叶小火车（1938年）

姆特拉珀尔种植园运送鲜叶小火车（1938年）

人，在复杂的地形、困难的生活条件下，经受着茂密丛林中的老虎、大象和蚊子侵袭；同时还要防备仇恨英国人的当地部落人的攻击，因为部落人认为修建铁路破坏了他们美丽的山村。

尽管 1901 阿萨姆孟加拉铁路从卢姆丁镇延伸至古瓦哈蒂，但在 1901—1902 年，阿萨姆地区 98％的贸易量还是通过水路运输。1947 年后，内河轮船公司和印度通用轮船公司两家公司几乎垄断了加尔各答和阿萨姆之间的货物运输，尤其是茶叶和黄麻，他们可以提供点对点的直接运输服务，而当时铁路还不能做到。至 1959 年，阿萨姆地区货物运输量，铁路占 35％，水路占 50％，其中出口量 93％的茶叶和 95％的黄麻都是经水路运输。后来这两家公司宣布合并，成立联合轮船公司，一直经营至 20 世纪 70 年代。从 20 世纪 70 年代开始，由于布拉马普特拉河两岸桥梁的建设，极大地改善了国家级的公路和铁路运输，使得布拉马普特拉河水路运输量逐步下降。

六、二战和印度独立时期的阿萨姆茶区

20 世纪 40 年代，英国在印度殖民地的茶叶总产量已经达到了 21 多万吨，其中阿萨姆地区占总产量的一半。广袤肥沃的阿萨姆平原成了绿意葱葱的帝国茶园。英国茶叶种植园主和茶叶公司的职员们正悠闲地享受着茶叶带给他们的财富和舒适的生活，但是第二次世界大战的爆发打破了偏于一隅的阿萨姆茶区的宁静的生活。第二次世界大战期间，在英国殖民统治下的阿萨姆茶区成为了英国茶叶的主要供应地和美国、英国、中国等盟军抗击日本侵略者的重要基地及大量难民的庇护地。

1941 年，在欧洲战场上，英国抵抗德国法西斯的战争进入到最危急的阶段，德国不断地持续轰炸伦敦，英国陷入弹尽粮绝的危险境地之中。1942 年英国政府不得不四处大量采购物资，英国政府采购订单最大物资，按照重量计分别是子弹、茶叶、炮弹、炸弹和炸药。当时的英国食品部全权负责茶叶的采购和供应，德国最高统帅部完全理解破坏英国茶叶供应的重要性，所以德国轰炸伦敦的重要目标就是被称为"茶叶街"的明辛街。据当时的记录，明辛街遭到了德国轰炸机的猛烈轰炸，茶叶、金融、贸易、财务业务全部停止，昔日繁华的明辛街道和贮存的 3000 多吨茶叶全部被轰炸摧毁，迫使英国政府采取了严格的食品配给制，每周每人配给两盎司黄油和奶酪、八盎司糖、四盎司培根和两盎司茶叶，一天三杯茶，配给制一直持续到战争结束，可见当时茶叶在英国人生活中的重要性。

茶叶对于英国人来说具有强大的象征意义和实际意义，丘吉尔首相认为"茶叶比子弹更重要"，他下令所有英国海军和船员在军舰上可以不受限制地饮用茶水。在每辆"丘吉尔坦克"内，都安装"班加西煮茶器"（Benghazi Boiler）供坦克官兵们泡茶。一个士兵在日记上记载道："我们的士气随着茶叶供应量的多少而起起落落。"英国皇家空军在被占领的荷兰，一个晚上投下 7.5 万包茶包，每个茶包含一盎司荷兰东印度公司制作的茶叶，茶包上标有"抬起头来，荷兰将再次崛起！"（The Netherlands will rise again. Chins up）。英国红十字会发送给战俘的 2000 万医药包中，每个包内含四分之一磅"川宁"公司茶包。茶叶成

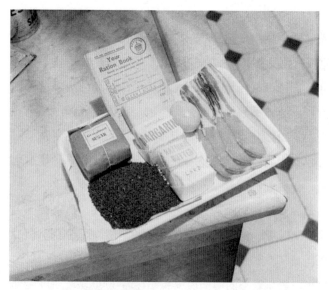

1942 年英国每周成人配给：黄油、鸡蛋、培根、奶酪、糖和茶叶

二战时期英国女护士正在喝茶

为提高英国人民士气和慰藉心灵的秘密武器。英国政府命令利用任何手段从全世界采购茶叶,当然日本除外。

1939 年 8 月 25 日,伦敦茶叶拍卖行停止营业,一直延续至 1951 年才重新开张。在此期间,英国政府和英属印度政府达成协议,通过英国食品部大量直接从印度殖民地生产、采购大批量茶叶。为了支持英国抗战,印度茶叶协会积极动员茶叶种植园主开展茶叶大生产运动,生产的茶叶通过美国运输船运送到英国,保证了英国的茶叶供应。1942 年,印度茶叶产量 23.3502 万吨,出口量达到 15.2849 万吨;1944 年,茶叶产量虽然减少至 21.3856 万吨,但出口量却增加至 18.5505 万吨,印度殖民地茶产业为英国的反法西斯战争做出了重要的贡献。

1941 年底,太平洋战争爆发。1942 年日军占领缅甸,切断了同盟国援助中国抗击日本的唯一一条通道——滇缅公路,大量的援华物资无法运进中国。面对如此严峻的局势,为保证二战亚洲战场上对日作战的军备物资,中美两国决定联合开辟新的国际运输线。于是以阿萨姆地区为起点,开拓了举世闻名的驼峰航线和史迪威公路。英国人将阿萨姆地区茶布瓦、莫汉巴里、苏克瑞廷茶叶种植园的茶树全部砍伐,修建了军用机场。1942 年 8 月,驼峰航线从阿萨姆地区的汀江、茶布瓦、莫汉巴里、苏克瑞廷机场(现称为迪布鲁格尔机场)四个机场正式起航,经过喜马拉雅山脉、缅甸的萨尔温江,进入中国云南高原的怒江、澜沧江、金沙江、丽江,直达昆明巫家坝机场,总航程约 800 公里。在阿萨姆地区,除了以上机场外,随后还建立了焦尔哈德、提斯浦尔等机场。这些机场与加尔各答和孟加拉机场及印度东北部的铁路线紧密地连接成的运输线,成为中国战场国际援助的“生命之路”。

由于飞机运载能力有限，费用太高，且事故频发。在这种情况下，时任中国战区总参谋长的美国将军史迪威别无选择，只能谋划从阿萨姆地区莱多镇经过缅甸北部修建一条到达中国的公路，重新建立起连接印度和中国的陆上运输线。1942年11月17日，第一支筑路部队——美国第45工兵团和823航空工程营、中国驻印军工兵第10团云集阿萨姆地区的莱多镇，在此建立营地，并于12月10日正式向莽莽的原始森林披荆斩棘挺进，在中、英、美三国盟军的共同努力下，经过两年多的时间，这条第二次世界大战亚洲战场上同盟国战略性紧急抢修的莱多公路终于在1945年初正式通车，它从阿萨姆地区边境小镇莱多出发经缅甸北部克钦邦的欣贝洋和首府密支那后分成南北两条线，南线经重要城市八莫和缅甸掸邦西北部的南坎至中国畹町；北线经过缅甸甘拜地，通过中国猴桥，经腾冲至龙陵，两线最终都与滇缅公路相接，全长约1726公里。1945年1月12日，113辆运载物资的第一车队在皮克将军的带领下从雷多镇出发，2月4日到达昆明。在开通后的6个月内，2万6千辆卡车约载12.9万吨的物资从印度运送到了中国。为永久纪念史迪威将军的杰出贡献，后来将中印公路改名为"史迪威公路"。在修筑公路的过程中，1100名美国人和无数的阿萨姆、缅甸和中国当地民工死在施工期间。

阿萨姆地区茶叶种植园主和茶园劳工，在印度茶叶协会的号召和组织下，为第二次世界大战期间阿萨姆后方的英国军队和盟军提供医疗、交通运输、开辟道路、收留难民等服务做出了重要贡献。1942年，英国军队在缅甸被日本人打败，为了便于英国军队撤退至阿萨姆地区，1942年3月开始，印度茶叶协会从阿萨姆茶叶种植园中征用了120多辆卡车和司机、征募数万名茶园工人修筑了最艰苦的曼尼普尔地区德穆－因帕尔至阿萨姆迪马布尔道路，总长134英里。6000多名阿萨姆茶园劳工死于热带丛林中。有一些历史学家认为，茶叶帮助英国战胜了德国，阿萨姆茶园劳工为第二次世界大战也做出了重大的贡献，但遗憾的是在历史书籍中往往被忽略了。

阿萨姆茶区也长眠着勇敢的中国远征军军人。1942年1月到3月，为了增援在缅甸被日军围困的英国军队，中国远征军首次入缅作战。出境之初，远征军打过令盟军刮目相看的胜仗，也遭遇过连串的失利。在撤退和修筑史迪威公路期间，许多中国远征军官兵牺牲在异国他乡的阿萨姆地区。中国藏南地区（现印度非法占领的所谓"阿鲁纳恰尔邦"）东北部沧浪县与缅甸接壤的贾瑞普镇的原始森林中就发现了一个约有1500多个被掩盖的坟墓群，这个坟墓群距离潘哨山口25公里处。据专家考证，这是修筑史迪威公路期间，由于疲劳、疾病、灾难、食物短缺和疟疾等原因死亡的士兵和劳工的坟墓，包括中国、美国、缅甸克钦族和印度的士兵以及筑路工程师、劳工的坟墓，其中一些坟墓是阿萨姆当地的部落阿波、米什米和杰因蒂亚士兵或劳工的坟墓，中国官兵墓穴有250多座。另外在阿萨姆莱多镇以南六公里的玛格丽塔镇还有一处无名的中国士兵墓地群。

1947年印度独立。1948年，阿萨姆地区茶叶产量达到13.9988万吨，占全印度茶叶总产量的53.8%。勒金普尔、察查、锡布萨格尔、达让、戈瓦尔巴拉等县成为阿萨姆地区的主要茶叶产区。阿萨姆地区这片曾经的阿洪王国领土，被英国东印度公司野蛮占领后，英国人发现了具有重要经济价值的野生茶树，并且将茶叶开发成殖民地最重要的经济产业。英国殖民者的残酷剥削和压榨，从阿萨姆地区掠取了巨额的财富。当历史匆匆走过100多年后，也许阿洪王国的开国先祖无法接受的是，曾经英勇地抵抗了莫卧儿王朝17次入侵的阿洪王国，如今在英国人的谈笑风生中把世界上最大的红茶产区——阿萨姆领土就这样轻而易举地拱手给了印度，留下了后殖民地时代错综复杂的种种社会矛盾和冲突，再次改变了阿萨姆的历史面貌和数百万阿萨姆人的命运。

第六章　喜马拉雅雪山下茶叶种植

一、库马盎和加瓦尔茶叶试验场

当东印度公司茶叶委员会秘书戈登 1835 年 1 月从中国盗窃回茶籽,在加尔各答植物园繁殖成功后,1835 年底东印度公司决定,在喜马拉雅西部山脉山脚下建立库马盎和台拉登两个相邻的茶叶试验场,将其中的 2 万株中国茶苗送往这两个试验场种植。库马盎茶叶试验场位于今北阿肯德邦喜马拉雅山脉山麓,库马盎行政区的阿尔莫拉镇。台拉登茶叶试验场位于北阿肯德邦加瓦尔行政区的台拉登镇,两地距离约 148 公里。在英国殖民统治时期,库马盎和加瓦尔行政上属于英属印度西北省。

那么为什么东印度公司会选择喜马拉雅山脉山麓地区开始种

植茶叶试验？这是由于东印度公司聘请的众多植物学家，如约瑟夫·班克斯、约翰·福布斯·罗伊尔、休·福尔克纳、纳桑尼尔·瓦里奇以及茶叶委员会成员都认为喜马拉雅山脉山麓的丘陵山谷地区的气候、土壤等条件与中国南方的山区茶区非常相似，是印度大陆最适合种植茶树的地区之一。库马盎地区和加瓦尔台拉登处于恒河大平原与喜马拉雅山脉之间延绵起伏的山地和丘陵地带，坐落在喜马拉雅山脉之下西南部，北部背靠雄伟的喜马拉雅山脉与中国西藏接壤，东部与尼泊尔交界，南部与辽阔的恒河流域大平原接壤。加瓦尔地区的地形呈现崎岖的山脉和狭窄的山谷，唯一的平地是南部斜坡山丘和肥沃的平原。海拔 7816 米的印度大陆第二高峰"楠达德维峰"就位于加瓦尔地区。五座海拔 7000 米以上的白雪皑皑的雪山形成巨大的冰川，从高山流下的融雪，汇合形成了印度教圣河——阿拉卡南达河，流经加瓦尔地区，滋养着山下葱绿的丛林和草木，并与源自西藏南部边界的卡利河汇合流入伟大的恒河。加瓦尔地区随着海拔升高，气候和植被变化很大，从高海拔的冰川延绵至低海拔地区的亚热带森林，被认为是一个风景优美的丘陵和高地。气候呈现亚热带气候，冬季寒冷，春季温暖，夏天炎热；冬季周围的群山持续降雪，夏季则受季风的影响，雨水丰沛，而其他季节则经常干旱缺水。农业是当时加瓦尔和库马盎地区经济最重要的产业，虽然土地贫瘠，却广泛种植大米、小麦、大豆、花生、杂粮、豆类、水果等作物。因此，东印度公司采纳了这些植物学家的建议，决定由东印度公司的萨哈兰普尔植物园负责培育茶苗和茶叶试验种植。

萨哈兰普尔地区曾经是莫卧儿王朝统治下的领土，1803—1805 年第二次英国—马拉地战争中，东印度公司打败马拉地帝国，占领萨哈兰普尔地区，萨哈兰普尔地区成为英国东印度公司西北部的"西北联合省"的一个地区。1817年，东印度公司地方民事医生乔治·戈万在萨哈兰普尔创立了"萨哈兰普尔植物园"，并担任第一任园长。这个植物园也是印度最古老的园林花园之一，被称为"法拉哈特巴科希花园"，1750年前这里曾经是当地部落酋长因塔扎姆·乌德·乌拉的私家花园。萨哈兰普尔植物园也被称为英国东印度公司的"西北省植物园"。东印度公司建立该植物园的目的是为英国东印度公司的植物学家用于喜马拉雅山脉植物资源的收集、培育和果树、蔬菜、烟草、咖啡等经济作物种植研究的基地，特别是具有经济价值的药用植物的收集和种植研究，因此具有较好的植物研究和实验的基础条件，可以开展茶叶种植研究。1823年，东印度公司植物学家约翰·福布斯·罗伊尔担任第二任园长。

从历史上看，萨哈兰普尔植物园对印度殖民地科技和经济的贡献仅次于加尔各答植物园，萨哈兰普尔植物园为东印度公司茶产业发展起到了一定的作用。在此之前，东印度公司除了已经在加尔各答建立了加尔各答植物园外，还在孟加拉地区锡布尔、印度大陆西部浦那和印度大陆南部马德拉斯建立植物园，为英国和英属印度政府用于植物的收集、整理和试验研究。对有可能在商业或贸易方面产生利益的植物进行栽培、种植试验研究和开发。1890年，英属印度政府成立了"印度植物调查局"，调查和研究印度大陆的植物资源。1890年后"萨哈兰普尔植物园"成为北印度植物调查研究中心。英国著名植物学家约瑟夫·胡克博士，曾经在1847—1851年从英国前往印度、不丹、锡金、尼泊尔和中国西藏进行喜马拉雅山脉植物考察探险，他也是对喜马拉雅山脉植物考察的第一位欧洲植物学家。他曾经高度评价萨哈兰普尔植物园："其中最伟大的成就可能是将中国茶树引入，实际上我提到，我的许多英国读者可能不知道，在喜马拉雅和阿萨姆建立茶叶贸易的工作几乎完全是加尔各答和萨哈兰普尔植物园的主管们完成的。"

18 世纪之前，加瓦尔和库马盎地区分别为加瓦尔部落王国和库马盎王国的领土。加瓦尔王国的查莫利地区北部、乌塔卡西北部和库马盎王国的比托拉格尔北部与中国西藏交界，东部与尼泊尔相邻。居住在加瓦尔的部落民族被称为"加瓦利人"。居住在库马盎的部落民族被称为"库玛尼人"或"帕哈里人"，他们都被统称为"拉其普特人"，这些居住在山地的部落民族以勇敢善战著称。公元 629 年中国唐代著名高僧玄奘大师前往印度游历时，曾经记载过加瓦尔部落王国。1791 年，日益强大的廓尔喀王国军队向西跨过卡利河入侵并占领了库马盎王国的首府阿尔莫拉及其他领土。1803 年，廓尔喀王国又入侵占领了加瓦尔部落王国，加瓦尔和库马盎地区成为尼泊尔王国的领土。至 1806 年，廓尔喀王国已经在东起不丹、西至克什米尔、北及西藏、南至奥德地区这片广阔的领土上建立了宗主国。当时廓尔喀王国势力不可一世，并采取了对东印度公司敌对的策略，引起东印度公司的强烈不满。廓尔喀王国与英属印度政府在边境领土、税收、商路等问题上经常发生纠纷，也使得东印度公司企图发展与西藏的贸易受到极大的阻碍和威胁。在政治上，廓尔喀王国的强势崛起对英国东印度公司在印度大陆的统治产生了极大的威胁，不甘示弱的英国东印度公司决定发动对廓尔喀王国的战争，教训不可一世的廓尔喀王国。1814 年 10 月，第一次英国—尼泊尔战争爆发。在英属印度总

阿尔莫拉镇（1860 年）

督弗朗西斯·罗登·黑斯廷斯的指挥下，英军以四个纵队从东部和西部对尼泊尔发起进攻。经过两阶段战役，1816 年 2 月，英军少将大卫·奥克特洛尼率领 1.7 万人军队以压倒性优势击败了廓尔喀军队，迫使廓尔喀求和。双方于 1816 年 3 月 4 日签订《苏高利条约》，廓尔喀王国将库马盎、加瓦尔、台拉登、锡金部分领土和特莱西部地区在内的将近三分之一的领土割让给了英国东印度公司。源自尼泊尔"玛哈伯哈雷特"山脉的"美琪河"成为尼泊尔与英国东印度公司领土新的东部边境线，源自尼泊尔的卡利河（也称沙尔达河）成为双方西部边界。从此库马盎和加瓦尔地区成为英国东印度公司的领地，东印度公司将库马盎地区与加瓦尔的东部地区合并组成"库

259

马盏省"，实行"首席专员制"的行政管理体制。

库马盏和加瓦尔台拉登地区与阿萨姆地区的气候和海拔条件截然不同。东印度公司选择在喜马拉雅山脉脚下开垦建立茶叶试验场的主要任务是尽快地繁殖、培育中国茶树品种，扩大种植面积。因此，英国人也称该两个茶场为"茶叶繁育场"。主要的目的是：（1）试验、验证喜马拉雅山脉地区的气候、土壤、地形、海拔是否真正适合种植茶叶。（2）茶树是否能经受 2 个月冬季寒冷气候的考验？（3）在印度种植茶叶是否能够成为一个有利可图的新兴产业？东印度公司茶叶委员会负责整个西北部茶叶试验场项目的技术指导，茶叶委员会特别强调要"试验观察茶树是否能够抵抗 6 个星期或两个月霜冻和下雪的冬季气候，这为确保最终成功地生产出好茶这是非常必要的"。与阿萨姆茶叶试验场不同的是，喜马拉雅山脉西部山麓的茶叶试验场负责人都是专业的英国植物学家，而阿萨姆试验场的负责人则是原东印度公司的军人，如布鲁斯和马斯特斯等。

喜马拉雅山脉茶叶种植的项目最初由东印度公司植物学家休·福尔克纳博士负责。福尔克纳博士 1826 年毕业于亚伯丁大学，随后进入爱丁堡大学继续攻读医学，在此期间，他对植物学和地质学表现出浓厚的兴趣，跟随植物学家格雷厄姆教授和地质学家詹姆逊教授学习，1829 年他获得了医学博士学位。1830 年 22 岁时加入东印度公司来到印度，担任孟加拉部队的助理外科医生。1831 年他被派往印度西北省密鲁特地区军队工作，在那里他因各种工作原因需要经常去萨哈兰普尔植物园，并因此结识了当时萨哈兰普尔植物园园长罗伊尔博士，两人趣味相投使得他们成为好朋友。同年罗伊尔博士因病离开印度返回英国，福尔克纳博士被任命临时负责主持萨哈兰普尔植物园工作。1832年他被正式任命为萨哈兰普尔植物园园长。罗伊尔博士和福尔克纳博士是最早和最坚定提议在喜马拉雅山脉西部试验种植茶叶的鼓动者，特别是罗伊尔博士，尽管他1831年不再担任园长，随后返回英国，但他依然与福尔克纳博士和后来1843年接任园长的威廉·詹姆森博士保持密切联系，一直关注着喜马拉雅山脉茶叶试验场的进展。

福尔克纳博士在担任植物园园长期间，开展了对喜马拉雅山脉地区植物资源的调查和研究，发现了许多新的植物品种。1839

休·福尔克纳博士（1844年）

年他出版的《喜马拉雅植物插图》一书中，就列入了许多以他的名字命名的植物新品种。1838—1839年，福尔克纳博士为萨哈兰普尔植物园引进了650多种植物，包括许多极有经济价值的果树。此外，福尔克纳博士对古生物学也充满浓厚的兴趣，他首次发现了当地非常丰富的古生物遗址，深入开展了当地的自然历史和地质调查研究。1831年他从中发现和挖掘出第三纪层鳄鱼、龟和其他动物的骨化石，以及乳齿象遗骸等丰富的亚热带动物群化石。这一重大的考古发现，让他和其他发现者一起获得了1837年"伦敦地质学会"的"渥拉斯顿奖"。1842年，福尔克纳博士因身体健康原因被迫离开了印度返回英国。返回英国时，他携带了70个大箱子，里面装满了植物标本和五吨重的出土骨骼化石。19世纪50年代，福尔克纳博士成为了英国著名的古生物学家和植物学家。1847年，福尔克纳博士被任命为加尔各答植物园园长，再次返回印度接替植物学家瓦里奇博士，并被聘为加尔各答医学院的植物学教授。次年他被印度政府"农业和园艺协会"聘为顾问。在此期间，他将金鸡纳树种植引入印度，开拓了印度金鸡纳种植业。1855他再次因健康原因不得不离开印度返回英国。

从1832年至1842年，福尔克纳博士担任萨哈兰普尔植物园园长期间，他最大的贡献是帮助东印度公司在喜马拉雅山脉下建立了库马盎和台拉登两个茶叶试验场，并且试制出少量红茶。他可以说是喜马拉雅山脉茶叶种植的先驱者。1835年东印度公司任命福尔克纳博士全面负责这两个试验场中国茶树品种的种植试验工作。库马盎茶叶试验场具体的管理由加尔各答植物园派来的布林克沃思负责，布林克沃思一直任职至1839年10月4日。试验场具体的地点选择在海拔1585米的库马盎区的阿尔莫拉镇附近的鲁兹梅苏村。台拉登茶叶试验场选择在加瓦尔区，位于比姆塔尔和格古尔山脉之间海拔约 1370 米的珀勒德布尔村。福尔克纳博士选择如此高海拔的山区种植茶树，是为了贯彻执行茶叶委员会特别强调要"试验观察茶树是否能够抵抗 6 个星期或两个月霜冻和下雪的冬季气候"。事后证明，中国茶树品种确实可以抵抗高山寒冷气候，但却严重地影响茶叶产量。

　　1835 年年底，由加尔各答植物园培育的 2 万株中国茶苗被送往喜马拉雅西部山脉山脚下的库马盎区和台拉登茶叶试验场种植。福尔克纳博士报告说：可惜的是这批茶苗经过几个月在恒河的长途运输，到达目的地时仅仅约 2000 株还存活。这批珍贵的中国茶苗被小心翼翼地种植在这两个茶场中，经过 3 年精心的栽培，尽管生长缓慢而且长势较差，但最后这批茶苗大部分都顽强地存活下来，证明了库马盎地区适合茶树的生长。1838 年 12 月 1 日，福尔克纳博士写信告诉罗伊尔博士："在两个试验场种植的茶树已经欣欣向荣地蓬勃生长，并且已经开始开花。"1839 年 5 月 18 日，他又写信告诉罗伊尔博士："我在萨哈兰普尔植物园也种植了茶树，茶籽来自于科思试验场。"1841 年 4 月 21 日，福尔克纳博士给罗伊尔博士发送了一份报告，报告了从 1835—1840 年两个茶叶试验场茶树的繁殖进展情况，报告中说，1835 年这两个茶叶试验场分别种植了 291 株和 250 株茶树；1838—1840 年期间，分别种植了 1055 株和 3585 株茶树；现一共种植了 5181 株茶树，而且去年已经有 3 万颗茶籽播种下去。库马盎茶叶试验场的茶树生长状况似乎更好一些，最早种植的茶树已经生长至 6 英寸高。罗伊尔博士认为，库马盎茶叶试验场茶树旺盛生长的状况一部分应该归功于当地良好的地理位置，同时也归功于茶场负责人布林克沃思的精心照料。

在 1835 年底至 1842 年，福尔克纳博士负责喜马拉雅山脉脚下茶叶试验场的 7 年多时间，福尔克纳博士一直保持与罗伊尔博士频繁的书信联系，报告茶叶试验种植的进展和取得的成果。福尔克纳博士也按照要求向东印度公司茶叶委员会汇报茶叶试验种植取得的成果。1842 年受聘于东印度公司的另外一位植物学家威廉·詹姆森博士接替福尔克纳博士担任植物园园长和负责茶叶试验场之后，他也一直保持着与罗伊尔博士的联系，同时也按要求定期向茶叶委员会汇报茶叶种植试验的进展。而罗伊尔博士则在伦敦和加尔各答四处奔走，为喜马拉雅山脉山麓的茶叶种植摇旗呐喊。他们的书信来往和报告经常发表在当时《印度农业和园艺协会》和《大不列颠和爱尔兰皇家亚洲学会》的刊物上或其他刊物。

库马盎茶叶试验场主管布林克沃思对喜马拉雅山脉脚下茶叶种植的前景也充满信心，他说："从中国来的茶籽种植后，几年来经历了几个不同季节变化的考验，现在已经苗壮成长，充满着生机和活力，茶树也已经开花结果，生产了大量的新一代茶籽。预计几年后这些茶籽繁殖的后代将完全覆盖着新开垦的茶叶种植园，从此我们不需要从其他地区引进茶籽了。"这说明中国的茶树品种完全可以经受喜马拉雅山脉寒冬气候的考验。当然，他从植物学专业的角度认为，这种繁殖方式不是最好的，因为这种繁殖方式的后代可能比上代的生命力会显得更弱小，将对茶叶产量产生影响。福尔克纳博士早先曾埋怨说："自从阿萨姆发现野生茶树后，茶叶委员会就被阿萨姆野生茶树的光芒吸引过去，戈登先生被从中国召回后，就再也没有给喜马拉雅山脉下的种植园提供新的茶籽，我们仅仅依靠第一批送来时已经非常虚弱的茶籽继续繁育种植。"他认为东印度公司应该每年从中国引进一些最好的茶籽储备在种植园,保证种植园有更好的茶籽。

转眼时间到来了1842年,艰难的中国茶树试验种植7年已经过去,最初种植的中国品种茶树到了可以采摘的年份,但福尔克纳博士没有贸然着手制作茶叶,他认为:"众所周知,制茶需要特别的工艺和技术,揉捻、干燥和其他工序需要熟练的技巧和经验。一双没有经验的手按照一些已经出版书中介绍的方法去制茶,最终会失败的。"因此,他请求政府考虑和支持招聘中国最好的红茶和绿茶制茶工来库马盎和台拉登茶叶试验场指导制茶。

福尔克纳博士的要求获得了东印度公司的支持,后者同意提供一套小型的制茶设备,至于招聘红茶和绿茶的制茶工,东印度公司虽然愿意帮助,但需要从阿萨姆茶叶试验场中抽调中国制茶工,而阿萨姆地区行政长官和茶叶试验场的主管却不愿意放人。纠缠不休之时,最后还是加尔各答植物园园长瓦里奇博士从中协调,他从阿萨姆抽调了几名中国制茶工,又从加尔各答找了一些中国人。1842年4月,九名中国制茶工和一批制茶设备,在刚从英国来到印度、准备前往植物园工作的园丁密尔姆的带领下,启程前往库马盎茶叶试验场。9月份,中国制茶工到达库马盎茶叶试验场后,便一起加入了库马盎试验场茶树种植的试验工作。福尔克纳博士的一份报告说,他也询问了中国制茶工,中国人一致认为:"库马盎茶场的茶树是与中国种植的茶树是完全相同的,该茶场的茶树长势比阿萨姆的本土茶树长势更好。"尽管已经种植了7年,但中国制茶工认为还不适合采摘制茶,因此中国制茶工建议在雨季来临之前,将茶树修剪,以便在1843年的春天茶树重新发芽,这样的新芽叶就可以被用于制作新茶叶。而英国人则迫不及待地想为东印度公司送上一份证明多年努力的成果，坚持要求中国制茶工在 1842 年的秋天，完成制作了喜马拉雅山脉山麓地区的第一批茶叶。在此关键时刻，福尔克纳博士却不幸病倒，不得不在 1842 年 12 月离开植物园，临行前他带了一部分库马盎茶叶试验茶场中国制茶工制作的第一批茶叶样品，第二年的 6 月回到了英国。他将样品送给了伦敦知名经纪公司的茶叶经纪人评审，如麦考利公司的尤尔特和科伯塞尔·考特公司的德拉弗斯等进行审评，经纪人 1843 年 9 月 8 日给出了茶叶的审评结果说："福尔克纳博士送来的茶样，在喜马拉雅山脉下种植的中国品种茶树，与常规进口的中国乌龙茶非常相似。干茶的外形相似，汤色也相近，略显淡色；与红茶比较，稍显麦秆色。与高级乌龙茶比较，它的风味并不特别高，制作时焦火味略为明显。当然，茶叶样品的风味总体细腻芬芳，值得在这里销售。"从这两位资深经纪人的审评结果，与阿萨姆茶叶试验场一样，这批中国制茶工也是采用乌龙茶的制作工艺，制作成乌龙茶产品。这样的评价给库马盎茶叶试验场极大的鼓舞，不过，这样高度的评价却被东印度公司高层忽视。东印度公司董事会似乎把发展茶产业的重点放在阿萨姆地区。对此，福尔克纳博士对东印度公司忽视喜马拉雅山脉下的茶叶发展以及他的贡献闷闷不乐，他的一位朋友建议他向政府提出抗议，但被他拒绝，他为自己辩解说："我为茶叶的贡献是不可否认的，开展试验是我推荐的，也是我执行的。第一批茶叶也是我监制的，产品被伦敦经纪商认为是与最好的中国茶相当。"

福尔克纳博士由于身体的原因返回英国后，1842 年 12 月植物学家威廉·詹姆森博士被任命为萨哈兰普尔植物园园长和负责主管西北地区茶叶试验场及拓展工作。詹姆森博士赴任后积极地投入茶叶种植试验和茶叶加工试制中。在此后的几年中，他为了进一步在西北地区大规模拓展茶叶种植面积，需要快速地繁殖茶苗，因而他不断地寻找合适的区域，建立几个新的苗圃场，将试验场繁殖的茶苗移植到周边地区的新开垦茶园种植。在中国制茶工的指导下，喜马拉雅山脉山麓制作的茶叶品质也获得了伦敦市场的高度评价。1843 年 1 月 20 日，他送了一罐茶叶给罗伊尔博士和一些茶叶样品给加尔各答商会成员。茶样也被送到英国伦敦的明辛街。加尔各答商会成员审评后认为，这个茶样的价格可以达到每磅 2 先令 6 便士。伦敦茶叶经纪公司汤普森认为：这个茶叶具有较好的风味和强烈的滋味，如同乌龙小种茶，相当于高级红茶，在某些方面比英国商人从中国进口的茶叶品质更好。

1843 年 4 月，詹姆森博士再次视察了库马盎试验茶场，他观察到茶场的"茶树长势喜人，中国制茶工正在制作'包种茶'，看起来品质非常好"。1843 年 8 月 30 日，詹姆森博士又送了库马盎试验场试制的一批 16 罐茶叶样品送到伦敦，请伦敦茶叶经纪公司汤普森公司和安德鲁斯·亨特给予评价。1843 年 12 月 16 日，汤普森公司给出了如下的评价和估价，2 号茶样：体形小、稍卷曲、制作精良，黑色的叶，细茶，属于乌龙茶类，有点像"黑叶白毫茶"；估价 2 先令 6 便士至 3 先令 6 便士。4 号茶样：体形较大、平整、丰富，黑色的叶，属于乌龙茶类，混合少量细碎颗粒和白叶，类似中国乌龙茶的外形；估价 2 先令 6 便士至 2 先令 9 便士。9 号茶样：粗大黑色和浅色叶混合，像"神父小种茶"，条索重实，有光泽、具有花香风味，品质比"刺山柑小种"高；估计 1 先令 6 便士至 1 先令 9 便士。13 号茶样：同样的叶茶稍粗糙，如小种茶体型，属于乌龙茶类；估计 2 先令至 2 先令 2 便士。安德鲁斯·

亨特曾是前东印度公司驻广州的茶叶官员，一位资深的茶叶专家，对中国茶叶品质非常了解，他审评后得出的结果是：2号茶叶制作非常精细，细小、黑润色，条索如同中国的"色种"茶（产于福建安溪的条形茶，高火焦香味），估价2先令9便士至3先令。4号茶也有点类似中国的"色种"茶，估价2先令3便士至2先令6便士；9号茶类似"水仙"茶（产于福建安溪，汤色较色种茶浅），估价1先令2便士至2先令6便士。13号与2号相似，但制作不如2号，估价2先令9便士至3先令。他判断这些茶的总体风味与中国茶非常相似，其中2号茶品质最好，几乎达到完美无缺的水平。另外，他根据这些茶叶的香气特点和叶底（茶渣）判断，认为库马盎茶叶试验场的茶树品种可能来自于福建的安溪，这个地区生产的茶叶价格一般比武夷山脉地区或者武夷山区的价格高些。罗伊尔博士非常奇怪为什么资深经纪人全部都认定这些茶叶样品都属于中国的乌龙茶类。实际上，资深的茶叶经纪人一眼见到这些样品，就判断出这些样品与乌龙茶非常相似。曾在1804—1826年长驻中国广州的英国东印度公司茶叶检查官塞缪尔·鲍尔告诉他，当时英国东印度公司大量进口的中国茶叶中，安溪生产的乌龙茶占了很大比例，如小种、工夫、色种茶、乌龙茶和水仙茶这些茶都来自于安溪茶区。这与戈登秘书盗取的武夷山茶籽是完全不同的地区。亨特认为，武夷茶在中国非常受中国消费者欢迎。当然，缪尔·鲍尔并不完全赞同亨特的观点，他认为安溪茶更受中国人的喜欢。

两次茶叶样品的审评结果，证明戈登秘书采购的中国茶籽很可能来自福建的安溪，而且中国制茶工也是按照乌龙茶的工艺制作茶叶，这与布鲁斯管理下的阿萨姆萨地亚茶叶试验场中国制茶工采用的工艺完全相同。英国资深评茶师的高度评价再次给予了萨哈兰普尔植物园前两任园长——罗伊尔博士、福尔克纳博士和现任园长詹姆森博士极大的鼓舞。4月24日，罗伊尔博士和福尔克纳博士应英属印度前总督奥克兰伯爵的邀请，在伦敦为"皇家亚洲协会"作了一次演讲，报告了喜马拉雅山脉下种植茶叶的进展和取得的成果，再次为喜马拉雅山脉发展茶叶摇旗呐喊。罗伊尔博士充满激情地说："我满怀信心地期待，不仅在这些山脉地区完全可以种植茶叶，而且其出色的口味比生长在阿萨姆的茶叶更好。我的观点是可以将茶叶种植拓展至周围的村庄，甚至沿喜马拉雅山脉的坡地边缘种植，这里可以大规模地生产出低成本和高品质的茶叶，在喜马拉雅山脉脚下的山谷种植茶叶最有可能获得盈利的。"福尔克纳博士也发表了演说，他认为在台拉登地区可以生产出比中国茶叶成本更低的茶叶。该地区拥有大面积可开垦的土地、合适的土地租金、低廉和充足的劳动力、完善的灌溉设施，还有方便进入恒河及查莫河的运输条件，使得茶叶运输至加尔各答的成本较为经济。因此，他确信喜马拉雅山脉下种植茶叶将成为一个有利可图的产业。

詹姆森博士满怀激情，更加积极地推进拓展茶叶的种植区域。1844年3月27日，詹姆森博士通过英属西北省政府秘书交给印度农业和园艺协会一份报告，报告了库马盎和台拉登茶叶试验场茶苗繁殖及拓展茶树种植新区域的新进展。他对库马盎地区和台拉登试验场所在的加瓦尔地区进行了仔细的实地调查研究，选择新的区域开垦作为繁育茶场，在彻卡塔区域的铂勒德布尔和奈尼达尔地区的比姆塔山谷附近海拔1280米的山区建立了35英亩蔻克萨和安瑙繁育茶场。在海拔1280米的瑙畴兹附近建立了10英亩鲁西亚繁育茶场。在库马盎行政区的阿尔莫拉镇海拔 1585 米山脉斜坡上建立了库皮纳繁育茶场。随后在海拔 1188 米的山地上建立了 20 英亩哈乌巴和楚尔拉两个繁育茶场等，一共建立了 8 个茶叶繁育茶场，种植园面积达到 118 英亩。第二年，种植面积扩展到 200 英亩。特别是在海拔 1280 米和 1585 米的高海拔山坡上也开垦了茶苗繁殖场。詹姆森博士说：上个季节，增加种植茶苗 11.2392 万株，相当于 1835—1836 年的 4 倍，其中 1.2201 万株茶苗已经被种植在不同的茶场，还有 9.7191 万株茶苗正等待移植。茶鲜叶也在中国制茶工的指导下采集，制茶季节在 4、6、7、9 和 10 月份，也可分为春季、夏季（雨季）和秋季。雨季的生产量较大，全年生产茶叶 190 磅，其中雨季 141 磅。另外，詹姆森博士也证实，中国制茶工明确告诉他，中国的红茶和绿茶是采用同一品种茶树生产的，唯一的不同是加工工艺的不同。詹姆森博士说，现在还无法生产绿茶，他正在等待绿茶设备的到来，而在阿尔莫拉的茶场可以生产绿茶。他告诉罗伊尔博士，生产绿茶是不需要加入石膏或者染色剂靛蓝，而且是不允许加入。茶箱的制作也在计划之中，希望能从中国选择有经验的制茶工，以确保包装质量。茶叶加工主要集中在哈乌巴茶场的工厂，各地的鲜叶采摘后运送到这个工厂统一加工。他还建议在比姆塔村庄建立新的加工厂，以免茶鲜叶长途运输损害茶的质量。

1844 年 7 月，詹姆森博士视察了加瓦尔地区的科思、洛玛塞拉伊和加道里茶场。他写信告诉罗伊尔博士：那里的茶场茶树长势良好，许多茶树已经长到 6 英尺（1.83 米）高。次年的 1 月 25 日，茶树已经长到 7—8 英尺高度，已经制作了 436 磅茶叶。3 英亩茶园可以生产 162 磅茶叶，而且政府已经批准再派遣 2 名中国制茶

19 世纪库马盎茶园

库马盎的沙瑟塔尔茶园（1895 年）

工前往台拉登试验场指导茶叶制作，虽然少数中国制茶工拒绝被分开在不同的茶场工作，但最后，还是命令3个制茶工前往台拉登试验茶场。尽管詹姆森博士持续乐观地报告喜马拉雅山脉山麓下茶叶种植取得的进展，但也许他心里很清楚，依靠戈登秘书从中国采购的第一批低质量的中国茶籽，缓慢地繁殖是难以快速地扩展种植面积的。因此，3月20日，詹姆森博士写了一封信给东印度公司，建议尽快再次从中国进口新鲜、高品质的茶籽，这个观点与罗伊尔博士的观点不谋而合。罗伊尔博士也积极建议东印度公司有必要从中国的东南方（指浙江、安徽）进口茶籽。实际上，1841年库马盎茶叶试验场主管布林克沃思、福尔克纳博士当时也提出了这个建议。也许这个建议引起东印度公司董事会的高度重视，1848年罗伊尔博士受东印度公司的委托，找到当时切尔西药用植物园园长罗伯特·福琼，代表东印度公司说服他再次秘密潜入中国内地茶区考察，使得罗伯特·福琼成为继戈登之后第二个深入中国茶区的植物学家。

7月31日，詹姆斯博士提交英属印度西北省政府一份关于茶树种植的进展报告，在这份报告中，詹姆森博士重点计算和分析了过去几年来，茶叶种植、繁育、人工、加工、销售的成本和销售价格等结果，他依然非常乐观地认为茶叶种植业是一项有利可图的产业。10月18日，詹姆森博士送了一罐台拉登试验场生产的红茶给在伦敦的罗伊尔博士。詹姆森博士说，中国制茶工认为这个茶叶的品质与库马盎茶场生产的红茶品质完全一致，因此希望转交给经纪公司审评。在伦敦的罗伊尔博士再次邀请了著名的川宁公司进行审评。12月23日，川宁反馈给罗伊尔博士他的审评结果："我仔细审评了你的喜马拉雅茶叶，这真的是很有前景的好茶。

风味虽然不是很强烈，但滋味很微妙和愉快。据我的经验，这有点像"橙黄白毫"茶的特征。干茶外形也不错，显示出非常熟练的手法。"这份审评报告在1846年2月5日才到达詹姆森博士手中，詹姆森博士备受鼓舞。1846年6月，又有一批茶叶样品经经纪公司审评后得到反馈。汤普森公司回复："外形很好，卷曲，色泽黑褐色，类似安溪的白毫级别，非常类似中国茶。风味强烈，可以作为拼配之用，可惜这茶样品略有'粗火味'，损害了丰富的香气。"经纪人尤尔特的回复："台拉登茶场1845年8月制作的茶叶样品，外形很像从中国进口的"宁永茶"，有点像乌龙茶和'橙黄白毫'（上等红茶）的特征，香味更像'橙黄白毫'，稍微有焦火味。总体上是个好茶。"安德鲁斯·亨特的审评更加仔细，他认为，茶外形很好，像中国茶；具有与色种茶相似的黑色和卷曲；气味像中国茶，但稍微不足的是有点焦火味；汤色：明亮；滋味：丰富和强烈；叶底：与中国好茶一致。香气：像中国高级茶。

而东印度公司董事会的答复更让詹姆森博士备受鼓舞："这些茶样品有力地证明了詹姆森博士为建立茶叶种植园所做的努力和成果。詹姆森博士已经在库马盎和加瓦尔地区，包括台拉登建立了种植园，总面积达到176英亩，茶树达到32.2579万株。这些茶树在不同地区长势良好，种植区域已经延伸了纬度4度和经度3度。在台拉登区域，还有10万英亩的土地适合种植茶叶……我们非常重视这个项目，项目的成功对我们来说非常重要。我们可以运用这个项目在这些地区建立农业种植区，如果我们鼓励去建立的话，那里的人民将随时准备实施茶叶种植发展。"这说明东印度公司高层已经重视喜马拉雅山脉下茶树种植取得的成果。

1846年7月，在阿尔莫拉镇当地举行的一次茶叶销售中，当地生产的红茶价格已经上升至每磅 7 先令，而且最令人兴奋的是茶叶大部分被当地的贸易商人买走。1846 年 9 月，詹姆森博士又寄了 1 罐红茶和 1 罐最新试制的绿茶给在伦敦的罗伊尔博士，罗伊尔博士将样品送给了几个知名茶叶经纪人——川宁、安德鲁斯·亨特、尤尔特、麦考利和德拉弗斯审评鉴定。他们很快便回复了茶样品的审评结果，1847 年 1 月 25 日川宁的回复如下：

"亲爱的先生，斯特兰德，1847 年 1 月 25 日。

我不是很确定我正确地阅读你的信，但我很确定地说，我尝到的两个样品是来自同一种植物。我也许不应该这样认为，无论是从滋味、干茶或茶汤。这个样品的味道有点不那么绝对属于红茶类，但颜色是属于红茶（工夫茶），叶底显示其较破碎。从干茶看，绿茶似乎是一个更好的样品（呈现灰白），如果颜色更深些就是很好的珠茶，茶汤的绿色程度良好，但如果干茶叶的色泽更深的话，在一定程度上汤色可能失去它的色泽。绿茶的叶底似乎比红茶的样品更完美些。"

1847 年 3 月 15 日安德鲁斯·亨特的回复如下：

"亲爱的先生，东印度公司仓库，1847 年 3 月 15 日已经审评了由东印度公司种植和生产的红茶和绿茶样品，我提出我对这些茶叶的品质意见。该红茶具有中国茶的外观特征，制作很好，正如安溪地区的精品茶的特征，它在制作中留有稍有缺陷的"火味"，这是安溪地区茶特有的味道，微弱令人愉快……该绿茶（珠茶）像中国茶叶一样做工良好，但像所有我看到的采用红茶品种茶树制造绿茶样品一样，它外观的丰富度和触摸柔软性不足，这是纯正绿茶的主要特征；滋味也存在很明显的差异，红茶品种制作的绿茶呈现较粗糙和刺激的味道，而从绿茶品种制作的却拥有饱满和坚果味。从这些差异，我不认为红茶与绿茶的品种是同样的品种，如果从中国茶区采集的茶籽，种植在东印度公司的茶园中生长，（然后比较其结果）这将会是很有趣的判断点。"

伦敦知名麦考利茶叶经纪公司尤尔特的回复如下：

"罗伊尔博士，

"标记'库皮纳，1846'的茶样与我们前几年看到的生长在同一地区的茶样品非常相像，非常类似中国安溪地区的宁永茶、乌龙茶和橙白毫茶等级。标记绿'玛绸（Machoo）'茶的样品类似于从中国进口的贡熙茶；叶色灰白，做工很好，园而平整，如果颗粒小些，可获得更高的价格。茶汤淡黄色，滋味浓烈带明显火功味特性，这个品质通常只有最好的贡熙茶才有，但它的风味不如中国茶高。无论如何，这是一个非常有前途的产品，在这里很好卖。"

从以上知名的经纪人和经纪公司对詹姆森博士负责生产的红茶和绿茶的审评结果，不难发现这些经纪公司的评茶师不仅经验老到，而且对中国不同茶区的茶叶品质特征也非常熟悉。当然，一些英国茶师依然认为红茶和绿茶是不同的茶树品种制成的。从这些经验丰富的茶师评价中可以初步判断，戈登秘书不远万里从中国采购的茶籽品种实际上很可能是福建省安溪的茶树品种，其生产的茶叶无论是干茶外形，还是滋味和香气都具有乌龙茶的风味。尽管詹姆森博士的目标是生产红茶和绿茶，但从今天的乌龙茶或红茶的生产工艺和品质判断，当初试生产的茶叶，有些不伦不类，不知中国制茶工是因为没有足够的经验，还是故意为之？

另外，在试制绿茶的过程中，有一种现象一直困扰着英国人，就是中国在绿茶制作中是否添加了色素或染色剂？这是一种必要的技术措施还是掺假行为？瓦里奇博士曾告诉罗伊尔博士："添加的方法一般有两种，一种是将细粉状石膏铺撒在白炭火灰之上，一个竹编箩筐盛放茶叶放置在炭火上。另外一种说法是，中国人将石膏粉末与茶混合。瓦里奇博士还告诉我，广东的制茶工最重视对染料的使用，可能是普鲁士蓝，这样可以使得绿茶表面显得特别的光泽，从而达到优质绿茶的品质。"罗伊尔博士将詹姆森博士生产的绿茶样品送到英国"药剂师组织"进行检测，该机构的药剂师沃林顿过去多次对中国的一些绿茶产品中采用抛光及添加人工色素及其他物质进行了显微镜检查和化学检测试验。他的研究结果证明，中国生产的绿茶分为"上釉"和"无釉"两类；其中，上釉的绿茶中含有普鲁士蓝和硫酸钙或高岭土；无釉的绿茶仅含有硫酸钙，这些茶呈现橄榄黄色，没有呈现任何的蓝色。沃林顿也曾对阿萨姆茶进行研究，他说，"阿萨姆茶没有上釉，但在茶的表面都有微量的白色粉末。"罗伊尔博士希望试验场主管沃林顿对西北部茶叶繁育场试制的第一批绿茶样品进行检测。1847年11月25日，沃林顿回信给罗伊尔博士，告诉了检测结果："在显微镜下的喜马拉雅茶，它表面似乎覆盖微量的白色粉末，当然这很容易脱落掉；白色粉末似乎是一些原始的岩石，也许是花岗岩，呈碎裂的状态；另外含有一些硅土颗粒和微细的云母片；不含石灰和硫酸钙，也没有添加色素，如普鲁士蓝或黄姜。"这个检测结果说明库马盎绿茶没有普鲁士蓝或黄姜，只有一点点白色的泥土粉。这个结果令罗伊尔博士非常满意。

　　1847年7月31日，詹姆森博士在给罗伊尔博士的信中指出："今年的茶叶品质比去年更好，包装茶箱的制造商也将来到茶厂。我现在计划将茶园面积扩充至1000英亩。"8月28日，他又报告：

"8月9日在阿尔莫拉镇举行的茶叶销售中，绿茶的价格达到每磅9—10先令，红茶的最低价约4先令，最高达到约8先令。"

詹姆森博士在《印度农业和园艺协会》期刊上发表报告称："经过了十几年的茶树种植试验，在坚硬和疏松的土地上，经过不断的改良，茶树都生长良好。海拔2200—6000英尺的茶园，茶树长势良好。两个茶树试验场的总面积达到了162.5英亩。1英亩土地收获的茶叶可以达到约80磅……在该地区，包种茶的销售价不错，而且当地生产的茶叶至少一半被当地商人购买……粗武夷茶被当地人储存，然后销售给不丹人。他们购买这些茶叶，然后跨越进入西藏贩卖。不久的将来，如果在不受限制的条件下，将库马盎地区生产的茶叶出口至中国的新疆地区，这样英国将完全控制这些地区的市场。"

在詹姆森博士的努力下，经过从1835年至1847年十二年的茶叶种植和茶叶制造试验，喜马拉雅山下的茶叶发展取得了一定的进展，虽然进展缓慢，但似乎取得了初步的成功，生产的红茶和绿茶品种也基本达到了与中国茶相似的品质。当地生产的茶叶不仅可以大量供应驻守当地的英国军队，还通过当地的商人转运至中亚地区销售。但东印度公司的高层及植物学家实际上清醒地认识到，喜马拉雅山脉山麓下真正的茶树种植商业化还没有取得成功。英国人对茶树种植技术、加工技术依然一直在研究和探索之中，虽然众多的植物学家做出了艰苦不懈的努力，但根据伦敦的许多资深品茶师对茶叶的评价，这些似乎是非纯正的"武夷红茶品种"已经种植了十二多年，其品质没有达到英国茶叶商人预期的中国正统武夷红茶和中国北方绿茶的品质要求。其实在1845年3月，詹姆森博士就已经向东印度公司提出建议，有必要再从中国的不同茶区进口高质量的茶籽。罗伊尔博士也向东印度公司直言不讳地提出建议，有必要从中国的北方茶区进口纯正的绿茶茶树品种，同时引进中国绿茶制茶工。

至 1847 年，东印度公司高层和茶叶委员会似乎对阿萨姆地区和喜马拉雅山脉地区取得的进展依然不满意，从商业化的角度来说，在印度大陆的商业化茶叶种植还没有取得真正的成功。从而促使东印度公司决定再次派遣植物学家潜入中国秘密收集茶树品种和技术。这个任务就委托给了东印度公司的顾问、植物学家罗伊尔博士，要求他物色合适的人选。1848 年 5 月 7 日，罗伊尔博士找到了当时正春风得意的切尔西植物园园长罗伯特·福琼，告诉他东印度公司希望派遣他再次进入中国，这就是后来发生的罗伯特·福琼 1848 年至 1851 年进入中国武夷山和浙江、安徽茶区盗取中国茶树品种和制茶技术的故事。

1849 年 1 月 25 日，詹姆森博士报告："去年我们生产了 2656 磅茶叶，正发送 600 磅红茶和绿茶。至这个季节结束，在台拉登地区的科拉哈尔将总共有 400 英亩的种植茶园。在帕奥里，我希望发展至 200—300 英亩，而且还有 25 万株茶苗正准备移植。去年我们的茶园收集的茶籽达到 200 万颗。我们计划在 8—10 年时间，可以将整个台拉登地区适合种植茶叶的土地全部种植茶叶。"同时，詹姆森博士也接到好消息，经过多年前罗伊尔博士和詹姆森博士向东印度公司的呼吁，东印度公司终于派出罗伯特·福琼进入中国收集中国茶树茶籽。1849 年 1 月，罗伯特·福琼从中国上海经香港发送回印度第一批约 1.3 万颗中国茶树茶籽。2 个月后到达加尔各答，随后这批茶籽被运往印度西北部的萨哈兰普尔植物园，但不幸的是这批罗伯特·福琼千辛万苦收集的茶籽，到达后大部分已经发霉。在萨哈兰普尔植物园后播种后，最后只有不到 100 颗种子成活下来。

1851 年 3 月 15 日，罗伯特·福琼又一次从中国带回的一大批茶苗、一些茶叶加工设备以及 8 位中国制茶工，按照东印度公司的指示和安排一同运往萨哈兰普尔植物园。经过一路的艰难旅程，4 月 19 日到达了萨哈兰普尔，罗伯特·福琼将这批茶苗及物资交给了詹姆森博士，罗伯特·福琼高兴地说："打开柜子的时候，所有的茶苗都长得非常好，柜子一共有 12838 株茶苗，还有很多处于萌芽状态。尽管经过了从中国北部的长途旅行，中间又不断转换运输方式，这些茶苗依然绿油油的，生机勃勃。"罗伯特·福琼此次还仔细地考察了詹姆森博士用他送回的第一批茶籽种植的茶园，发现 80 多株茶树已经长到 4 英寸高了，长势很好。福琼恭维道："茶树的状况非常满意，他们健康、充满活力，与我在中国看过的最好的茶园旗鼓相当。"他后来还与詹姆森博士认真地交流了茶树的种植技术和经验。完成运送任务后，福琼受东印度公司的命令，在当地库马盎地区、加瓦尔地区专员或专员助理的陪同下，考察东印度公司直属的 6 个茶叶种植园和几个当地地主的茶园。这些种植园大部分是威廉·詹姆森博士在 1844 年至 1847 年这期间种植，分布在海拔 4000 英尺至 5000 多英尺高山或丘陵地区，茶园面积最大的 300 多英亩，最小的仅 4.5 英亩，甚至考拉格种植园的海拔达到 8000 英尺。茶园内茶树稀疏瘦弱、杂草丛生，种植的茶树行距约 5 英尺，株距约 4.5 英尺，每英亩大约种植了 1936 株茶树。1851 年 9 月 6 日，他在加尔各答向西北省政府秘书约翰·桑顿提交了"关于西北省茶叶种植园的报告"的考察报告，报告中一方面肯定了"喜马拉雅山下可以种植茶叶，而且可以生产有价值和盈利的产品，下一步的目标是利用优质的茶叶品种生产成优质的茶叶"；另一方面，他还不忘贬低戈登秘书早年引进的中国茶树品种："众所周知，中国南方的茶树品种只能生产出低质量的茶叶，而且比北方的茶树品种更容易获得。现在，可以大规模生产高品质茶叶的北方茶树品种已经被带到印度，在政府的茶叶种植园种植。"他也直言不讳地指出詹姆森博士管理下的茶园存在许多问题。福琼不赞成将茶园建立在平地上，一位英国管理者巴腾告诉福琼，平地的茶园每英亩的收入仅2—3安那。他强烈建议印度茶园应该像中国茶园一样，建立在山地和山脉的斜坡。福琼也反对低地茶园过分的灌溉，他说："我在中国茶区从来没有看到这样的灌溉，灌溉对茶树非常有害，应谨慎采用。"福琼曾问随同的中国制茶工，制茶工告诉福琼："不，这些土地我们一般种植水稻，茶树从来不需要灌溉。"他指出，这里的茶园过早采摘茶叶对茶树造成极大的伤害。在中国，幼龄茶树必须在3—4年后，即等待其生长旺盛之后，才能部分修剪或部分采摘。他也强调指出，对于一些长势瘦弱的茶树，绝对不能采摘。福琼还对当地的全年的气温、降雨量、土壤、植被与中国江西、江南、福建茶区进行了对比分析，甚至这些地区生长的植物马尾松、柏树、杨梅树、冬青、木蓝、金银花、小檗、溲疏、悬钩子、绣线菊、马醉木等也与中国茶区相似。他认为喜马拉雅山脉山麓地区完全与中国茶区相似，是理想的茶叶种植地区，有望获得极大的成功。

罗伊尔博士、詹姆森博士、福琼等众多植物学家对印度西北省地区的茶叶发展潜力充满了乐观和自信，与阿萨姆地区比较，西北部的库马盘和台拉登地区的山区气候条件与中国江南茶区的气候条件确实更为接近。1857年出版的《印度政府茶叶记录选集》

一书记载："采茶季节一般约4月初开始，并持续到10月份。采茶的轮次根据雨季和旱季的季节变化。如果在寒冷季节和春季降雨，通常被认为有利于茶树生长，一年采茶可以达到5个轮次；然而如果雨量不足，则全年采茶可能会减少到三个轮次，即4月到6月、7月到8月15日和从9月到10月15日。在干旱的季节，从10月1日后就没有茶叶可采，如果采茶了，将导致茶树受损。如果在9月份有充沛的降雨量，可以采茶直到10月15日，但由于茶鲜叶较粗老坚硬，不适合制作好茶，因此有必要给茶树适当的生长养息。有些茶树会继续长出新芽叶一直到11月底，但通常这些芽叶细小而坚硬，不适合制茶。"这份记录恰恰表明了印度西北的库马盎和加瓦尔地区土地贫瘠，水资源匮乏，这里不是一块能够孕育出农业文明的土壤。炎热干燥的天气不适合茶树生长，干热的风促使茶树叶片皱缩，虽然下雨后茶树获得复苏，但茶树在这样一个气候中很难茁壮成长，导致茶叶产量低，而最终影响茶叶的经济效益，这也许是后来喜马拉雅山脉脚下北阿坎德地区的库马盎和加瓦尔茶产业发展缓慢，以致在20世纪初逐步黯淡没落的主要原因。库马盎和加瓦尔茶产业的停滞不前，更像是最终对东印度公司决定在该地区种植茶叶决策的一场迟来的试验终审结果。这个结果也许对曾经付出巨大热情和艰辛的植物学家是沉重的打击，但当时殖民地茶产业内却显得出奇的平静。也许，只有詹姆森博士心里明白，因为在1847年，他已经开始寻找新的适合茶叶种植的区域。

据伦纳德雷在1861年"英国皇家艺术学会"的报告："1859年，台拉登茶园400英亩，库马盎茶园700英亩，加瓦尔东部茶园350英亩。"贝里·怀特在1887年6月"英国皇家艺术学会"的报告：

"1884年，西北部的库马盎地区的茶叶年产量仅50万磅，大部分是绿茶。过去几十年中，台拉登地区的茶叶生产几乎没有任何的进展，年产量仅78万磅，这个地区的土壤和气候似乎更适合生产绿茶。"他认为："旁遮普和西北省份茶区的未来似乎取决于能否开拓当地或中亚市场。如果茶叶价格进一步下跌，从那些本地公司已公开的财务报表来看，这些地区若在伦敦市场上出售茶叶，将出现严重亏损。"

二、冈格拉山谷茶叶种植

1847年，东印度公司根据喜马拉雅山脉下茶叶种植的发展情况，决定尽快地寻找适合的茶叶种植新地区，拓展西北省茶叶的种植区域。1847年10月4日詹姆森博士给罗伊尔博士的信中就告知：公司已经给他发出命令，要求在西北省的所有合适的山谷区域开垦种植茶树，从萨特莱杰河至最近东印度公司占领的萨特莱杰河西部，一直延伸至拉维河。他将立刻起身前往西北省的冈格拉地区考察，选择合适的种植地区。

今印度西北部喜马偕尔邦的冈格拉区，其北部与查谟－克什米尔邦接壤，西部与旁遮普邦接壤，西南部与哈里亚纳邦相连，东南部与北阿坎德邦相连，东部和中国西藏自治区接壤。喜马偕尔邦在19世纪初，大部分领土为旁遮普锡克帝国统治。英国东印度公司通过征服和吞并，其势力和领土也已经延伸至旁遮普的边界。英国东印度公司企图将其势力和影响力进一步扩张至阿富汗以及西亚、中亚的地区，而沙皇俄国也一直企图拓展其在阿富汗、中国新疆、印度次大陆等亚洲地区的影响力，双方为此在此地区展开了激烈的明争暗斗。当时，锡克帝国刚刚征服和占领了阿富汗重镇白沙瓦和木尔坦，也吞并了查谟和克什米尔地区。因此，东印度公司开始把下一个征服目标瞄准了锡克王国。锡克王国是当时印度次大陆地区唯一剩下的强大的独立王国，而且当时锡克王国拥有的强大军队，也被英国人视为对东印度公司领土安全的威胁。1845 年 12 月 13 日，英国东印度公司军队向锡克王国的领土发起进攻，第一次英锡战争爆发。1846 年 1 月 20 日，英军攻占旁遮普首都拉合尔，锡克军队战败。3 月，锡克王国被迫签订《拉合尔条约》，割地赔款，割让了比阿斯河与源自中国西藏朗钦藏布河的萨特莱杰河之间的领土给东印度公司，冈格拉成为英属印度政府的一个区。1848—1849 年，英属印度总督达尔豪西侯爵发动了第二次英锡战争，东印度公司再次打败了锡克王国，最终征服和吞并了印度西北部的旁遮普地区，旁遮普地区成为了东印度公司的"西北边境省"，冈格拉区成为西北边境省的一部分。该区的行政总部最初设立在冈格拉镇，1855 年迁移至达兰萨拉镇。英国管辖下的冈格拉区包括现今的冈格拉镇、汉米尔布尔镇、古卢镇和拉霍尔斯比蒂镇。

由于喜马偕尔邦地区平原与高地极端海拔的变化，气候条件也出现巨大的差距，冈格拉区的地形呈现多种多样的高山和平地，海拔从 400 米至 5500 米。在南部地区是亚热带和半湿润热的气候，在北部和东部山脉是高海拔的高山和冰川，呈现高寒气候。冈格拉区西部因"因道拉板块"的影响而呈现半湿润的亚热带气候，年平均降水量约 1000 毫米，年平均气温约 24 ℃。南部的德拉沟皮普尔和西北部努尔布尔板块处于潮湿的亚热带气候，年降雨量为900—2350毫米，平均温度从20℃至24℃；东部的巴伦布尔镇和北部的达兰萨拉镇处于潮湿的温带之间，平均气温从15℃到19℃，年降雨量约为2500毫米，使得达兰萨拉镇成为喜马偕尔邦最潮湿的地方。冈格拉其他地区属于丘陵地区，年平均温度变化从13℃到20℃，年降雨量为1800—3000毫米。冈格拉区一年大致经历三个季节：夏天、冬季和雨季。夏季从4月中旬持续到6月底，大部分地区非常炎热和干燥，气温28℃—32℃。冬季从10月中旬持续至次年3月中旬，气温在0℃—20℃，在2200米以上高山地区经常降雪。7—10月份受季风影响，通常是雨季。当地的主产业是农业，主要种植大米、小麦、大麦、玉米和糖。在英国统治时期，冈格拉也是鸦片的种植区之一。

1848年，詹姆森博士对西北部的冈格拉区域种植茶树的可行性进行了调查研究，他发现冈格拉山谷的地形、气候、海拔等条件非常适合茶树种植。冈格拉山谷位于海拔3500—6000米道拉达尔山脉山麓的一个山谷，也被当地人称"神之谷"，山谷全长约160公里，山谷海拔700—1000米，年降雨量2300—2500毫米。他向东印度公司报告了他的考察结果，东印度公司决定由他负责在冈格拉山谷建立三个茶叶试验场，继续试验种植茶叶。1849年，当东印度公司占领西北部的旁遮普领土后，詹姆森博士就马上前往该地区拓展茶叶种植。1849年1月25日，詹姆森博士给罗伊尔博士的信中告知："去年，我们已经采集了10万颗茶籽送往冈格拉山谷。"1849年，詹姆森博士在海拔约762米的冈格拉镇建立了第一个茶场，第二、第三个茶场分别建立在距离冈格拉镇8英里和20英里讷格罗达村庄和巴伦布尔高地的博瓦纳村庄，后两个茶场的海拔分别为 884 米和 975 米。他千里迢迢地从库马盎茶叶试验场和台拉登茶叶试验场采集了中国茶树品种的茶籽，经过长途运输，运送到冈格拉山谷这三个茶场播种下去。茶树的种植实验在非常艰苦的条件下开始，结果冈格拉镇茶场种植的茶树并没有苗壮成长，主要原因是由于温度高，灌溉不足引起茶苗死亡。但在其他地区的两个茶场的茶树则顽强地存活下来，并且蓬勃生长，甚至超越了詹姆森博士的期待。随后茶叶种植向东南部扩展至门迪和古卢地区，向东北部拓展至昌巴地区。尽管在运输过程中茶苗遭受了严重损失，但这些茶苗最终被小心地种植在这些地区。经过詹姆森博士几年竭尽全力的努力，尽管大范围拓展茶叶种植地区，而只有在道拉达尔山脉山麓下的冈格拉山谷区域的茶树生长最好，而其他地区的茶树长势并不好，这对詹姆森博士是一个沉重的打击。

他转而专注在冈格拉山谷开垦种植茶树，决定在距离博瓦纳茶叶种植园仅 5 英里的巴伦布尔镇附近、海拔约 1280 米的山区建立新的霍尔塔茶场，这也是冈格拉地区真正意义上建立的第一个商业化大规模茶叶种植园。这是一大片连绵起伏、野鸡成群出没的坡地，茶场的上方是茂密的橡木林和杜鹃花丛林，以及喜马拉雅山雪松。山坡的下方是延伸至温暖的巴伦布尔山谷的亚热带区域。当时在该地区，所谓的"荒地"完全掌握在当地的地主手中，英国人要想获得土地开垦茶叶种植还是相当困难，而霍尔塔这块土地被当地人迷信地认为是不适合耕种的土地，因此詹姆森博士只好选定该块土地。原库马盎茶叶试验场的英国人罗杰斯被任命为霍尔塔茶场经理。

1852 年，时任英属印度总督达尔豪西侯爵发动了第二次英缅战争。战争期间，达尔豪西侯爵考察了冈格拉地区，并视察了讷格罗达和博瓦纳茶叶种植园，看到苗圃园内的绿油油生长的茶树，总督非常高兴，几乎流连忘返，他鼓励继续开垦新的种植园，为今后的大拓展提供茶种苗。随同视察的科亨·斯图尔特博士说："阿萨姆土生茶树品种的优越性并不是完全被公认的，事实上，喜马拉雅山地区提供确凿的证据证明，在一定条件下，中国茶可能是更好的品种。"

1853 年，霍尔塔茶场茶叶种植面积达到 300 英亩，1854 年达到了 600 英亩。1860 年，霍尔塔茶叶产量达到了 2.9312 万磅。茶叶被送到英国伦敦后，在伦敦拍卖行的卖价也达到了每磅 1 卢比（约 2 先令），而通过本地自由市场交易，价格可以达到 1.11 卢比。1861—1865 年，为了收获茶籽，减少了采摘茶叶，茶叶的产量有所减低。当时整个山谷新的种植园不断被开垦和建立，茶籽或茶苗的需求量很大。1861 年，霍尔塔茶场销售的茶籽就达到 1720 磅，茶苗 3.1 万株。许多欧洲人希望东印度公司出售该种植园，当时东印度公司则希望垄断当地的茶籽和茶苗供应。直到 1865 年，茶籽和茶苗的需求减少，东印度公司才将该种植园卖给了英国人斯特拉特上校，连带仓库内相当数量的茶叶，总价值 15 万卢比。可见当时的霍尔塔茶场在罗杰斯的管理运作下是非常成功的。

詹姆森博士在 1853 年的一份报告中言到："长 60 英里、宽 10 英里的冈格拉山谷约有一半的土地适合种植茶树，专员助理海耶队长已经在坎哈尔建立了一个小茶园，茶树生长喜人，许多茶树已经长至 4—5 英尺高；卡纳克先生也在专员桑顿的支持下建立了茶叶种植园……最重要的是西部和西北部的当地民众普遍饮用茶叶，大量的茶叶从中国进口；因此，只要生产出大量价廉的当地旁遮普茶叶,当地将拥有广阔的市场前景……"

由于喜马拉雅山脉下东印度公司建立的第一个霍尔塔茶场获得了可观利润,从而证明了喜马拉雅山脉下的冈格拉地区是完全可以商业化种植茶叶。这一消息马上吸引了许多英国资本公司、英国私人公司和当地富贵家族的眼球,希望购置土地投资于茶叶种植业。东印度公司最终决定开放和鼓励英国的私人企业、公司投资开发西北部的茶叶种植业。从1865年东印度公司将霍尔塔种植园卖给了英国人斯特拉特上校开始,整个西北部地区的茶产业,都留给了股份公司或者私人企业去开发和发展。与阿萨姆地区有些不同,当时西北部地区的土地被当地的贵族和地主所有,英国殖民政府不可以随意处置土地。为此,为鼓励和满足英国人购买当地土地开垦种植茶树要求,在英属印度总督的支持下,当时英属印度地方政府则充当土地买卖经纪人,通过与当地地主和有意购买者之间的谈判,将土地卖给英国人。

1860年1月,英属印度贾朗达尔地区助理专员爱德华·帕斯克上校代表英属印度地方政府,充当土地中介,帕斯克上校执行这项工作6个月,就将约2596英亩土地拍卖给英国人或者当地人,这些土地全部集中在冈格拉山谷的核心区域,分布在海拔610—1524米的山谷斜坡上,最高的茶园海拔达到1676米,形成了冈格拉山谷的核心茶叶种植区,周边的土地也逐步被一些私人公司开垦种植茶叶。

19世纪60年代,库马盎和台拉登地区也开始从引进阿萨姆土生茶树品种种植。有资料记载,第一次购买了2000莫恩德(约7464公斤)的阿萨姆茶籽送往萨哈兰普尔植物园种植,每莫恩德茶籽价格20卢比。1860年,西北地区喜马拉雅山脉山麓库马盎拥有 16 个种植园，台拉登地区拥有 25 个种植园，冈格拉拥有 18 个种植园。对比阿萨姆地区茶叶种植业的疯狂发展，最早被东印度公司寄予厚望的喜马拉雅山脉的库马盎和台拉登地区茶叶种植业，显得有些发展迟缓。主要原因是由于当地土地购买的政策实施与阿萨姆完全不同。此外，喜马拉雅山脉与加尔各答之间的交通不如阿萨姆至加尔各答方便，也是阻碍快速发展的原因之一。

1865 年，英属印度旁遮普省省长罗伯特·曼特格摩视察了冈格拉茶区，充满繁荣生机的茶区给他留下了深刻的印象，他对詹姆森博士的开拓精神给予了极高的评价。他所到之处，英国种植者和当地村民都非常欢迎当地开发茶叶种植业，他说，"几年前耕种者衣不遮体，现在数着以百计数的卢比。对于未来的发展前景，英国种植者表示非常乐观。当地茶叶的售价可以达到每磅 12 安那至 2 卢比（约 4 先令），当地的茶叶消费也在增长。今后还可以生产砖茶，销往克什米尔地区和中亚地区。"对比阿萨姆地区，他也指出冈格拉茶区的许多问题，如茶园土壤肥力不足，缺少灌溉和茶园产量低，导致投资回报不如阿萨姆地区那么快。但无论如何，他对冈格拉的茶产业发展充满信心。

据爱德华·帕斯克上校统计，1868 年，冈格拉地区一共有 19 家较大型的茶叶种植园，占地面积达到 8708 英亩，茶园面积达到 2635 英亩，每英亩平均产量 91.6 磅，总产量达到 24.1332 万磅。这些种植园园主基本上是英国人和东印度公司的官员。另外还有当地的贵族或有钱、有名望的家族拥有 45 个小茶园，面积从 5 英亩至 50 英亩不等，这些小茶园的土地总面积达到 351 英亩，茶园面积达到 148 英亩。较大的茶场是：霍尔塔茶园面积 400 英亩；班达拉茶园面积 140 英亩；戈帕尔布尔茶园面积 210 英亩；坎亚拉茶园面积 150 英亩；巴里廷道勒茶园面积 130 英亩；纳索茶园面积 210 英亩；拜杰纳特茶园面积 180 英亩等。

至 1872 年，根据帕斯克上校的报告，冈格拉山谷一共有 28 个较大型的茶场，其中欧洲人拥有 13 家茶场，当地贵族和商人拥有 15 家茶场，后者的每个茶场拥有的茶园面积为 10 英亩左右。最大的茶场拥有 1190 英亩土地，茶园 190 英亩。最小的茶场拥有 13 英亩土地，茶园 11 英亩。此外还有 29 个小茶场，拥有 1 英亩至 10 英亩的小面积茶园，这些小茶园合计茶园 412 英亩，其中可采摘的茶园达 145 英亩，幼龄茶园 267 英亩。整个冈格拉山谷区域，茶园面积达到了 3292 英亩，其中可采摘茶园 1949 英亩，1343 英亩幼龄茶园。1872 年，茶叶产量达到 42.8655 万磅，主要产品有：白毫红茶 7.137 万磅、白毫小种红茶 5.26 万磅、绿茶熙春茶 4.1804 万磅、雨茶 1.6784 万磅，其余为粗茶。平均每英亩产量达到 130 磅。冈格拉地区生产的茶叶出口至英国后，伦敦市场反应良好，特别是冈格拉地区生产的绿茶售价平均比红茶高 3 便士 / 磅，似乎冈格拉的绿茶比红茶更受商人的欢迎。茶叶专家爱德华·莫宁（1872 年）曾咨询当地的英国种植者，他们回答道："也许是我们的中国制茶工更擅长制作绿茶的缘故。"

1882 年至 1883 年，冈格拉地区一共拥有 44 个茶场，茶园总面积达到 4647 英亩。茶园主要集中在冈格拉山谷和巴伦布尔山谷，还有一些种植园在古卢地区。这些地区茶叶总产量达到 90 万磅，茶叶平均售价 0.8 卢比 / 磅，总价值 4.5 万英镑。当时较大的茶场是：纳索茶叶公司茶园面积 668 英亩、霍尔塔茶叶公司茶园面积 464 英亩、班达拉茶园面积 380 英亩、兰瑙德桑萨尔茶叶公司茶园面积 247 英亩、冈格拉山谷茶叶公司茶园面积 313 英亩、拜杰纳特茶叶公司茶园面积 250 英亩和查布尔茶园面积 176 英亩。这些茶场的经理都是英国人。在这些茶场中，茶叶产量最大的是霍尔塔茶叶公司，年产茶叶 18 万磅；其次是纳索茶叶公司，年产茶叶 14 万磅。

与阿萨姆地区不同的是，冈格拉地区拥有充足的本土劳动力，不需要从其他地区移民。据英属印度政府的统计，1881 年，冈格拉地区总人口约 73 万人。当地主要信仰民族包括：印度教、穆斯林、锡克教徒和耆那教徒，其中印度教徒占 95%。当地英政府官员帕斯克上校在报告中大言不惭地写道："根据我长期居住此地的观察，我从来没有听到过任何抱怨劳动力短缺的问题。按照规定，苦力可以按月领取 4 至 4.8 卢比的工资；年轻女孩和妇女在采茶季节每月获得 2—3 卢比的收入。工人们居住在邻近种植园附近的村庄，在村庄内，整齐排列的小屋就是苦力自己的家。我有充分的证据证明，在冈格拉种植园的雇主和苦力之间的关系是令人满意的。我经常独自去过不同的种植园，从来没有听到一句抱怨，劳动者一般都是很好的待遇，他们定期收到他们的工资，并在生病时有药品提供……唯一的流行疾病是每年的 8—9 月份，在接近水稻种植区域的茶场，经常有苦力发烧，但这不存在危险。在种植园主与雇工之间的和谐关系的最好证明是，我们的法院可以受理当事人之间的任何诉讼。"

冈格拉地区由此而成为了印度大陆西北部独树一帜的茶叶生产地区，印度西北部重镇阿姆利则和白沙瓦（今巴基斯坦西北边境省）则成为了冈格拉茶叶销往阿富汗、俄罗斯和中亚地区的中转贸易中心。冈格拉生产的茶叶当时销售的区域主要有 4 个，一是出口到英国，在伦敦茶叶拍卖行拍卖；二是在印度的欧洲人社区销售；三是当地人消费；四是出口到中亚地区。当然当时的冈格拉茶叶在英国伦敦没有知名度，许多茶叶经纪公司甚至没听说或不知道冈格拉茶叶。但是，冈格拉茶叶在印度西北方地区却获得了市场的青睐，特别是在旁遮普地区。旁遮普是英属印度的边境省，驻守着大量的英国军队。而且，东印度公司在旁遮普建立了疗养院，建立了英国人和欧洲人居住地。另外，铁路的延伸和贸易的发展，西北部地区的欧洲人口也不断增加，成为了冈格拉茶叶很好的市场。当地人也逐渐地接受了茶叶作为饮料，当地人的茶叶消费也逐步增加。冈格拉当地人也很喜欢绿茶，他们主要消费低档的茶叶，廉价和较粗的茶的需求因此增加。很多当地商人将冈格拉茶通过印度西北部与中亚之间的贸易重镇——阿姆利则市和白沙瓦，出口贩卖到阿富汗喀布尔和中亚地区。当时许多中国西藏拉达克、新疆叶尔羌汉和塔塔尔商人以及乌兹别克斯坦国的希瓦和撒马尔罕商人将不远千里采购的冈格拉茶叶带回各自国家或地区销售。

当时，如果冈格拉山谷生产的茶叶出口到欧洲市场，必须采用木箱包装和铅封口。首先用骆驼或者马车将茶叶运输到大约110英里远的旁遮普省的贾朗达尔火车站，这是最近距离的火车站。而本地商人，他们通常会从茶叶工厂采购红茶和绿茶中低品质的粗茶，用布袋包装后，用骡子、矮马和苦力运输到中亚市场销售。

19世纪的最后一个20多年是冈格拉地区茶产业的黄金时期。1882—1883年《冈格拉地区公报》就提到"冈格拉茶叶品质可能优于印度其他地区生产的茶叶"。1890年代，冈格拉山谷的茶园将近达到1万英亩。1892年，冈格拉山谷生产的茶叶大部分运回英国销售，仅冈格拉山谷茶叶有限公司出口伦敦的茶叶就超过

2万公斤。部分茶叶在旁遮普地区和印度北部地区销售。冈格拉茶叶还在1886年伦敦和1895年阿姆斯特丹举行的国际会议上分别获得金奖和银奖。然而，与阿萨姆地区比较，西北部地区的茶产业发展受到自然条件和消费市场的限制，干旱、气温太低等气候条件及交通不便是阻碍当地茶叶进一步发展的主要原因之一。1897年，英国人卡罗尔·戴维在他的《茶：茶树种植与制作教科书》一书中就指出："旁遮普省冈格拉茶区和西北省台拉登、库马盎茶区，虽然当时已分别拥有1万英亩和8000英亩茶园……除非开拓当地市场和中亚地区的茶叶消费市场。否则，这些茶区无法与阿萨姆茶和锡兰茶在伦敦市场展开竞争，这些种植园要想盈利或生存都十分艰难。"

　　1905年4月，冈格拉地区发生毁灭性的大地震，导致1万多人死亡，造成了茶叶种植地区的严重破坏，摧毁和葬送了冈格拉地区大部分种植园，种植园和茶厂变成一片废墟。地震灾难迫使英国人贱卖了他们在冈格拉地区的茶叶种植园和其他财产，带着茶叶生产技术和销售渠道离开了这个地区，导致该地区的茶产业几乎完全毁灭。当地人显然还没有做好接收英国人茶叶种植园的准备，后来尽管接管了废弃的种植园，但由于不懂技术，无法生产英国人品质标准的茶叶，也达不到英国人的生产效率，冈格拉茶区开始衰落了。

第七章　罗伯特·福琼中国窃取之行

　　1848 年 6 月 20 日，苏格兰人、切尔西药用植物园园长罗伯特·福琼肩负着英国东印度公司的秘密使命，从南安普顿出发乘坐"里彭号"蒸汽船出发，再次前往香港，计划进入中国内地茶区盗取茶叶种植、加工技术和盗取中国茶籽及茶苗。经过将近 3 个月的航行，1848 年 8 月 14 日，他辗转乘坐的"布拉甘萨号"蒸汽船到达香港，9 月抵达上海。在苏格兰老乡、上海英国颠地洋行（宝顺洋行）合伙人托马斯·查耶·比尔的帮助下，福琼住宿在上海英国租界内。福琼这次进入中国内地秘密收集中国茶叶生产技术和茶籽茶苗的任务，是东印度公司继 1834 年第一次派遣茶叶委员会秘书戈登进入中国之后的第二次茶叶窃取行动。

　　1848 年 5 月 7 日，时任英国东印度公司农业顾问、印度西北部萨哈兰普尔植物园园长的约翰·福布斯·罗伊尔博士，带着东印度公司的委托任务访问了切尔西药用植物园，他找到了切尔西药用植物园园长罗伯特·福琼，转达了东印度公司董事会交代的任务。罗伊尔博士告诉福琼，东印度公司希望聘请他前往中国专门收集中国的茶籽、茶苗以及茶叶种植和加工技术，并且给予每年 500 英镑年薪和其他差旅等一切补助费用。5 月 17 日，福琼就收到了东印度公司寄给他的一封正式信函，确认了派遣他去中国的使命、任务和报酬等。东印度公司给福琼信中这样写道：

"东印度公司董事会一方在与罗伊尔博士沟通后，已经批准关于您前往中国的目的，从最理想的茶区获取公认的最好的茶苗和茶籽，并由您负责将它们运往加尔各答，以及最终运抵喜马拉雅的任务……董事会已经批准了您的雇佣合同。董事会希望您在 6 月 20 日之前做好动身前往中国的准备。……您沿途的旅费及您为了获取和运输茶苗及茶籽，或者以其他方式来完成董事会为扩展在印度西北部各省山区的茶叶种植面积而在印度和中国可能产生的其他费用，也将由董事会承担……"

东印度公司董事会还提醒福琼最好在秋季之前抵达中国，这样可以搭乘"半岛和东方公司"的船，能以最快的速度前行。为什么 1848 年英国东印度公司还要继续派遣植物学家进入中国继续盗取中国茶籽、茶苗以及生产技术？

实际上，当时东印度公司在印度大陆茶树种植项目已经取得了实质性的进展和成果。虽然当时东印度公司代表英国国王和议会在印度行使行政管理权，但东印度公司依然非常关注具有丰厚利益潜力的茶叶商品在印度的发展。1840—1847 年期间，阿萨姆公司在上阿萨姆地区的茶叶种植园商业化种植茶树也取得了一定的进展，但由于制作的茶叶粗制滥造、品质低下，使得阿萨姆公司一直处于亏损状态，承载着大英帝国伟大梦想的茶叶种植公司濒临破产。

面临这一严峻的形势，以东印度公司董事会、植物学家们为一方和英国商人利益集团为一方，二者之间在推广的茶树品种、生产技术等问题上发生了严重的分歧。以布鲁斯和阿萨姆公司为代表的商人一方，比较倾向于坚持推广种植阿萨姆的野生茶树品种，认为中国茶树品种不适合阿萨姆地区。东印度公司认为阿萨姆公司在上阿萨姆地区的商业化茶叶种植前景不妙，是因为阿萨姆公司没有完全掌握茶树的种植、加工技术和没有重点选择中国茶树品种。东印度公司依然认为，野生阿萨姆茶树制作的茶叶品质不如中国茶叶，特别是不具有中国高级茶叶的芳香品质，不可能获得英国消费者的欢迎，因而最终也不可能取代中国的茶叶。他们坚信中国的茶树经过几百上千年的种植，唯有中国茶树品种才能够商业化。更重要的原因是，1835 年底，茶叶委员会秘书戈登从中国带回的茶籽已经在加尔各答植物园繁殖成功的 2 万株茶苗，被送往喜马拉雅西部山脉山脚下邻近旁遮普地区的库马盎和台拉登试验场种植，实验种植的结果令东印度公司比较满意，这种采用中国茶籽种植和生产的茶叶，其外形、香味更接近中国原产的茶叶，可以与中国的茶叶媲美。库马盎和台拉登茶叶试验场负责人约翰·福布斯·罗伊尔博士、休·福尔克纳博士和威廉·詹姆森博士 1844 年在伦敦和加尔各答多次呼吁和请求东印度公司再次从中国进口高质量的茶籽，计划在印度大陆的西北部的库马盎和台拉登地区继续扩大中国茶树的种植面积。也许众多植物学家的观点和阿萨姆公司陷入的危机等多种原因，促使东印度公司接受了植物学家的观点，认为有必要再次派遣植物猎人进入中国盗取中国的茶籽和茶苗。帝国的茶产业前途未卜，东印度公司希望最后一搏。

强烈的冒险精神，促使福琼欣然接受了东印度公司的派遣，奔赴中国，深入茶区。实际上，1843 年至 1846 年，福琼曾接受英国园艺学会的派遣第一次进入中国探险，考察和盗取了中国奇特的花卉和植物资源。他是鸦片战争之后，第一个深入中国内地考察的英国植物学家。1843 年 3 月从英国出发，经过 4 个多月的航行，1843 年 7 月到达香港。以香港为起点，他考察了厦门、舟山、定海、宁波、上海、广州、苏州、福州等地，并到处搜集中国珍贵的植物标本和种子。1846 年，他返回英国。在此次的考察中，他窃取了牡丹、玫瑰、蒲葵、白紫藤、胸花栀子、芫花、金桔、杜鹃花和菊花等 120 多个中国珍稀花卉和植物。他还带回了几种中国玫瑰品种，以他名字命名的"福琼双黄"和"福琼五色玫瑰"使他成为当时最重要的"植物猎人"之一。在他的书中，对茶叶品种、技术没有详细的描述。但他在这次的考察中，也秘密潜入中国的绿茶产区宁波天童寺附近的茶园，参观了茶叶的制作过程。

促使罗伯特·福琼再次进入中国考察的另外一个原因是东印度公司给予的丰厚报酬和他希望出人头地、名垂青史的欲望。罗伯特·福琼 1812 年 9 月 16 日出生于苏格兰贝里克郡的凯洛镇的普通家庭，他的父亲是个修整树篱笆的园丁。福琼小时候在教会学校读过几年书，离开学校后也没有找到合适的工作。1839 年在附近的一个科洛镇花园谋得园丁学徒的岗位，在巴肯的指导下学艺，他被认为是一个勤奋好学、有抱负和雄心的学徒。像大多数苏格兰底层的青年一样，他渴望逃离贫瘠的苏格兰高地，摆脱贫困，跻身上流社会。1840 年，他终于谋得英国爱丁堡皇家植物园工作的园丁职位，在严厉的威廉·麦克纳布手下工作。经过多年的艰苦打拼，1842 年在威廉·麦克纳布的推荐下，30 岁的福琼获得了英国著名植物学家约瑟夫·班克斯等人创立"英国园艺学会"（后来的英国皇家园艺学会）温室部主管的位置。1842 年秋天，英国园艺学会计划派遣植物考察队进入中国探险，幸运的福琼被选中前往中国考察，年薪 100 英镑。这让福琼激动万分，他全身心地投入中国植物考察。1846 年回国后，他将 3 年考察的所见所闻以游记的形式记录下来，并在 1847 年出版了《中国北方各省三年漫游记》一书。善于讲故事的福琼在书中绘声绘色地向英国读者描述了天朝大国的山水风貌、乡土人情、社会百态，栩栩如生的中国内地的冒险故事吸引了英国广大的读者，获得了英国读者的广泛赞誉和好评，也吸引了敢于冒险、追求异域新颖植物、新品种的植物学家。福琼的第一次探险获得了巨大的成功。其后，出生地位低微、没有受过高等教育的福琼得到了重用，他被任命为著名的英国切尔西药用植物园园长，终于挤入上层社会，能够跟顶尖的植物学家切磋交流，享受着中国探险带给他的荣誉和财富。然而他并不满足，在等级分明的英国社会中，他渴望社会地位进一步攀升和获得更多的财富。

　　从 18 世纪末开始，特别是在维多利亚时代，无论是普通民众还是中产阶级，英国举国上下都对园艺植物充满着狂热的情感。大英帝国的扩张为英国植物猎人探访世界各地的植物宝藏打开了方便之门。创立于 1759 年的皇家植物园——邱园，对整个大英帝国的兴盛做出了极大贡献，邱园的兴盛可说是大英帝国海外扩张事业的最佳缩影。随着英国殖民地的扩张，从海外殖民地收集具有异国情调、珍稀美丽、千姿百态的植物，成为一些植物学家或敢于冒险的青年探索世界的志向。以植物学家约瑟夫·班克斯为代表的许多植物学家不顾个人安危，深入南美洲、亚洲、非洲等国家收集植物品种。1768年至1771年，约瑟夫·班克斯曾与英国航海家和探险家詹姆斯·库克船长冒险周游世界各地，广泛考察、收集各地植物资源，回国后为他赢得了巨大的声望和财富，引领了英国人全球植物探险的热潮。这些被称为"植物猎人"的探险者收集的植物，种植在植物园或富裕收藏家的私人花园中，或者在殖民地建立的植物园，由专业的植物学家研究、培育、种植。一旦发现这个植物拥有商业价值，则通过植物的繁殖和移植，开发其经济价值。英国皇家学会、英国园艺学会、英国切尔西药用植物园、牛津大学植物园、英国皇家邱植物园等成为领导世界植物探险的机构和组织。这个时期比较著名的植物学家和"植物猎人"有约瑟夫·班克斯、詹姆斯·库克船长、丹尼尔·索兰德船长、查尔斯·达尔文、威廉·布莱、威廉·洛布和他的兄弟托马斯·洛布、乔治福·雷斯特、约瑟夫·胡克等。

居住在海外的英国人也利用居住国的便利条件，广泛盗取珍稀的植物品种。英国东印度公司驻广州茶叶检查官约翰·里夫斯，他不仅负责东印度公司进口中国茶叶的采购检验工作，还是一位狂热的植物爱好者和中国画收藏家。1808年至1831年在广州期间，他在清十三行商人潘长耀的豪宅花园内发现来自福建漳州的紫藤植物，1818年他将窃取的中国紫藤植物标本送到了英国皇家植物园。他还从中国窃取了两种黄色的玫瑰花品种——"茶玫瑰或香水月季"（Tea Roses）和"双班克斯玫瑰"（Banksian Rose）。此外，他收集了大量中国自然历史绘画，也雇了当地中国艺术家创作了数百幅的中国植物、动物和昆虫等绘画。他把这些中国画运回英国，现在收藏在伦敦自然历史博物馆里。当时，没有多少英国人能够进入中国，约翰·里夫斯提供的中国画，让英国皇家植物园、园艺学会和鉴赏家大开眼界，这些杰出的绘画不仅具有惊人的自然艺术之美，而且具有科学研究意义。植物学家约瑟夫·胡克曾在1847年至1851之间深入到喜马拉雅山脉、尼泊尔和中国西藏进行"科学"考察，收集了7000多份标本。他是查尔斯·达尔文的最亲密的朋友，后来担任英国皇家邱园植物园园长20多年。这些前人或同龄人已经取得的成就，激励了福琼决心再次远赴中国探险。

1848年9月福琼抵达上海。对于福琼来说，有了第一次中国探险的经历，第二次的中国探险之行就显得轻车熟路了。福琼在他的著作《两次访问茶叶之乡中国和喜马拉雅的英国茶园》一书中叙述了他中国之行的任务，他写道："这次我来到北方，是为了给皇家东印度公司设在印度西北部的种植园采集一些茶树种子。我应该从中国最好的茶区中采集这些茶树种子，这一点至关重要，我现着手进行的就是这项工作。宁波附近的各个茶区生产适合中国人饮用的优质茶叶，但这些茶叶都不适合外国市场……就我所知，还没有外国人访问过徽州的茶区，也没有人从那里的茶区带回茶树……我决定好了，就从这一著名的茶区采集茶树和种子。"于是他决定亲自到徽州去考察收集。"这样我不仅可以采集真正出产最好品质的绿茶的茶树，而且也可以获得一些有关徽州茶区的土壤特性以及栽培方法等信息。"

如同1834年戈登秘书前往中国探险一样，戈登秘书到达广州后首先找到在广州的英国鸦片公司渣甸洋行，请求帮助。19世纪初，东印度公司在广州的鸦片销售商渣甸洋行、颠地洋行和旗昌洋行被认为是广州最大、最活跃的鸦片贸易公司，他们既是竞争对手，又是合作伙伴。福琼第一次进入中国探险，1843年底抵达上海时，就找到英国驻上海领事巴福尔上尉寻求帮助。这次到达上海后，

罗伯特·福琼

TEA PLANTATIONS
VIEW IN THE GREEN TEA DISTRICT.

福琼绘制的中国绿茶茶园

他找到英国颠地洋行（宝顺洋行）的合伙人托马斯·查耶·比尔请求帮助。比尔是早年就进入中国广州冒险的苏格兰商人，他两个表兄弟丹尼尔·比尔和托马斯·比尔比他更早进入广州，名气也更大，是当时广州著名英国贸易公司——马戈尼克公司的合伙人，与渣甸洋行密切合作从事鸦片贸易。1826 年，比尔也成为马戈尼克公司的合伙人。1830 年左右，比尔离开马戈尼克公司自己创业。鸦片战争后，1843 年，上海港被迫开放，颠地洋行的兰斯洛特·登特是第一个在上海外滩设立公司办事处的英国人。1845年，比尔与兰斯洛特·登特合伙在上海创立"登特·比尔公司"，经营丝绸和茶叶等商品。比尔对这位远道而来，带着东印度公司的秘密使命到达上海的福琼给予了热情帮助，为福琼进入茶区和招募中国茶工提供了许多有益的信息和帮助。

福琼进入中国茶区探险与戈登 1834 年进入中国时的政治形势已经完全不同。1842 年第一次鸦片战争中国战败后，中国清政府被迫签订了不平等的《南京条约》和《中英五口通商章程》，无能的清朝政府被迫开放广州、厦门、福州、宁波、上海为通商口岸；英国商人可以自由地与中国商人交易；允许英国人在通商口岸设驻领事馆，享有领事裁判权等。英国人可以堂而皇之地在上海设立领事馆、商行，趾高气扬地在上海从事贸易。腐败的清朝政府为了支付战争赔款，更加残酷地搜刮和剥削百姓，再加上连年的严重自然灾害，中国大地正处于水深火热的苦难之中。如此灾难深重的中国，特别是贫困的乡村，给福琼进入中国茶区盗窃茶籽和技术信息提供了机会。

在上海颠地洋行托马斯·查耶·比尔的帮助下，福琼雇了两个中国人做向导和仆人。1848 年 10 月，他带上两个仆人前往徽州茶区，其中一个王姓的向导是徽州人。福琼剃掉头发，换上中式衣裳，乔装打扮乘船从上海出发，经嘉兴、桐乡、严州（建德）、淳安，几经辗转周折，到达了当时中国绿茶的主产区——徽州休宁的松萝山，住宿在王姓向导的父亲家里。福琼不仅得到了王姓一家的款待，王姓一家还充当向导，带领福琼四处考察。丰富多彩的各种植物，满山遍野的绿色茶树，让福琼兴奋不已。每到一处，他都要记录下自己的所见所闻。"我每天都待在外面……忙着采集各种茶籽，调查山上的植物，收集绿茶种植和加工的各种信息。就这样我采集了一大批茶籽和幼苗，都属于茶叶贸易中最好的品种，我也收集了很多有用的信息。"秋季正是茶籽采收的季节，福琼观察了茶籽的采收方法和培育方法，以及茶苗的种植技术。11月20日下午，他携带大量的茶籽离开了松萝山，途径杭州、绍兴、上虞、宁波，经过舟山群岛时又采集了一批茶籽，于1849年1月回到上海。在上海他第一次将此行收集的茶籽包装后托运到香港，再装运送往加尔各答。这次的徽州考察，福琼发现了一个惊人的秘密，为了让绿茶的外形颜色看起来更加翠绿艳丽，中国人在生产绿茶的过程中，竟然加入石膏粉和普鲁士蓝色素。中国商人告诉他，英国商人、美国商人都喜欢这种颜色。这让他非常气愤又非常可笑，"一个文明人竟然喜欢这种染色的茶叶，难怪中国人把西方人称为蛮夷。"他马上写信给英国东印度公司，报告了他的发现，并在后来1851年伦敦举行的世博会上公开披露了这种犯罪行为，也进一步导致东印度公司坚定在印度大陆种植茶叶的信心。

福琼在香港停留了一段时间后再次从香港进入福州，在福州附近的山上又采集了一些茶籽。然后前往宁波和上海。同时，他安排两个仆人分别前往武夷山和徽州，分别收集红茶茶籽和绿茶茶籽。几个月后，两个仆人帮助收集的茶籽都陆续运抵上海。

1849年秋天，此时在上海的福琼收到了印度的来信，告诉他第一次发运印度的1.3万株的茶苗和几箱茶籽，仅有80多株存活下来，这对他来说是极大的打击。这批货从香港出发，先是在海路上被耽误了两个月，3月份船才到加尔各答。然后，茶籽由船运输，沿恒河逆流而上到达阿拉哈巴德。由于恒河水位太低，又耽搁了一个月，到5月份才到达喜马拉雅山区萨哈兰普尔植物园。茶苗和茶籽到达加尔各答的时候还状况良好，但到了阿拉哈巴德，好奇的押运英国军官犯了一个极大的错误，他打开了运送茶苗和茶籽的箱子。等货物到达萨哈兰普尔时，仅剩1千多株存活，而且幸存的茶苗都布满了霉菌。这1千株茶苗被移种到茶园之后，当地的负责人执意要给茶苗浇水，这样又把大部分茶苗浇死了。最后只剩下80株茶苗大难不死。而茶籽全部发霉烂掉了，福琼第一次千辛万苦收集的茶苗和茶籽几乎全军覆没，让他悲伤不已。

因此他想亲自到武夷山考察，"如果能亲自去那红茶产区参观一趟，我会更满意一些。我不愿意带着这样的想法回到欧洲，那就是，我不能完全保证，那些被我介绍到帝国设在印度西北部茶园里的茶苗都确实来自于中国最好的茶叶产区。我心里也有一个挥之不去的念头，那就是翻过武夷山，到那著名的山区去看看"。这次他雇了一个老家在武夷山的仆人胡兴做向导一同前往。5月15日，乔装打扮的福琼又再次进入浙江，从宁波出发，乘船经过余姚、严州、兰溪、龙游、衢州、常山，然后进入江西省的玉山和河口镇，当时的"河口镇是个红茶交易集散地。来自中国各地的商人云集在这里，或是来买茶叶，或把茶叶转运到中国的其他地方去"，福琼在他的书中写道。进入铅山县后，福琼遇见了许多从福建搬运茶叶的背夫，"小镇看上去很繁华。它坐落在福建红茶的运输通道上，搬运工们将红茶背下山来，几乎都是在这儿将红茶装船，然后运往河口"。

离开铅山，进入了福建的武夷山。一进入福建境内，他被眼前的美景惊呆了，"我这辈子从来没有见过如此雄伟、壮丽的景色"。而当福琼到达欧洲人仰慕已久的武夷山时，"我必须承认，眼前的风景远远超出我此前所有的想象"。掩盖不住内心喜悦的福琼在1849年5月至8月，走遍了崇安、星村等武夷山茶区的每一个茶区，他详细地参观和记录了武夷山的茶园栽培、土壤和红茶加工过程。通过考察，他对原先欧洲人所谓的绿茶品种和红茶品种的区分得出了自己的判断，"我认为，武夷山的茶树与绿茶树同种同源，只是因为气候的原因而稍微有些变异"。"徽州与武夷山的茶树属于同一种类，因为繁衍的气候不同，两者后来出现了一些细微的差异"。福琼认为所谓绿茶和红茶品种实际上是一样的品种，仅仅是加工工艺的不同。从而澄清了英国一些植物学家一直认为红茶和绿茶是分别由红茶茶树和绿茶茶树加工而成的争论。

福琼考察完武夷山后，即返回上海。10—11月份，他又从徽州和浙江各地采获了大量的茶籽和幼苗，并且运送到了上海。1851年2月16日，福琼将收集的所有茶籽、幼苗和其他植物种子装满了16个"沃第安箱"（Wardian Case）玻璃柜箱，以及各种茶叶加工工具和招聘的8名熟练中国制茶工一起，乘坐英国半岛和东方轮船公司"玛丽伍德夫人号"木制蒸汽船离开香港，前往印度加尔各答。3月15日福琼和中国制茶工及所有茶籽、茶苗等全部安全到达了加尔各答，受到了加尔各答植物园园长福尔克纳博士的热情接待。福琼高兴地说道："当柜子在加尔各答打开的时候，那些茶苗的生长情况都很好。"福尔克纳博士说："茶籽密密麻麻地从桑叶堆中萌发出新芽。"

福琼为了炫耀他招募的中国制茶工是货真价实的制茶工，要求中国制茶工在加尔各答植物园内为休·福尔克纳博士及其他英国人表演一场茶叶制作工艺，中国制茶工找到一些类似茶叶的树叶做原料，仿造出类似的茶叶，博得了英国人的赞赏。福琼在加尔各答短暂停留后，即亲自随船运送茶苗至喜马拉雅山脉的萨哈兰普尔植物园。1851年3月底，满载着中国茶苗的小轮船从加尔各答胡格利河出发，经过巴特那、达纳布尔、加济布尔、贝拿勒斯、米尔扎布尔城镇，最后在4月14日到达了安拉阿巴德。28箱茶苗和制茶设备等物品一共装满9辆马车，从安拉阿巴德乘坐马车，长途跋涉约450英里，到达了萨哈兰普尔植物园，移交给西北省萨哈兰普尔植物园园长及茶叶种植园的主管威廉·詹姆森博士。经过清点，一共有1.2838万株茶苗，8名熟练的中国制茶工也抵达了萨哈兰普尔种植园。

完成运送任务后，福琼还受英属印度政府的命令，考察东印度公司在西北省（现北阿坎德邦）库马盎地区、加瓦尔地区、穆苏里地区东印度公司直属茶叶种植园和当地地主的茶园。他俨然成为一位资深的茶叶专家，他认为这些茶园运营得很好，有望获得极大的成功，而且喜马拉雅山脉山麓周边的土地都适合种植茶树。

8月29日，他返回了加尔各答，居住加尔各答植物园，与休·福尔克纳博士深入交流、探讨了喜马拉雅山脉茶叶种植的技术问题。1851年9月6日，福琼在加尔各答向西北省政府秘书约翰·桑顿提交了"关于西北省茶叶种植园的报告"的考察报告,"经最尊贵的印度总督的批准,按照尊敬的西北省副总督的命令,我已经考察了库马盎和加瓦尔地区政府和地主的茶叶种植园,我很荣幸地递交关于喜马拉雅山地区茶叶种植园的现状及发展前景的报告。根据我长期在中国考察获得的经验,我也提出一些关于茶叶种植和制作的改进意见,我相信这是非常重要的。"福琼完成了东印度公司交给他的伟大使命后,惬意地徜徉在植物园内,享受着3年多中国探险后的片刻安宁。此刻他也许已经忘记了茶叶,他在书中最后写道:"9月5日,我非常高兴,在印度第一次见到(巨型)维多利亚睡莲,它在植物园的一个池塘里繁茂生长。毫无疑问,它将很快成为印度花园的一个伟大装饰,它也很快就会在各地成为花中女王,就像我们敬爱的同名君主,太阳永远不会在其领土上消失。"

其后,他返回了英国。1852年,他在英国出版了《中国茶乡之旅;松萝和武夷山;喜马拉雅山脉东印度公司茶园概括》一书。详细记录了他在中国安徽、浙江、福建茶区的考察见闻以及一些有趣的故事。同时,福琼无不表现出英国人的优越感,他对中国人民和中国文化充满了矛盾态度。他既蔑视受西方影响多年的中国东南沿海的居民,认为他们奸诈;但当他进入中国东南地区时,却感受到当地的热情,他煞费苦心地描述了他多次遇见善良和乐于助人的当地人,即使他是当地人见到的第一个"洋鬼子"。同样,他鄙视中国人的信仰和习俗,认为是迷信和鬼神崇拜;但他也崇敬中国人的智慧。他通过沿途旅行观察,敏锐地洞察到一个伟大的帝国正走向衰落的迹象:当地官员的官官相护和贪污腐败;许多古城摇摇欲坠、道路坍塌破损;中国海军本应该在港口维护沿海水域安全，却跑去追逐海盗，留下港口给英国、法国和美国的炮舰停留。

1853年，他将两次访问中国的文稿集合出版了《两次访问中国茶区和喜马拉雅的英国种植园》。这本书里，福琼把自己描绘成一个勇敢、机智、专业的植物探险家。此书的出版，也使得他的事业声誉达到了顶峰。福琼后来在1853—1856年第三次访问了中国，考察了中国的盆景生产和丝绸养殖业。1857年他又出版了《居住在中国：在内地，在海岸和内陆》。书中描述了许多中国自然作品和艺术作品的制作，以及桑树种植和养蚕业等，介绍了许多自然产品和艺术品。1857年美国专利局雇福琼再次前往中国，这是福琼第四次进入中国探险。1858年3月出发，8月到达中国，至12月，盗取了2箱茶籽发往美国。1859年1月约3万株茶苗在美国被培育出来。

福琼的事业终于获得了成功，实现了他的梦想，在英国赢得了植物学家的认可和赞誉，跻身于英国植物学家荣誉行列。实际上，他本质上还是一位受雇佣的"植物猎人"、一位植物学家。福琼是鸦片战争后第一个进入中国茶区，最广泛、最深入、最细致观察中国茶区的植物学家，盗取了当时中国浙江、安徽和福建的茶苗和茶籽1.28万株。他通过现场观察、访谈，记录并探取了中国茶区的茶叶种植、加工的技术资料，为欧洲人全面揭开了中国茶叶生产的神秘面纱，为大英帝国在印度建立茶叶种植园，提供了极为重要的茶叶生产技术和8名中国制茶工。然而，福琼提供的中国茶籽仅送往印度西北部喜马拉雅山脉下的茶园种植。而早在1835年，茶叶委员会秘书戈登已经潜入福建安溪茶区，并盗取了8万颗中国茶籽，其中将中国品种茶籽繁育的2万株茶苗送往喜马拉雅山脉下的茶园种植，戈登的窃取行动比福琼整整早了16年。利用戈登盗取的中国茶籽，经过10多年的繁殖，至1851年，喜马拉雅山脉下已经拓展了约800英亩规模的种植中国茶树的茶园。由福琼从中国盗窃回来的1.28万株中国徽州、武夷山、浙江的茶苗，按照当时的种植密度，大约可以种植10英亩茶园。因此，福琼的作用应该仅仅是"锦上添花"而已。

1880年福琼在伦敦去世，他的家人将他所有的日记、信件和记录全部烧毁，仅留下几张照片。

附录1 单位换算

货币

1953年以前，印度卢比（rupee）：1卢比（Re）＝16安那（annas），1安那＝4派士（pice）

当时印度卢比与英镑汇率换算：1卢比≈1先令4便士至1先令8便士

1973年以前，1英磅＝20先令shilling（s），1先令＝12便士pence（d）

1973年以后，1英磅＝100便士pence（p）

重量

1953 年以前，1 莫恩德（maund）= 82.1 磅（lbs），1 莫恩德（maund）= 40 西尔（seers）

1 西尔 = 2.057 磅（lbs），1 磅（lbs）= 0.45359237 千克

面积

1 英亩（acre）= 0.40468564286823 公顷（hectare）

1 普拉（Poorahs）≈ 1.21 英亩

长度

1 码（yard）= 3 英尺 = 0.91439999861011 米

1 英尺（feet）= 0.3047999995367 米

1 步度（pace）≈ 75 厘米

附录2　十九世纪英国生产的茶叶等级名称

红茶（Black Tea）

Flowery Pekoe 花白毫

Orange Pekoe 橙黄白毫

Pekoe 白毫

Pekoe Souchong 白毫小种

Souchong 小种

Congou 工夫

Bohea 武夷

Toy-chong 大种

Campoi 拣焙

Pouchong 包种

Broken Pekoe 碎白毫

Pekoe Dust 白毫末

Broken Mixed Tea 碎混合茶

Broken Souchong 碎小种

Broken Leaf 碎叶

Fannings 片茶

Dust 末茶

Caper Souchong 刺山柑小种

绿茶（Green Tea）

Ends 芽尖茶

Young Hyson 雨茶

Hyson 熙春茶

Gunpowder 贡熙

Imperial 贡珠茶

Hyson Skin 皮茶

Fine Imperial 细贡珠茶

Fine Gunpowder 细贡熙茶

Little Gunpowder 小贡熙茶

Big Gunpowder 大贡熙茶

Pickings 级外茶

Dust 末茶

主要参考文献

[1] Anonym.Assam.The Asiatic Journal and Monthly Register for British and Foreign India, China and Australasia.Vol.XIX, Jan-April, 1836: 195-201.London Wm.H.Allen & Company, 1836.

[2] Anonym.Assam Tea.The Asiatic Journal and Monthly Register for British and Foreign India, China and Australasia, Vol.XXXI-New Series, Jan-Apr, 1840: 25.London Wm.H.Allen & Company,1840.

[3] Assam Company.Report of the Local Directors Make to the Shareholders at General Meeting Held at Calcutta, August 11th, 1841.Bishop's College Press,1841.

[4] Amiya Kumar Bagchi.Private Investment in India, 1900-1939. Cambridge University Press, 1972.

[5] A.Burrell.India Tea Cultivation: Its Origin, Progress, and Prospects.Journal of the Society of Arts, Vol.XXV.From November 17.1876 to November 16,1877.London, 1877.

[6] A.G.Stanton.A Report on British Grown Tea.London: William Clowes, 1887.

[7] A.G.Stanton.British-Grown Tea.Journal of the Society of Arts, 1904, Vol.52, No.2689:605-610.

[8] Amalendu Guha.Imperialism of Opium: Its Ugly Face in Assam (1773-1921).Proceedings of the Indian History Congress.Vol.37 (1976), pp.338-346.

[9] Arthur Reade.Tea and Tea Drinking.London: Sampson Low, 1884.

[10] Arthur Montefiore.Tea Planting in Assam.Argosy 46 (September 1888): 183-87.

[11] Anonym.Tea From Assam, Transactions of the Society, Instituted at London, for the Encouragement of Arts, Manufactures, and Commerce.Vol.52, Part II (1838-1839): 200-203.

[12] Anonym.Tea From Assam, Transactions of the Society, Instituted at London, for the Encouragement of Arts, Manufactures, and Commerce, Vol.53, Part I (1839-1840): 30-33.

[13] Anonym.The Discovery of the Tea Plant in Assam, The Asiatic Journal and Monthly Register for British and Foreign India, China and Australasia, London Wm.H.Allen & Company, Vol. XVIII-New Series, September-December, 1835: 207-212.

[14] Anonym.Tea.The Tropical Agriculturist.August, 1.1881: 167-169.

[15] Blair B.Kling.Partner in Empire.Dwarkanath Tagore and the Age of Enterprise in Eastern India.University of California Press.Ltd, London, 1976.

[16] Biswanath Ray.West Bengal Today a Fresh Look.New

Delhi,1993.

[17]   Basant B.Lama.The Story of Darjeeling.Nilima Yonzone Lama
       Publications, Dowhill, Kurseong, 2009.

[18]   C.D.Maclean.Standing Information Regarding the Official
       Administration of the Madras Presidency.E.Keys.the Government
       Press, 1877.

[19]   C.A.Bruce.An Account of the Manufacture of the Black Tea, As
       Now Practised at Suddeya in Upper Assam, By The Chinamen
       Sent Thither for That Purpose.G.H.Huttmann, Bengal Military
       Orphan Press, 1838.

[20]   C.A.Bruce.Report on the Manufacture of Tea: And on the Extent
       and Produce of the Tea Plantations in Assam 1839.Bishop's
       College Press Calcutta.1839.

[21]   C.A.Bruce.No.III.Cultivation of Tea in Assam.Transactions of
       the Society, Instituted at London, for the Encouragement of Arts,
       Manufactures, and Commerce, Vol.53, Part I (1839-1840), pp.37-
       38 .

[22]   Charles Henry Fielder.On the Rise, Progress, and Future
       Prospects of Tea Cultivation in British India.Journal of the
       Statistical Society of London, Vol.32, No.1 (March.1869): 29-37 .

[23]   Charles Henry Fielder.On Tea Cultivation in India, The Journal of
       the Society of Arts.Royal Society for the Encouragement of Arts,
       Manufactures and Commerce.Vol.17, No.852 (March 19, 1869):
       291-310.

[24]   C.H.Denyer.The Consumption of Tea and Other Staple Drinks,

Economic Journal, Vol.3: 49-50.1893.

[25] Edward Money.Cultivation and Manufacture of Tea.London W.B.Whittingham & CO., Calcutta, 1878.

[26] Edward Money.The Tea Controversy: Indian versus Chinese Teas.Which are Adulterated? Which are Better.2nd ed.London: W.B.Whittingham, 1884.

[27] Edwin Stevens.Expedition to the Bohea (Wooe) Hills, Arrival in the River Min; Passage of the Capital, Fuhchow Foo; Communication with a Military Officer; Approach to Mintsing Heën; Assailed from an Ambush; Return; The Chinese Repository, Vol.IV, No.2, Guangzhou, June 1835: 82-96.

[28] Edward H.Paske.Division Selections from the Records of the Government of the Punjab and its Dependencies, No.V.Tea Cultivation in the Kangra District.Punjab Printing Company Ltd, 1869.

[29] Edgar Thurston.Castes and Tribes of Southern India, Vol.2:98-100.Madras Government Press,1909.

[30] Edgar Thurston.The Madras Presidency with Mysore, Coorg and the Associated States.Cambridge University Press, 1913.

[31] E.M Clerke.Assam and the Indian Tea Trade.The Asiatic Quarterly Review 5 (January-April 1888): 362-83.

[32] E.A.Watson.The Tea Industry in India.Journal of the Royal Society of Arts, Vol.84, No.4346 (March 6th, 1936).

[33] F.Jenkins.The Tea-Plant in Assam.The Asiatic Journal and Monthly Register for British and Foreign India, China and

Australasia, Vol.XXI-New Series,Sept-Dec: 115.London Wm.H.Allen & Company.1836.

[34] F.Jenkins.Assam Tea, The Asiatic Journal and Monthly Register for British and Foreign India, China and Australasia, Vol. XXVII-New Series, Sep-Dec: 325. London Wm.H.Allen & Company, 1838.

[35] G.J.Gordon.Visit to the Ankoy Tea-District, The Asiatic Journal and Monthly Register for British and Foreign India, China and Australasia, Vol.XVII, May-August:281-289, London Wm.H.Allen & Company, 1835.

[36] G.J.Gordon.Expedition to the Tea-District of Fuh-keen.The Asiatic Journal and Monthly Register for British and Foreign India, China and Australasia, Vol.XX, May-August: 130-137, London Wm.H.Allen & Company , 1836.

[37] G.W.Christison.Tea Planting in Darjeeling.Journal of the Society of Art, June, 1896.44: 623-644.

[38] G.G.Sigmond.Tea; Its Effects, Medicinal and Moral.London, 1839.

[39] George M.Barker.A Tea Planter Life in Assam.Calcutta, 1884.

[40] Gadapani Sarma.A Historical Background of Tea in Assam."the Echo"an Online Journal of Humanities & Social Science, Dept.of Bengali Karimganj College, Assam, India.

[41] Government of India. Report of the Commissioners Appointed to Enquire into the State and Prospects of the Tea Cultivation in Assam Cachar and Sylhet: Calcutta, 1868, Appendix, p.xxxii.

[42] Gow, Wilson & Stanton.Tea Producing Company of India and Ceylon.A.Soutiiey & Co. 1897.

[43] Gabrielle LaFavre.The Tea Gardens of Assam and Bengal: Company Rule and Exploitation of the Indian Population During the Nineteenth-Century.The Trinity Papers (2013).Trinity College Digital Repository, Hartford, CT.2013.

[44] Harold H.Mann.The Early History of the Tea Industry in North-East India.Calcutta, Reprinted from the Bengal Economic Journal, 1918.

[45] H.A.Antrobus.A History of the Assam Company.T and Constable Ltd, Edinburgh, 1957.

[46] H.K.Barpujari.The Attempted Traffic with the Chinese through the North-East Frontier (1826-58).Proceedings of the Indian History Congress.Vol.24 (1961), pp.326-331.

[47] Indian Tea Association.Indian Tea Association 125 Years.Indian Tea Association, 2008.

[48] India Tea Gazette.The Tea Planter'Vade Mecum.Calcutta, 1885.9.

[49] J.Forbes Royle.Cultivation of Tea in British India.The Asiatic Journal and Monthly Register for British and Foreign India, China and Australasia, Vol.XXIX, May: 53-62. London Wm.H.Allen & Company, 1839.

[50] J.Forbes Royle.The Tea of Assam, The Asiatic Journal and Monthly Register for British and Foreign India, China and Australasia, Vol.XXVIII-New Series, Jan-April, 1839: 31-35. London Wm.H.Allen & Company.1839.

[51] J.Forbes Royle.Report on the Progress of the Culture of the China Tea Plant in the Himalayas, from 1835 to 1847.The Journal of the Royal Asiatic Society of Great Britain and Ireland, 1850, Vol.12: 125-152.Cambridge University Press.1850.

[52] John M'Cosh.The Tea of the Singpho Country.The Asiatic Journal and Monthly Register for British and Foreign India, China and Australasia, Vol.XXI,Sept-Dec: 184.London Wm.H.Allen & Company.1836.

[53] John M'Cosh.Account of the Mountain Tribes on the Extreme N.E.Frontier of Bengal, Journal of The Asiatic Society, April 1836,No.52 : 193-208.1836.

[54] John M'Cosh.Topography of Assam.G.H.Huttmann, Bengal Military Orphan Press, 1837.

[55] John M'Cosh.Assam.The Asiatic Journal and Monthly Register for British and Foreign India, China and Australasia.Vol.XXVII, Sept-Dec, 1838: 104-114.London Wm.H.Allen & Company, 1838.

[56] John McClelland.Report on the physical condition of the Assam Tea Plant, with Reference to Geological Structure, Soils, and Climate. Agricultural and Horticultural Society of India, 1837.

[57] J.C.Marshman.Notes on the Production of Tea in Assam, and in India Generally, The Journal of the Royal Asiatic Society of Great Britain and Ireland, Vol.19 (1862): 315-320.

[58] Jayeeta Sharma.Empire's Garden: Assam and the Making of India.Duke University Press Durham and London.2011.

[59] Jayeeta Sharma.Producing Himalayan Darjeeling: Mobile People and Mountain Encounters.Himalaya, the Journal of the Association for Nepal and Himalayan Studies.Vol.35.NO.2.2016.

[60] L.S.S.O Malley.Bengal District Gazetteer: Darjeeling.The Bengal Secretariat Book Depot.1907.

[61] Leonard Wray.Tea, and Its Production in Various Countries.The Journal of the Society of Arts, Vol.9, No.427 (January 25, 1861), 135-152 .

[62] John Weatherstone.Tea-A Journey in Time Pioneering and Trials in the Jungle.JJG Publishing Sparrow Hall, 2008.

[63] Jessie Gregory Luta.Open China: Karl.A.Gutzlaff and Sino-Western Relations,1827-1852.William B.Eerdmans Publishing Company.U.K.2008.

[64] James Cowles Prichard.Researches Into the Physical History of Mankind.Sherwood,Gilbert, and Piper.London, 1844.

[65] J.Berry White, W.Lascelles Scott.The Indian Tea Industry: Its Rise, Progress During Fifty Years, and Prospects Considered from A Commercial Point of View.Journal of the Royal Society of Arts(10 June 1887): 734-51.

[66] K.Ravi Raman.Capital and Peripheral Labour. The History and Political Economy of Plantation Workers in India.Routledge, UK, 2010.

[67] Kakali Hazarika.Tea Tribes are lagging behind in the Process of Urbanization: A Study on Selected Tea Gardens of Jorhat District, Assam.International Journal of Trends in Economics

Management&Technology, Vol.1, December 2012.

[68] K.C.Willsom, M.N.Clifford.Tea Cultivation to Consumption. Springer Science Business Media, B.V.2012.

[69] M.A.B.Siddique.Emergence of the Tea Industry in Assam:1834-1900.Department of Economics, The University of Western Australia, Discussion Paper, September 1988.

[70] Mira Wilkins, Harm G.Schröter.The Free-Standing Company in the World Economy, 1830-1996.Oxford University Press, 1999.

[71] Nandini Bhattacharya.Contagion and Enclaves Tropical Medicine in Colonial India.Liverpool University Press, 2012.

[72] Paul Hockings.Cockburn Family.Encyclopedia of the Nilgiri Hills, New Delhi, 2012.

[73] Prafull Goradia, Kalyan Sircar.The Sage of Indian Tea. Contemporary Targett Pvt.Ltd, 2010.

[74] Punjab Government.Gazetteer of the Kangra District, Vol. I.Kangra Proper(1883-1884).The Calcutta Central Press Co.,Ltd. Calcutta,1884.

[75] R.K.Hazari.Managing Agency System Far From Dead, The Economic Weekly, July 10, 1965: 1101-1108.

[76] Rana.P.Behal, Marcel van der Linden.Coolies, Capital and Colonialism: Studies in Indian Labour History.The Press Syndicate of the University of Cambridge, 2006.

[77] Robert Fortune.Two Visits to the Tea Countries of China and the British Tea Plantations in the Himalaya.London, 1853.

[78] Robert Fortune.A Journey to The Tea Countries of China;

Including Sung-Lo and the Bohea Hills; With A Short Notice of the East India Company's Tea Plantations in The Himalaya Mountains.

[79] Robert Fortune.Report upon the Tea Plantations in the North-Western Province.1851.

[80] Rana P.Behal.One Hundred Years of Servitude: Political Economy of Tea Plantations in Colonial Assam.Tulika Books.2014.

[81] Rajesh Verma.Early European Trade with Assam before its Annexation.Proceedings of the Indian History Congress.Vol.71 (2010-2011), pp.541-546.

[82] Samuel Ball.An Account of the Cultivation and Manufacture of Tea in China. London, Longman, Brown, Green, and Longmans.1848.

[83] Samuel Baildon.The Tea Industry in India.A Review of Finance and Labour, and a Guide for Capitalists and Assistants.W.H.Allen & Co.,London, 1882.

[84] Samuel Baildon.On the Origin and Future Prospects of Tea.The Tea Cyclopaedia. Calcutta: Indian Tea Gazette, 1881.

[85] Suparna Roy.Historical Review of Growth of Tea Industries in India, A Study of Assam Tea. 2011 International Conference on Social Science and Humanity IPEDR vol.5 (2011), Singapore, 2011.

[86] Subhajyoti Ray.Transformations on the Bengal Frontier: Jalpaiguri 1765-1948.Routledge Taylor & Francis Group, 2015.

[87] Somerset Playne.Southern India, Its History, People, Commerce,

and Industrial Resource.The Foreign and Colonial Compiling and Publishing CO., London, 1914-1915.

[88]   Stephanie Jones.Merchants of the Raj British Managing Agency Houses in Calcutta Yesterday and Today.London, 1992.

[89]   Srijita Chakravarty.Children Employed in the Tea Plantations of Assam 1880-1930.

[90]   Stan Neal.Jardine Matheson and Chinese Migration in the British Empire, 1833-1853.PhD , University of Northumbria.2015.

[91]   T.Spring Rice.Reports from Committees: Tea Duties.East India Company, Vol.XVII, Session 4 February -15 August, 1834.

[92]   Tea Board of India.Techo-Economic Survey of Dooars Tea Industry.1995.

[93]   The Indian Tea Association.Maps of the Following Tea Districts, Complete Index to Tea Gardens.Calcutta.1930.

[94]   Vijay.P.Singh, Nayan Sharma, C.Shekhar P.Ojha.The Brahmaputra Basin Water Resources.Klumer Academic Publisher, 2004.

[95]   Victor H.Mair, Erling Hoh.The True History of Tea, Thames & Hudson, 2009.

[96]   William H.Ukers.All About Tea.The Tea and Coffee Trades Journal Company, New York, 1935.

[97]   William Griffith.Journals of Travels in Assam, Burma, Bootan, Afghanistan and the Neighbouring Country, Calcutta, Bishop's College Press,1847.

[98]   W.Francis.Madras District Gazetteers.The Nilgiris.Madras

Printed by the Superintendent, Government Press, 1908.

[99] William Nassau Lees.Tea Cultivation, Cotton and Other Agricultural Experiments in India; A Review.London: W.H.Allan and Co.; 1863.

[100] W.W.Hunter.A Statistical Account of Assam. Vol.I, Spectrum publications, First published 1879, U.K.Reprint, India 1990, Delhi.

[101] W.Gordon Stables.Tea: The Drink of Pleasure and Health. London: Field and Tuer, 1883.

[102] 陈慈玉 . 近代中国茶业之发展 [M]. 北京 : 中国人民大学出版社 , 2013.

[103] 仲伟民 . 茶叶与鸦片：十九世纪经济全球化中的中国 [M]. 北京：生活 · 读书 · 新知三联书店 ,2010.

[104] 萨拉 · 罗斯 . 茶叶大盗：改变世界史的中国茶 [M]. 孟驰 , 译 . 北京：社会科学文献出版社 ,2015.

[105] 吕昭义 . 英属印度与中国西南边疆（1774-1911 年）[M]. 北京:中国社会科学出版社 ,1996.

[106] 艾瑞丝 · 麦克法兰、艾伦 · 麦克法兰 . 绿色黄金 [M]. 杨淑玲 , 沈桂凤 , 译 . 汕头：汕头大学出版社 ,2006.

图书在版编目 (CIP) 数据

帝国茶园：茶的印度史 / 罗龙新著 . —武汉：华中科技大学出版社，2020.7
ISBN 978-7-5680-6049-3

Ⅰ . ①帝… Ⅱ . ①罗… Ⅲ . ①茶文化—文化史—印度 Ⅳ . ① TS971.21

中国版本图书馆 CIP 数据核字 (2020) 第 075068 号

帝国茶园：茶的印度史 罗龙新 著
Diguo Chayuan Cha de Yindushi

策划编辑：杨 静 陈心玉
责任编辑：陈心玉
封面设计：施雨欣
责任校对：张会军
责任监印：朱 玢
出版发行：华中科技大学出版社 (中国·武汉) 电话：(027)81321913
　　　　　武汉市东湖新技术开发区华工科技园 邮编：430223
录　排：华中科技大学惠友文印中心
印　刷：中华商务联合印刷 (广东) 有限公司
开　本：880mm×1230mm　1/32
印　张：10.75
字　数：250 千字
版　次：2020 年 7 月第 1 版第 1 次印刷
定　价：69.80 元